大数据与人工智能技术丛书

算法设计与分析

（Python版） 微课视频版

◎ 王秋芬 著

清华大学出版社

北京

内容简介

本书依据"易理解，重实用"的指导思想，以算法设计策略为主线，沿着"问题分析—算法设计—算法描述—算法实例—算法分析—Python实战"的路线，系统地介绍了算法的设计思路、分析方法及Python语言实现。本书共有9章，分别为算法概述、贪心算法、分治算法、动态规划、回溯法、分支限界法、线性规划问题与网络流、随机化算法、NP完全理论。

本书内容丰富、思路清晰、实例讲解详细、完美Python实战，适合作为计算机类专业及其相关专业的本科生教材，也可供工程技术人员和自学读者学习参考。此外，本书也适合作为参加ACM程序设计大赛的爱好者的参考书或培训教材。

本书封面贴有清华大学出版社防伪标签，无标签者不得销售。

版权所有，侵权必究。举报：010-62782989，beiqinquan@tup.tsinghua.edu.cn。

图书在版编目(CIP)数据

算法设计与分析：Python版：微课视频版/王秋芬著.—北京：清华大学出版社，2021.2(2024.12重印)
(大数据与人工智能技术丛书)
ISBN 978-7-302-57072-1

Ⅰ.①算…　Ⅱ.①王…　Ⅲ.①电子计算机—算法设计 ②电子计算机—算法分析
Ⅳ.①TP301.6

中国版本图书馆 CIP 数据核字(2020)第 251332 号

责任编辑：陈景辉
封面设计：刘　键
责任校对：徐俊伟
责任印制：宋　林

出版发行：清华大学出版社
　　　网　　　址：https://www.tup.com.cn，https://www.wqxuetang.com
　　　地　　　址：北京清华大学学研大厦 A 座　　　　　邮　编：100084
　　　社 总 机：010-83470000　　　　　　　　　　邮　购：010-62786544
　　　投稿与读者服务：010-62776969，c-service@tup.tsinghua.edu.cn
　　　质量反馈：010-62772015，zhiliang@tup.tsinghua.edu.cn
　　　课件下载：https://www.tup.com.cn，010-83470236
印 装 者：北京嘉实印刷有限公司
经　　销：全国新华书店
开　　本：185mm×260mm　　　　印　张：19.25　　　字　数：466 千字
版　　次：2021 年 3 月第 1 版　　　　印　次：2024 年 12 月第 9 次印刷
印　　数：14501～15500
定　　价：59.90 元

产品编号：087907-01

前　言

党的二十大报告强调"必须坚持科技是第一生产力、人才是第一资源、创新是第一动力，深入实施科教兴国战略、人才强国战略、创新驱动发展战略，开辟发展新领域新赛道，不断塑造发展新动能新优势"。

David Berlinski 在 *The Advent of the Algorithm* 中写道：有两种思想，像珠宝商放在天鹅绒上的宝石一样熠熠生辉，一个是微积分，另一个就是算法。微积分以及在微积分基础上建立起来的数学分析体系造就了现代科学，而算法则造就了现代世界。算法是当代信息技术的重要基石，同时也是计算科学的永恒主题。在计算机科学技术领域，算法更是处于核心地位。通过对算法系统的学习和研究，掌握算法设计的主要方法，能够正确分析算法的复杂性。这对每一位从事计算机系统结构、系统软件、应用软件研究和开发的科技人员都是非常重要和必不可少的。本书是在结合编者多年教学经验及实践的基础上编写而成的，详细讲述了多种经典算法设计策略。纵观全书，这里并没有创造出任何新的算法，因为编者仅仅是希望通过对经典算法的讲解，把算法设计与分析中基础且重要的内容用更清晰的思路、更直观的形式展现给读者。

本书主要内容

本书以算法策略为知识单元，共 9 章内容，其中第 1 章是算法概述，第 2～8 章是经典的算法设计策略，第 9 章简单介绍了 NP 完全理论。

第 1 章为算法概述。主要介绍了什么是算法、为什么学习算法、算法的描述方式、算法设计的一般过程、算法分析、递推方程求解方法等。

第 2 章为贪心算法——贪心不足。首先介绍贪心算法的本质、贪心算法的基本要素；接着从问题分析、算法设计、实例构造、算法分析和 Python 实战 5 个方面讲解经典问题，包括活动安排问题、单源最短路径问题、哈夫曼编码、最小生成树和背包问题等。

第 3 章为分治算法——分而治之。首先介绍分治算法的本质、分治算法的求解步骤；接着从问题分析、算法设计、实例构造、算法分析和 Python 实战 5 个方面讲解经典问题，包括二分查找、选第二大元素、循环赛日程表、合并排序、快速排序、线性时间选择等。

第 4 章为动态规划。首先介绍动态规划的基本思想、求解步骤及基本要素；接着从问题分析、算法设计、实例构造、算法分析和 Python 实战 5 个方面讲解经典问题，包括矩阵连乘问题、凸多边形最优三角剖分、最长公共子序列问题、加工顺序问题、0-1 背包问题及最优二叉查找树等。

第 5 章为回溯法——深度优先搜索。首先讲解回溯法的算法框架及思想；然后介绍了典型的解空间结构，讲解用回溯法求解的经典问题，包括 0-1 背包问题、最大团问题、批处理作业调度问题、旅行商问题、图的 m 着色问题及最小质量机器设计问题等。

第 6 章为分支限界法——宽度优先或最小耗费(最大效益)优先搜索。首先讲解分支限界法的基本思想;然后讲解用分支限界法求解的经典问题,包括 0-1 背包问题、旅行商问题、布线问题;最后对比分析了回溯法和分支限界法的异同点,设计了分支限界法实践,用于巩固分支限界法设计策略。

第 7 章为线性规划问题与网络流。着重讲述线性规划问题的标准化及单纯形算法、网络流的基本概念及理论、求最大流的增广路算法、求最小费用流的消圈算法,通过线性规划问题与网络流实践巩固相关算法设计思想。

第 8 章为随机化算法。着重讲述了随机数发生器、数值随机化算法、蒙特卡罗算法、拉斯维加斯算法、舍伍德算法,并结合实例讲述了每种类型随机化算法的特点,通过随机化算法实践巩固随机化算法的设计方法。

第 9 章为 NP 完全理论。简单介绍了 NP 理论和近似算法,以引起读者进一步学习和研究的兴趣。

本书特色

(1) 实例丰富、通俗易懂。针对每一种算法设计策略,通过实例图解算法运行过程,形象直观、通俗易懂。

(2) 完整的实战演练,易于上机操作。针对每个经典问题,在算法设计、实例构造的基础上,提供完整 Python 代码,学习者可以体验从理论到实践的快感。

(3) 注重算法实践。针对主要算法概念及算法设计策略,精心设计实践内容,便于学习者巩固算法设计与分析的方法。

(4) 网络资源丰富,便于教学、自学。网络资源包括本书所有 Python 源代码、习题解析、微视频、微课件、随堂测试等丰富的学习资源。

配套资源

为便于教与学,本书配有微课视频、源代码、题库、教学课件、教学大纲、考试试卷、教学进度表、实验指导书等。

(1) 获取教学视频方式:读者可以先扫描本书封底的文泉云盘防盗码,再扫描书中相应的视频二维码,观看教学视频。

(2) 获取源代码、实验指导书和扩展阅读(数论算法及计算几何算法)方式:先扫描本书封底的文泉云盘防盗码,再扫描下方二维码,即可获取。

源代码   实验指导书   扩展阅读

(3) 其他配套资源可以扫描本书封底的课件二维码下载。

读者对象

本书面向计算机科学与技术、软件工程、智能科学、数据科学与大数据等计算机类相关专业的教师、学生及广大科研工作者,计算机类算法相关工作的从业人员。

本书的编写参考了诸多相关资料,得到多方面的支持,在此谨向清华大学出版社负责本书编辑出版工作的全体同仁、资料提供者及每一位曾经关心和支持本书编写工作的专家们表示衷心感谢。

限于个人水平和时间仓促,书中难免存在疏漏之处,欢迎读者批评指正。

编 者

2021 年 1 月

目　录

第1章

算法概述

1.1 什么是算法

什么是算法呢？通俗地讲,算法是解决问题的方法步骤的描述。例如,面包师傅按照烘焙食谱制作美味可口的面包,烘焙食谱就是算法;厨师按照菜谱制作各种各样的佳肴,菜谱就是算法;渔夫按照既定的方法打鱼,打鱼的方法步骤也是算法等。自人类历史初期,人们就一直在发明、使用和传播着各种各样的"算法",用来烹饪、雕琢石器、钓鱼、种植扁豆及小麦等。

"算法"一词最早出现在波斯数学家 Al-Khwarizmi(阿勒·花剌子密)在公元 825 年所写的《印度数字算术》中,该书列举了加、减、乘、除、求平方根和计算圆周率数值的方法。这些方法精准、明确、有法可寻、具有效率、正确而且简单,称之为"运算法则"。Al-Khwarizmi 的运算法则后经 Fibonacci(斐波那契)引介到欧洲,逐渐代替了欧洲原有的算板计算及罗马的记数系统。欧洲人就把 Al-Khwarizmi 这个词拉丁化,称之为 Algorithm(算法)。几百年后,当十进制计数法在欧洲被广泛使用时,Algorithm 这个单词被人们创造出来以纪念 Al-Khwarizmi。

当代著名计算机科学家 D. E. Knuth 在他撰写的 *The Art of Computer Programming* 一书中写道,"一个算法,就是一个有穷规则的集合,其中之规则规定了一个解决某一特定类型问题的运算序列"。

对于计算机科学来说,算法指的是对特定问题求解步骤的一种描述,是若干条指令的有穷序列,并且它具有以下 5 个特性。

(1)输入。有零个或多个输入,来源于外界提供或自己产生。

(2)输出。有一个或多个输出。算法是为解决某问题而设计的,其实现的最终目的就是要获得问题的解,没有输出的算法是无意义的。

(3)确定性。组成算法的每条指令必须有确定的含义,无歧义。在任何条件下,对于相同的输入只能得到相同的输出结果。

(4) 有限性。算法中每条指令的执行次数都是有限的,执行每条指令的时间也是有限的。也就是说,在执行若干条指令之后,算法将结束。

(5) 可行性。一个算法是可行的,即算法中描述的操作都可以通过已经实现的基本运算执行有限次后实现。换句话说,要求算法中有待实现的运算都是基本的,每种运算至少在原理上能由人用纸和笔在有限的时间内完成。

1.2　为什么学习算法

在学习任何一门知识之前都要先搞清楚学习该知识的理由,即学习它有何重要性。那么,为何要学习算法呢? 当然,理由有很多,这里仅给出以下 5 个。

(1) 算法与日常生活息息相关。在日常生活中,人们都在自觉不自觉地使用算法。例如,人们到商店购买物品,会首先确定购买哪些物品,准备好所需的钱。然后确定到哪个商场选购、决定去商场的路线。若物品的质量好如何处理,对物品不满意又怎样处理,购买物品后做什么等。

(2) 算法是程序的灵魂。著名的计算机科学 Nicklaus Wirth(尼古拉斯·沃斯)提出了著名公式:"算法+数据结构=程序",该公式道出了算法在程序设计中的重要地位。针对具体问题,数据结构解决数据存储、数据与数据之间的关系等问题;算法解决基于选定的数据结构如何处理才能够得到问题的解,即处理步骤的问题;数据结构和算法都确定了,剩下的问题就是用某种程序设计语言将数据结构和算法翻译成程序,让计算机来解决相应的问题。所以说,数据结构是程序的基础,算法是程序的灵魂。

(3) 学习算法能够提高分析问题的能力。算法本身就是要在充分理解问题的基础上,设计解决方法。该工作本身饱含了计算思维和创造性思维,所以学习算法可以锻炼人们的思维,提高分析问题的能力,对日后的学习、生活和工作也会产生深远的影响。

(4) 算法是推动计算机行业发展的关键。计算机的每一个分支都离不开算法,如云计算、大数据、人工智能、模式识别、图形图像处理等。计算机的功能越强大,人们越想尝试用它来解决更为复杂的问题,而更复杂的问题则需要更大的计算量。现代计算技术使得计算机的硬件性能得到了很大的提高,但这仅仅是为计算更复杂的问题提供了有效工具,算法的研究是使得该工具的性能得以发挥的关键。

(5) 研究算法很有趣。算法充满挑战,需要精确和创新的完美结合,它时常给你带来挫折,但也让你深深入迷。当你沉浸其中时,它的速度、构思都会让你有种不可言喻的美感。

1.3　算法的描述方式

当设计者构思了问题的解决方法和步骤后,必须清楚、准确地将它们记录下来,这就是算法描述。

算法可以使用各种不同的方式来描述,常用的描述方式有自然语言、程序流程图、伪代码和程序设计语言等,下面以求 $a_1 \sim a_n$ 共 n 个连续自然数的和(连加和问题)为例展示算法的常用描述方式。

1. 自然语言

自然语言也就是人们日常进行交流的语言,其最大的优点是通俗易懂;缺点是不够严谨,而且烦琐。

连加和问题的算法用自然语言描述如下:

第一步,输入 a_1, n;

第二步,从 a_1 开始,累加 $n-1$ 次;

第三步,输出从 a_1 开始的 n 个连续自然数的和。

2. 程序流程图

程序流程图描述算法直观形象、简洁明了,但画起来费事、不易修改。连加和问题算法用程序流程图如图 1-1 所示。

3. 程序设计语言

程序设计语言是用于书写计算机程序的语言,用一组符号和一组规则,完整、准确和规则地表达人们的意图,并用以指挥或控制计算机工作。该方式的优点是:描述的算法能在计算机上直接执行。缺点是抽象性差、不易理解且有严格的格式要求和语法限制等,这给用户带来了一定的不便,但是对于从事计算机研究的专业人士,熟练掌握一门程序设计语言是最基本的条件。

连加和问题算法用 Python 语言描述如下:

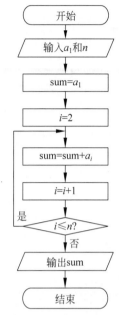

图 1-1 连加和问题算法的
程序流程图

```
def sum(a,n):
    suma = 0
    for i in range(a,a + n):
        suma = suma + i
return suma
```

4. 伪代码

伪代码是介于自然语言与程序设计语言之间的一种用文字和符号结合的算法描述工具。它不依赖于程序设计语言,用来表示程序执行过程,表达程序员开始编码前的想法。伪代码必须结构清晰、代码简单、可读性好,并且类似自然语言。因此它比程序设计语言更容易描述和被人理解;它比自然语言更接近程序设计语言,因而较容易转换为能被计算机直接执行的程序。为此,对于计算机专业的初学者或非计算机人士来说,使用伪代码来描述算法是一个不错的选择。

连加和问题算法的伪代码如下:

```
算法:sum(a1,n)
输入:a1,n
输出:连加和
sum←0
end←a1 + n − 1
for i←a1 to end do
```

```
        sum←sum + i
    return sum
```

视频讲解

1.4　算法设计的一般过程

实际问题千奇百怪,因而制订出的解决方案也千差万别。所以,算法的设计过程是一个灵活且充满智慧的过程,它要求设计者针对具体的问题设计出适合该问题的解决方案。可以说,这是一个智者的创造过程。下面通过一些具体问题,切身体验算法设计的一般过程。

【例 1-1】　连加和问题。

求 $a_1 \sim a_n$ 共 n 个连续整数的和。

连加和问题的求解过程如下:

(1) 充分理解问题。该问题给定的已知:起始数字 a_1、步长 1、结束数字 a_n 和数字个数 n,目标是:$a_1 + (a_1 + 1) + (a_1 + 2) + \cdots + a_n$ 的值。

(2) 问题建模。可以直接用目标表达式求解,重复使用加法运算;也可以将目标表达式 $a_1 + (a_1 + 1) + (a_1 + 2) + \cdots + a_n$ 整理一下,可以得到:$na_1 + [0 + 1 + 2 + \cdots + (n-1)] = na_1 + n(n-1)/2$,这样可以通过做 2 次乘法,1 次加法,1 次减法、1 次除法得到连加和。我们还可以根据等差数列求和公式 $a_1 + (a_1 + 1) + (a_1 + 2) + \cdots + a_n = n(a_1 + a_n)/2$ 求解,这需要 1 次加法,1 次乘法、1 次除法便能得到连加和。

(3) 算法设计。根据连接和问题的模型,算法设计如下:

第一步,输入 a_1, a_n, n;

第二步,计算连加和 sum;

第三步,返回结果 sum。

(4) 验证算法正确性。求和式是通过严格的数学公式推导的,算法对任意整数都是正确的。

(5) 算法分析。根据算法设计,算法只需要 1 次加法、1 次乘法、1 次除法,算法的耗时为 $O(1)$。

【例 1-2】　调度问题。

有 n 个客户带来 n 项任务,每项加工时间已知,设为 $t_i(i=1,2,\cdots,n)$。从 0 时刻开始,陆续安排到一台机器上加工。每个任务的完成时间是从 0 时刻到该任务加工完成的时间。为了使尽可能多的客户满意,我们希望找到总等待时间和最少的调度方案,即总完成时间和最短的调度方案。

(1) 充分理解问题。该问题的已知为任务数 n、任务的加工时间 $\{t_1, t_2, \cdots, t_n\}$、到达时刻为 0 时刻,任务的完成时间=等待时间+加工时间。目标为安排调度次序,使 n 个任务总完成时间和最短。

(2) 问题建模。设 n 个任务的集合为 $S = \{1, 2, \cdots, n\}$,调度方案是 n 个任务的排列,设为 $I = (i_1, i_2, \cdots, i_n)$。其中,$I$ 中 $i_j(j=1,2,\cdots,n)$ 的完成时间为 $f_{i_j} = \sum_{k=1}^{j} t_{i_k}$;调度

I 的总完成时间和为 $f_I = \sum_{j=1}^{n} f_{i_j} = \sum_{j=1}^{n} \sum_{k=1}^{j} t_{i_k}$。

将上述和式进一步整理得：$f_I = \sum_{j=1}^{n}(n-j+1)t_{i_j} = nt_{i_1} + (n-1)t_{i_2} + \cdots + t_{i_n}$，最优调度方案 I^* 的总完成时间和为 $f_{I^*} = \min\{f_I \mid I \text{ 为 } S \text{ 的排列}\}$。

（3）算法设计。从问题模型可知，排在第 1 位的加工时间系数为 n，排在第 2 位、第 3 位、……、第 n 位的系数依次递减 1，第 n 位的加工时间系数为 1，所以最佳调度方案的排列方法是加工时间短的优先安排。算法设计如下：

第一步，输入 S、n 个任务的加工时间。

第二步，按照加工时间升序排列。

第三步，计算总完成时间和。

第四步，返回排列，总完成时间和。

（4）算法正确性检验。

证明：假设 I^* 不是最佳调度，I' 是最佳调度，即 $f_{I^*} > f_{I'}$。在调度 I' 中，至少存在两个相邻任务加工时间逆序，不妨设只有两个相邻任务 i,j 加工时间逆序。I^* 序列中为 i,j；I' 序列中为 j,i，则：$f_{I^*} - f_{I'} = t_i - t_j$。

由于 $f_{I^*} > f_{I'}$，所以 $t_i - t_j > 0$，

这与 $t_i < t_j$ 矛盾。

故假设不真，I^* 是最佳调度，证毕。

（5）算法分析。该算法要将任务按照加工时间由小到大排序，若采用堆排序，则耗时 $O(n\log n)$。排序后线性扫描做乘法、累加运算，耗时为 $O(n)$。所以，算法的时间复杂度为 $O(n\log n)$。该算法消耗的辅助空间是循环变量、排序借用的辅助空间，所以空间复杂度为 $O(1)$。

【例 1-3】 0-1 背包问题。

给定 n 种物品和 1 个背包。物品 i 的重量是 w_i，其价值为 v_i，背包的容量为 W。一个物品要么全部装入背包，要么全部不装入背包，不允许部分装入。装入背包的物品的总重量不超过背包的容量。问应如何选择装入背包的物品，使得装入背包中的物品总价值最大？

（1）充分理解问题。0-1 背包问题给定的条件：n 个物品，物品的重量，物品的价值，背包的容量，物品不能部分装入，装入的总重量不能超过背包容量。目标是装入背包的物品总价值最大。

（2）问题建模。物品不能部分装入，可以用 0 和 1 表示物品是否装入：若 0 表示未装入，1 表示装入，则问题的解可以用 n 维 0-1 向量 $(x_1, x_2, \cdots, x_n)$ 表示。所以，该问题的目标可以描述为 $\max \sum_{i=1}^{n} v_i x_i$，约束条件为 $\begin{cases} \sum_{i=1}^{n} w_i x_i \leqslant W \\ x_i \in \{0,1\}(i=1,2,\cdots,n) \end{cases}$。

（3）算法设计。设计一个贪心算法，优先选择单位重量的价值大的物品装入背包。算法设计如下：

第一步,输入物品编号$\{1,2,3,\cdots,n\}$、价值$(v_1,v_2,\cdots,v_n)$、重量$(w_1,w_2,\cdots,w_n)$、背包容量W。

第二步,计算单位重量的价值。

第三步,按照单位重量的价值由大到小排序。

第四步,将排好序的物品依次判断是否能装入背包。若能装下,则装入;否则,不装入;该过程为直到背包装满或物品全部扫描一遍。

第五步,输出解向量$(x_1,x_2,\cdots,x_n)$,装入背包的最优值。

(4) 算法正确性检验。0-1背包问题实例:$n=4$,$w=[4,3,5,2]$,$v=[9,7,9,2]$,$C=6$。按照算法,计算单位重量的价值并依此由大到小排序,排序结果如表1-1所示。

表1-1　按照单位重量价值降序排列结果

物品编号	2	1	3	4
物品价值	7	9	9	2
物品重量	3	4	5	2
单位重量的价值	3.5	2.25	1.8	1

按照算法,首先装入2号物品;接下来1号物品无法装入,3号物品无法装入,4号物品可以装入,问题的解为$(0,1,0,1)$,装入的重量为5,价值为9。

显然,算法得到的解不是最优解,还有一个解$(1,0,0,1)$,装入的重量为6,装入的价值为11。所以该算法针对上面的实例并没有得到最优解,但是它得到的解是仅次于最优解的近似解。

若将背包的容量W调整为7,算法找到的解为$(1,1,0,0)$,装入背包的重量为7,装入的价值为16,该解是问题的最优解。也就是说0-1背包问题的贪心算法不一定能得到问题的最优解。

通过上面的例子,不难总结出算法设计的一般过程:

(1) 充分理解要解决的问题。这一步是至关重要的。如果设计者没有充分理解所要解决的问题,毫无疑问,设计出的算法肯定漏洞百出。在设计算法的时候,一定要先搞清楚算法处理的是什么问题、实现哪些功能、预期获得的结果,等等。这是设计算法的切入点,也是设计者必备的技能。

(2) 问题建模。问题建模是将现实问题归结为相应的数学问题,并在此基础上利用数学概念、方法和理论进行深入分析和研究,从而可以从定性或定量的角度来刻画实际问题,并为解决现实问题提供精确数据和可靠指导。

(3) 算法设计。根据建立的模型,选择算法的设计策略,并确定合理的数据结构,最后将算法描述出来。

(4) 算法的正确性验证。通过对一系列与算法的工作对象有关的引理、定理和公式进行证明,来验证算法所选择的设计策略及设计思路是否正确。如果不正确,就给出反例。

(5) 算法分析。简单来讲,算法分析是对算法的效率进行分析,主要是时间效率和空间效率。其中,时间效率显示算法运行得有多快;空间效率显示算法运行时需要的存储空间有多大。相比而言,人们关注得较多的是算法的时间效率。

1.5 算法分析

1.5.1 算法分析的概念

视频讲解

算法复杂度是指算法在运行过程中所需要的计算机资源的量,算法分析就是对该量的多少进行分析。所需资源的量越多,表明该算法复杂度越高;反之,算法复杂度越低。计算机的资源最重要的是时间和空间资源。因而,算法分析是对时间复杂度和空间复杂度进行分析。

【例1-4】 排序问题。

给定 n 个可比较的元素,要求按照由小到大排列。

大家熟悉的排序算法有插入排序、冒泡排序、快速排序、堆排序、归并排序。这五种排序算法的时间复杂度和空间复杂度如表1-2所示。

表1-2 常见排序算法的时间复杂度和空间复杂度

排 序 算 法	最坏情况复杂度	平均情况复杂度	空间复杂度
插入排序	$O(n^2)$	$O(n^2)$	$O(1)$
冒泡排序	$O(n^2)$	$O(n^2)$	$O(1)$
快速排序	$O(n^2)$	$O(n\log n)$	$O(\log n)\sim O(n)$
堆排序	$O(n\log n)$	$O(n\log n)$	$O(1)$
归并排序	$O(n\log n)$	$O(n\log n)$	$O(n)$

从表1-2中可知,插入排序和冒泡排序所消耗的时间随问题规模 n 的增加呈 n^2 级增长;快速排序在最坏情况下消耗的时间也随问题规模 n 的增加呈 n^2 级增长,但在平均情况下,快速排序所消耗的时间随问题规模 n 的增加呈 $n\log n$ 级增长;堆排序和归并排序消耗的时间随问题规模 n 的增加呈 $n\log n$ 级增长。平均情况下,快速排序、堆排序和归并排序的时间效率高,耗费时间资源少。在最坏情况下,堆排序和归并排序的时间效率高。

归并排序算法的空间复杂度最高,主要消耗在将两个有序的序列归并成一个有序的序列,借助了 n 个空间暂存归并的结果,空间消耗最大;快速排序的空间复杂度其次,就地划分消耗 $O(1)$ 的空间,然后递归,消耗的空间由递归的深度决定,所以最好空间复杂度为 $O(\log n)$,最坏为 $O(n)$。

由此可见,上述的五个算法中,堆排序的时间效率和空间效率最高。需要排序操作时,我们会选用堆排序算法。另外,针对排序问题,还有可能存在未被创造出来的更好的算法,这就需要人们创造性的思维。这也正是算法分析的实际价值。

所以,算法分析对算法的设计、选用和改进有着重要的指导意义和实用价值:①对于任意给定的问题,设计出复杂度尽可能低的算法是在设计时考虑的一个重要目标;②当给定的问题已有多种算法时,选择复杂度最低的算法是在选用算法时应遵循的一个重要准则;③算法分析有助于对算法进行改进。

在算法的学习过程中,必须学会对算法复杂度进行分析,以确定或判断算法的优劣。本书主要关注算法的时间复杂度分析。

1.5.2 时间复杂度和空间复杂度

1. 时间复杂度

时间复杂度是对算法运行时间长短的度量。与算法运行时间相关的因素通常有问题的规模、算法的输入序列、算法本身、编程语言、编译程序产生的机器代码的质量及计算机执行指令的速度等。显然,在各种因素都不能确定的情况下,很难估算出算法的运行时间,可见使用运行算法的绝对时间来衡量算法的效率是不现实的。所以我们采用事前分析估算法分析时间复杂度。

忽略计算机硬、软件有关的因素,一个特定算法的运行时间与什么有关呢? 下面以查找为例说明。

【例 1-5】 查找问题。

给定 n 个元素的有序表和待找元素 x,要求找出元素 x 在有序表中的位置,若不在,则返回一1。

用 Python 语言设计二分查找算法描述如下:

```python
def binary_search(alist, x):
    n = len(alist)
    first = 0
    last = n - 1
    while first <= last:
        mid = (last + first) //2
        if alist[mid] > x:
            last = mid - 1
        elif alist[mid] < x:
            first = mid + 1
        else:
            return mid
    return - 1
```

如果要查找的元素正好在 mid 位置,比较 1 次得到结果,算法耗时 $O(1)$;若不是正好在 mid 位置,则需要到 mid 的左边找或到 mid 的右边找,最坏一直找到规模为 1,算法耗时为 $O(\log n)$。这说明二分查找算法消耗的时间和传递给算法的有序序列 alist 有关。比如,在 3 5 6 7 23 12 43 65 67 中查找 7 和在 7 23 3 5 6 12 43 65 67 中查找 7,算法进行比较的次数是不一样的,消耗的时间也是不同的。

由二分查找最坏情况下的复杂度 $O(\log n)$ 可知,算法消耗的时间随问题规模 n 的增加呈 $\log n$ 级增长。这说明算法消耗的时间与问题的规模 n 有关。比如,我们找一个人,在 10 人中找的难度大呢,还是在 10000 个人中找的难度大呢? 很显然,问题规模越大,消耗时间越多。

再考虑该问题的另外一个算法,采用顺序搜索的方法查找,Python 代码如下:

```python
def order_search(alist, x):
    n = len(alist)
    for i in range(n):
        if alist[i] == x:
```

```
        return i
    return -1
```

顺序查找算法最好情况时间复杂度为 $O(1)$，最坏情况时间复杂度为 $O(n)$。最坏情况下，顺序查找的时间复杂度 $O(n)$ 比二分查找的时间复杂度 $O(\log n)$ 阶高。这说明算法消耗的时间与算法本身有关。

所以算法消耗的时间依赖于问题的规模(通常用正整数 n 表示)、它的输入序列 I 及算法本身。鉴于算法分析时，算法已经设计好，算法本身对消耗时间的影响隐含在时间表达式中。因此，算法的运行时间表示为 $T(n,I)$。

针对特定的输入序列，算法的时间复杂度只与问题的规模 n 有关。故人们通常将算法的运行时间记为 $T(n)$。

2. 空间复杂度

空间复杂度是对一个算法在运行过程中所占用存储空间大小的度量，一般记为 $S(n)$。其中，n 是问题的规模。

通常，影响算法空间复杂度的相关因素主要有：存储算法本身所占用的存储空间；算法的输入/输出数据所占用的存储空间；算法在运行过程中所需的辅助变量占用的存储空间，即辅助空间或临时空间。其中，存储算法本身所占用的存储空间与算法书写的长短成正比；算法的输入/输出数据所占用的存储空间是由要解决的问题决定的，是通过参数表由调用函数传递而来的，它不随本算法的不同而改变。算法在运行过程中所需的辅助空间随算法的不同而不同，有的算法只需要占用少量的辅助空间，而有的算法需要借助的辅助空间随问题规模的变化而变化。所以，算法空间复杂度通常由辅助空间的多少来衡量。

如：order_search 算法借助了局部变量 n 和循环变量 i，所以空间复杂度为常数，即 $S(n)=O(1)$。binary_search 算法借助了局部变量 n、first、last、mid，所以空间复杂度也为常数，$S(n)=O(1)$。

1.5.3 渐近复杂性态

视频讲解

渐近复杂性表示方法提供了算法设计与分析的基本术语。当看到某段代码以 $O(n)$ 时间运行，另一段代码以 $O(n^2)$ 时间运行，某算法耗时 $O(2^n)$ 时，读者应能理解其中的含义。当计算机解决的问题规模大、结构复杂时，如果把所有的相关因素及元运算都考虑进去，那么算法分析的工作量之大、步骤之繁将令人难以承受。为此，提出了算法复杂度分析如何简化的问题。

定义1 设算法的运行时间为 $T(n)$，如果存在 $T^*(n)$，使得

$$\lim_{n \to \infty} \frac{T(n) - T^*(n)}{T(n)} = 0$$

就称 $T^*(n)$ 为算法的渐近性态或渐近时间复杂性。

可见，问题规模充分大时，$T(n)$ 和 $T^*(n)$ 近似相等，我们可以用简化的 $T^*(n)$ 代替 $T(n)$ 衡量算法复杂度。因此，在算法分析中，算法的时间复杂度和算法的渐近时间复杂性往往不加区分，并常用后者来对一个算法的时间复杂度进行衡量，从而简化了大规模

问题的时间复杂度分析。

【例 1-6】 简化算法 A 和 B 的时间复杂度表示：$T_A(n)=30n^4+20n^3+40n^2+46n+100$、$T_B(n)=1000n^3+50n^2+78n+10$。

令 $T_A^*(n)=30n^4$，则 $\lim\limits_{n\to\infty}\dfrac{T_A(n)-T_A^*(n)}{T_A(n)}=\dfrac{20n^3+40n^2+46n+100}{30n^4+20n^3+40n^2+46n+100}=0$

所以 $T_A^*(n)=30n^4$ 是算法 A 的渐近时间复杂性。

另一方面，当 n 无穷大时，常数显得微不足道，可以忽略不计，即 $T_A^*(n)\approx n^4$，称 n^4 为 $T_A^*(n)$ 的阶。

同理，令 $T_B^*(n)=1000n^3$，则 $\lim\limits_{n\to\infty}\dfrac{T_B(n)-T_B^*(n)}{T_B(n)}=\dfrac{50n^2+78n+10}{1000n^3+50n^2+78n+10}=0$

所以，$T_B^*(n)=1000n^3$ 是算法 B 的渐近时间复杂性，$T_B^*(n)\approx n^3$，称 n^3 为 $T_B^*(n)$ 的阶。

由此，可以用一句话概括算法的渐近性表示：忽略常数因子和低阶项。

1.5.4　渐近意义下的记号

视频讲解

常见渐近意义下的记号有：O、o、Ω、w、Θ。下面将讨论 O、Ω、Θ 三个记号。设 $T(n)$、$f(n)$ 和 $g(n)$ 是正数集上的正函数。其中，n 是问题规模。

(1) O——渐近上界记号。

定义 2　若存在两个正常数 c 和 n_0，$\forall n\geqslant n_0$，都有 $T(n)\leqslant cf(n)$，则称 $T(n)=O(f(n))$，即 $f(n)$ 是 $T(n)$ 的上界。换句话说，在 n 满足一定条件的范围内，函数 $T(n)$ 的阶不高于函数 $f(n)$ 的阶。

根据 O 的定义，我们要注意两点：一是存在性，即存在正常数 c 和 n_0；二是任意性，对于大于或等于 n_0 的任意 n，不等式恒成立。O 记号示意图如图 1-2 所示，用横轴表示问题规模 n，纵轴表示关于 n 的函数表达式 $T(n)$、$f(n)$。

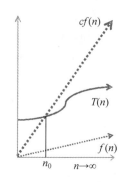
图 1-2　O 记号示意图

【例 1-7】　用 O 表示 $T(n)=10n+4$ 的阶。

解：令 $f(n)=n$，存在 $c=11$，$n_0=4$，使得 $\forall n\geqslant n_0$ 都有：$T(n)=10n+4\leqslant 11n=cf(n)$。

$$T(n)=O(f(n))=O(n)$$

根据符号 O 的定义，用它表示算法复杂度得到的是问题规模充分大时的一个上界。这个上界的阶越低，则评估就越精确，结果就越有价值。如果有一个新的算法，其运行时间的上界低于以往解同一问题的所有其他算法的上界，就认为建立了一个解该问题所需时间的新上界。

常见的几类时间复杂度有：$O(1)$、$O(n)$、$O(n^2)$、$O(n^3)$、$O(2^n)$、$O(n!)$、$O(n^n)$、$O(n\log n)$ 和 $O(\log n)$。它们之间的大小关系如下：

$$O(1)<O(\log n)<O(n)<O(n\log n)<O(n^2)<O(n^3)<O(2^n)<O(n!)<O(n^n)$$

其中，$O(1)$ 表示常数时间，与问题的规模无关；$O(n)$、$O(n^2)$、$O(n^3)$ 表示多项式时间,算法的时间随问题的规模呈多项式级别增长；$O(2^n)$、$O(n!)$、$O(n^n)$为指数时间,算法的时间随问题的规模呈指数级增长,最常见的指数阶时间为$O(2^n)$。

另外,按照O的定义,容易证明如下运算规则成立,这些规则对后面的算法分析是非常有用的。

① $O(f)+O(g)=O(\max(f,g))$;

② $O(f)+O(g)=O(f+g)$;

③ $O(f)O(g)=O(fg)$;

④ 若$g(n)=O(f(n))$,则$O(f)+O(g)=O(f)$;

⑤ $O(cf(n))=O(f(n))$,其中c是一个正的常数;

⑥ $f=O(f)$。

规则①的证明:

设$F(n)=O(f)$。按照符号O的定义,存在正常数c_1和n_1,$\forall n \geq n_1$,都有$F(n) \leq c_1 f$。类似地,设$G(n)=O(g)$,按照符号O的定义,存在正常数c_2和n_2,$\forall n \geq n_2$,都有$G(n) \leq c_2 g$。

令$c_3=\max\{c_1, c_2\}$,$n_3=\max\{n_1, n_2\}$,$h(n)=\max\{f, g\}$,则$\forall n \geq n_3$,有

$$F(n) \leq c_1 f \leq c_1 h(n) \leq c_3 h(n)$$

类似地,有

$$G(n) \leq c_2 g \leq c_2 h(n) \leq c_3 h(n)$$

因此,

$$F(n)+G(n) \leq c_3 h(n)+c_3 h(n)=2c_3 h(n)$$

令$c=2c_3$,则$c>0$。

存在正常数c和n_3,$\forall n \geq n_3$,都有$F(n)+G(n) \leq ch(n)$,故$F(n)+G(n)=O(h(n))$,即$O(f)+O(g)=O(\max\{f, g\})$,证毕。

其余规则的证明与此类似,感兴趣的读者可自行进行证明。

【例 1-8】 分析例 1-5 中 binary_search(二分查找)算法最坏情况下的时间复杂度。

根据 binary_search,问题的规模为n的二分查找耗时记为$T(n)$。当问题的规模小于或等于 1 时,最多比较 1 次,故$T(n)=O(1)$；当问题的规模大于 1 时,首先计算中间位置 mid,然后和中间位置的元素比较,这两部分的耗时为$O(1)$；根据比较结果,算法进入其中一个规模为$n/2$的子问题中查找,耗时为$T(n/2)$；故问题的规模大于 1 时的时间$T(n)=T(n/2)+O(1)$。因此,二分查找算法时间复杂度递推方程如下:

$$T(n)=\begin{cases} O(1) & n=1 \\ T(n/2)+O(1) & n>1 \end{cases}$$

根据递推方程递推求解:

$$\begin{aligned} T(n) &= T(n/2)+O(1) \\ &= T(n/2^2)+2O(1) \\ &= T(n/2^3)+3O(1) \\ &= \cdots = T(1)+\log n O(1) \\ &= O(1)+\log n O(1) \end{aligned}$$

$$= O(1) + O(\log n)$$
$$= O(\log n)$$

由此,得到二分查找算法在最坏情况下的时间复杂度为 $O(\log n)$。

(2) Ω——渐近下界记号。

定义 3 若存在两个正常数 c 和 n_0,$\forall n \geqslant n_0$,都有 $T(n) \geqslant cf(n)$,则称 $T(n) = \Omega(f(n))$,即 $f(n)$ 是 $T(n)$ 的下界。换句话说,在 n 满足一定条件的范围内,函数 $T(n)$ 的阶不低于函数 $f(n)$ 的阶。它的概念与 O 的概念是相对的。

【例 1-9】 用 Ω 表示 $T(n) = 30n^4 + 20n^3 + 40n^2 + 46n + 100$ 的阶。

存在 $c = 30, n_0 = 1$,使得 $\forall n \geqslant n_0$,都有 $T(n) \geqslant 30n^4$,

令 $f(n) = n^4$,可得 $T(n) \geqslant cf(n)$,

即 $T(n) = \Omega(f(n)) = \Omega(\mathrm{n}^4)$。

同样,用 Ω 评估算法的复杂度,得到的只是该复杂度的一个下界。这个下界的阶越高,则评估就越精确,结果就越有价值。如果有一个新的算法,其运行时间的下界高于以往解同一问题的所有其他算法的下界,就认为建立了一个解该问题所需时间的新下界。

(3) Θ 渐近精确界记号。

定义 4 若存在 3 个正常数 c_1、c_2 和 n_0,$\forall n \geqslant n_0$,都有 $c_2 f(n) \leqslant T(n) \leqslant c_1 f(n)$,则称 $T(n) = \Theta f(n)$。Θ 意味着在 n 满足一定条件的范围内,函数 $T(n)$ 和 $f(n)$ 的阶相同。由此可见,Θ 用来表示算法的精确阶。

【例 1-10】 用 Θ 表示 $T(n) = 20n^2 + 8n + 10$ 的阶。

(1) 存在 $c_1 = 29, n_0 = 10$,使得 $\forall n \geqslant n_0$ 都有

$$T(n) \leqslant 20n^2 + 8n + n = 20n^2 + 9n \leqslant 20n^2 + 9n^2 = 29n^2$$

令 $f(n) = n^2$,可得 $T(n) \leqslant c_1 f(n)$,

即 $T(n) = O(f(n)) = O(n^2)$。

(2) 存在 $c_2 = 20, n_0 = 10$,使得 $\forall n \geqslant n_0$ 都有

$$T(n) \geqslant 20n^2$$

令 $f(n) = n^2$,可得 $T(n) \geqslant c_2 f(n)$,

即 $T(n) = \Omega(f(n)) = \Omega(n^2)$。

(3) 由此可见,存在 $c_1 = 29$、$c_2 = 20$ 和 $n_0 = 10$,使得 $\forall n \geqslant n_0$ 都有

$$c_2 f(n) \leqslant T(n) \leqslant c_1 f(n)$$

令 $f(n) = n^2$,可得 $T(n) = \Theta f(n) = \Theta(n^2)$。

定理 1 若 $T(n) = a_m n^m + a_{m-1} n^{m-1} + \cdots + a_1 n + a_0 \ (a_i > 0, 0 \leqslant i \leqslant m)$ 是关于 n 的一个 m 次多项式,则 $T(n) = O(n^m)$,且 $T(n) = \Omega(n^m)$,因此有 $T(n) = \Theta(n^m)$。

证明:

(1) 根据 O 的定义,取 $n_0 = 1$,$\forall n \geqslant n_0$ 都有

$$T(n) = \left(a_m + \frac{a_{m-1}}{n} + \cdots + \frac{a_1}{n^{m-1}} + \frac{a_0}{n^m}\right) n^m$$

$$\leqslant (a_m + a_{m-1} + \cdots + a_1 + a_0) n^m$$

令 $c_1 = (a_m + a_{m-1} + \cdots + a_1 + a_0)$,

则有 $T(n) \leqslant c_1 n^m$，由此可得 $T(n) = O(n^m)$。

（2）根据 Ω 的定义，取 $n_0 = 1$，$\forall n \geqslant n_0$ 都有

$$T(n) \geqslant a_m n^m$$

令 $c_2 = a_m$，

则有 $T(n) \geqslant c_2 n^m$，由此可得 $T(n) = \Omega(n^m)$。

（3）根据 Θ 的定义，取 c_1、c_2 和 n_0，$\forall n \geqslant n_0$ 都有

$$c_2 n^m \leqslant T(n) \leqslant c_1 n^m$$

至此可证明 $T(n) = \Theta(n^m)$。

1.5.5 算法的运行时间 $T(n)$ 建立的依据

视频讲解

（1）非递归算法中 $T(n)$ 建立的依据。

为了求出算法的时间复杂度，通常需要遵循以下步骤。

第一步，选择某种能够用来衡量算法运行时间的依据；

第二步，依照该依据求出运行时间 $T(n)$ 的表达式；

第三步，采用渐近符号表示 $T(n)$。

其中，第一步是最关键的，它是其他步骤能够进行的前提。通常衡量算法运行时间的依据是基本语句，所谓基本语句是指对算法的运行时间贡献最大的原操作语句。

当算法的时间复杂度只依赖问题的规模时，基本语句选择的标准：必须能够明显地反映出该语句操作随着问题规模的增大而变化的情况，其重复执行的次数与算法的运行时间成正比，多数情况下是算法最深层循环内的语句中的原操作；这时，就可以采用该基本语句的执行次数来作为运行时间 $T(n)$ 建立的依据，即用其执行次数来对运行时间 $T(n)$ 进行度量。

【例 1-11】 求出一个整型数组中元素的最大值。

算法描述如下：

```
def arrayMax(a_list):
    n = len(a_list)
    max = a_list[0]
    for i in range(1,n):
        if a_list[i] > max:
            max = a_list[i]
    return max
```

在该算法中，问题规模就是列表 a_list 中的元素个数。显然，执行次数随问题规模的增大而变化，且对算法的运行时间贡献最大的语句是：if a_list[i] > max；，因此将该语句作为基本语句。显然，每执行一次循环，该语句就执行一次，循环变量 i 从 1 变化到 $n-1$，因而该语句共执行了 $n-1$ 次，由此可得 $T(n) = n-1 = O(n)$。

当算法的时间复杂度既依赖问题规模又依赖输入序列时，例如插入排序、查找等算法，如果要合理、全面地对这类算法的复杂性进行分析，就要从最好情况、最坏情况和平均情况三个方面进行讨论。

【例 1-12】 检查公共元素。

给定两个元素集 A 和 B,检查 A 和 B 是否含有公共元素。

算法描述如下:

```python
def check_common(a_list,b_list):
    n_a = len(a_list)
    n_b = len(b_list)
    for i in range(n_a):
        for j in range(n_b):
            if a_list[i] == b_list[j]:
                return True
    return False
```

在该算法中,问题规模就是:列表 a_list 中的元素个数×列表 b_list 中的元素个数。显然,执行次数随问题规模的增大而变化,且对算法的运行时间贡献最大的语句是:if a_list[i] == b_list[j]:,因此将该语句作为基本语句。

在最好情况下,if 语句只做 1 次,$T(n)=O(1)$;在最坏情况下,不存在公共元素,if 语句执行 $n\_a \times n\_b$ 次,$T(n)=O(n\_a \times n\_b)$;在平均情况且等概率的条件下,用总比较次数 $(1+2+3+\cdots+n\_a \times n\_b)/n\_a \times n\_b=(n\_a \times n\_b+1)/2$,$T(n)=O(n\_a \times n\_b)$。

这三种情况下的时间复杂度分别从不同角度反映了算法的时间效率,各有各的用处,各有各的局限性。一般来说,最好情况不能用来衡量算法的时间复杂度,因为它发生的概率太小了。实践表明,可操作性最好且最有实际价值的是最坏情况下的时间复杂度,它至少使我们知道算法的运行时间最坏能坏到什么程度。如果输入数据呈等概率分布,要以平均情况来作为运行时间的衡量。

(2) 递归算法中 $T(n)$ 建立的依据。

一般而言,计算一个递归算法的时间复杂度可以遵循以下步骤。

第一步,决定采用哪个(或哪些)参数作为输入规模的度量;

第二步,找出对算法的运行时间贡献最大的语句作为基本语句;

第三步,检查一下,对于相同规模的不同输入,基本语句的执行次数是否不同。如果不同,就需要从最好、最坏及平均三种情况进行讨论;

第四步,对于选定的基本语句的执行次数建立一个递推关系式,并确定停止条件;

第五步,通过计算该递推关系式得到算法的时间复杂度。

【例 1-13】 阶乘问题。

求 $n!$,n 是大于或等于 0 的整数。

阶乘问题的递归算法描述如下:

```python
def fac(n):
    if n == 1 or n == 0:
        return 1
    else:
        return n * fac(n - 1)
```

在 fac 算法中,参数 n 度量问题的规模,对算法的运行时间贡献最大的肯定是递归语

句 $n^{*}\text{fac}(n-1)$，对该语句建立时间递推关系：设 $T(n)$ 表示问题规模为 n 的耗时，则问题规模为 $n-1$ 的耗时为 $T(n-1)$，n 乘以 $\text{fac}(n-1)$ 递归的结果耗时为常数时间 $O(1)$，故该语句的递推式为 $T(n)=T(n-1)+O(1)$。递推的停止条件为 $n=1$ 或 0，此时的耗时为 $O(1)$。故求 $n!$ 的算法 fac 的时间复杂度递推方程如下：

$$T(n)=\begin{cases} O(1) & n \leqslant 1 \\ T(n-1)+O(1) & n > 1 \end{cases}$$

采用迭代法递推：

$$\begin{aligned} T(n) &= T(n-1)+O(1) \\ &= T(n-2)+2O(1) \\ &= \cdots = T(1)+(n-1)O(1) \\ &= O(1)+(n-1)O(1) \\ &= O(n) \end{aligned}$$

fac 算法的时间复杂度为 $O(n)$。

【例 1-14】 排列问题。

给定 n 个互不相同的元素，求它们的全排列。

排列问题的递归算法描述如下：

```python
def all_Permutation(array, start):
    if start == len(array):
        print(array)
        return
    for i in range(start, len(array)):
        array[start],array[i] = array[i],array[start]
        all_Permutation(array, start + 1)
        array[start],array[i] = array[i],array[start]
```

在 all_Permutation 算法中，参数 array 存储 n 个不同元素，参数 start 指定待排列元素的首元素位置。由此，$n-\text{start}$ 为问题的规模，初始时，$\text{start}=0$，问题的规模为 n，接下来规模依次递减 1。对算法的运行时间贡献最大的肯定是递归语句 all_Permutation（array，start+1），对该语句建立时间递推关系：设 $T(n)$ 表示规模为 n 的耗时，则规模为 $n-1$ 的耗时为 $T(n-1)$，进入递归之前需要交换两个元素，递归回来之后又需要交换两个元素，耗时为常数 $O(1)$，递归和交换元素需要做 $n-\text{start}$ 次，初始 $\text{start}=0$，故循环 n 次。该语句的递推式为：$T(n)=n(T(n-1)+O(1))$。递推的停止条件为 $\text{start}=n$，规模为 1，单个元素的全排列是它本身，耗时为 $O(1)$。故算法 all_Permutation 时间复杂度递推方程如下：

$$T(n)=\begin{cases} O(1) & n \leqslant 1 \\ n[T(n-1)+O(1)] & n > 1 \end{cases}$$

针对该递推方程，采用迭代法求解。为了推导方便，令 $c=O(1)$：

$$\begin{aligned} T(n) &= nT(n-1)+nc \\ &= n(n-1)T(n-2)+n(n-1)c+nc \\ &= \cdots = n!T(1)+n(n-1)\cdots2c+\cdots+nc \end{aligned}$$

$$=n!c+n(n-1)\cdots2c+\cdots+nc$$
$$=c(n+n(n-1)+n(n-1)(n-2)+\cdots+n!\,)$$
$$cn! \leqslant T(n) \leqslant cnn!$$

所以 $T(n)=\Omega(n!)$。

1.5.6 算法所占用的空间 $S(n)$ 建立的依据

视频讲解

在渐近意义下所定义的复杂度的阶、上界与下界等概念,也同样适用于算法空间复杂度的分析。本书讨论算法的空间复杂度只考虑算法在运行过程中所需要的辅助空间。

【例 1-15】 插入排序。

插入排序算法描述如下:

```python
def insert_sort(data):
    for i in range(1, len(data)):
        value = data[i]              # 插入值
        j = i-1                      # 记录插入位置
        while j >= 0:
            if data[j] > value:
                data[j+1] = data[j]
            else:
                break
            j -= 1
        data[j+1] = value            # j+1 是插入的位置
    return data
```

在算法 insert_sort 中,为参数表中的形参变量 data 所分配的存储空间,是属于为输入/输出数据分配的空间。那么,该算法所需的辅助空间只包含为 value、i 和 j 分配的空间,显然 insert_sort 算法的空间复杂度是常数阶,即 $S(n)=O(1)$。

【例 1-16】 斐波那契数列。

斐波那契数列(Fibonacci Sequence),又称黄金分割数列,因数学家列昂纳多·斐波那契(Leonardoda Fibonacci)以兔子繁殖为例子而引入,故又称为"兔子数列",指的是这样一个数列:1、1、2、3、5、8、13、21、34、…。

斐波纳契数列的递归定义如下:

$$F(n)=\begin{cases}1 & n=0\\1 & n=1\\F(n-1)+F(n-2) & n>1\end{cases}$$

斐波那契数列的递归实现如下:

```python
def Fibonacci(n):
    assert n >= 0, "n > 0"
    if n <= 1:
        return n
    return Fibonacci(n-1) + Fibonacci(n-2)
```

递归算法的空间复杂度指的是算法的递归深度乘以每层递归需要的空间,即算法在执行过程中所需的用于存储"调用记录"的递归栈的空间大小。

上述计算 $F(n-1)$ 递归 $n-1$ 次,计算 $F(n-2)$ 递归 $n-2$ 次,所以我们选择递归深度大的来衡量算法的空间复杂度。Fibonacci 算法所需的递归栈的空间为 $O(n)$。

1.6 递推方程求解方法

1.6.1 迭代法

迭代法就是迭代的方式展开方程的右边,直到没有可以迭代的项为止,这时通过对右边的和进行估算来估计方程的解。

如例 1-13 和例 1-14 中的递推方程均是用迭代法求解的算法时间复杂度。下面再给出一个用迭代法求解的例子。

【例 1-17】 汉诺塔问题

3 根圆柱 a、b、c,其中 a 上面串了 n 个圆盘。这些圆盘从上到下是按从小到大顺序排列的,大的圆盘任何时刻不得位于小的圆盘上面。每次移动一个圆盘,最终将所有圆盘移动到 c 上,该如何移动?

该问题的算法描述如下:

```
def hanoi(n,a,b,c):          #n为圆盘数,a代表初始位圆柱,b代表过渡位圆柱,c代表
                             #目标位圆柱
    if n==1:
        print(a,'-->',c)
    else:
        hanoi(n-1,a,c,b)     #将a柱的n-1个圆盘借助c柱移动到b柱
        print(a,'-->',c)     #将a柱剩下的1个圆盘移动到c柱
        hanoi(n-1,b,a,c)     #将b柱的n-1个圆盘借助a柱移动到c柱
```

参数 n 代表问题的规模,耗时用 $T(n)$ 表示,规模为 $n-1$ 时的耗时为 $T(n-1)$。当规模为 1 时,只需要移动一步即可,耗时为 $O(1)$。当规模大于 1 时,先将 $n-1$ 个圆盘移动到 b,耗时 $T(n-1)$;然后将剩下的 1 个圆盘移动到 c,耗时 $O(1)$;最后将 $n-1$ 个圆盘移动到 c,耗时 $T(n-1)$。故汉诺塔问题的时间复杂度递推方程如下:

$$T(n)=\begin{cases}O(1) & n=1\\2T(n-1)+O(1) & n>1\end{cases}$$

令 $c=O(1)$,用迭代法求解过程如下:

$$\begin{aligned}T(n)&=2T(n-1)+c\\&=2(2T(n-2)+c)+c\\&=2^2T(n-2)+2c+c\\&=2^3T(n-3)+2^2c+2c+c\\&=\cdots=2^{n-1}T(1)+2^{n-2}c+\cdots+2^2c+2c+c\end{aligned}$$

$$= 2^{n-1}c + 2^{n-2}c + \cdots + 2^2c + 2c + c$$
$$= c(1 + 2 + 2^2 + \cdots + 2^{n-1})$$
$$= (2^n - 1)c$$

故算法 hanoi 的时间复杂度为 $O(2^n)$。

1.6.2　递归树

递归树是迭代过程的一种图像表述,常被用于求解递推方程,它的求解表示比一般的迭代会更加的简洁与清晰。

递归树是迭代计算的模型,它的生成过程与迭代过程一致,递归树上所有项恰好是迭代之后产生和式中的项,对递归树上的项求和就是迭代后方程的解。不妨设递推方程的一般形式为:

$$T(n) = \begin{cases} O(1) & n = 1 \\ T(m_1) + T(m_2) + \cdots + T(m_i) + f(n) & m_k < n, n > 1, k = 1, 2, \cdots, i \end{cases}$$

其中,n 为原问题的规模;$m_k(k = 1, 2, \cdots, i)$ 为划分的子问题的规模;$f(n)$ 表示分解子问题和归并子问题的解为原问题的解所消耗的总时间。

递归树生成规则如下:

(1) 初始时递归树只有根节点 $T(n)$;

(2) 将递归项叶节点的迭代式 $T(n)$ 表示成二层子树,父节点为递归前分解子问题和递归后归并子问题的解消耗的时间 $f(n)$,子节点为子问题的递归项 $T(m_i), i = 1, 2, \cdots, i$。该操作一直持续到无递归项为止。

【例 1-18】　根据二分查找算法的时间复杂度递推方程,用递归树求解二分查找的时间复杂度。

$$T(n) = \begin{cases} O(1) & n = 1 \\ T(n/2) + O(1) & n > 1 \end{cases}$$

解:第一步,递归树中只有 $T(n)$,如图 1-3 所示。

第二步,将递归项 $T(n)$ 表示成两层子树,用两层子树代替 $T(n)$,令 $c = O(1)$,如图 1-4 所示。

图 1-3　根节点　　　　图 1-4　两层子树代替根节点

第三步,将递归项 $T(n/2)$ 表示成两层子树,用两层子树代替 $T(n/2)$,如图 1-5 所示。

以此类推,直到没有递归项为止,如图 1-6 所示。

二分查找算法的时间复杂度为 $c\log_2 n$,即 $O(\log_2 n)$。

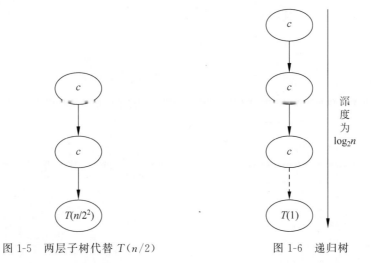

图 1-5 两层子树代替 $T(n/2)$ 图 1-6 递归树

【例 1-19】 根据某算法的时间复杂度递推方程,用递归树求解它的时间复杂度。

$$T(n) = \begin{cases} O(1) & n = 1 \\ T(n/3) + T(2n/3) + O(n) & n > 1 \end{cases}$$

解:第一步,递归树中只有 $T(n)$,如图 1-7 所示。

第二步,将递归项 $T(n)$ 表示成两层子树,用两层子树代替 $T(n)$,令 $cn = O(n)$,如图 1-8 所示。

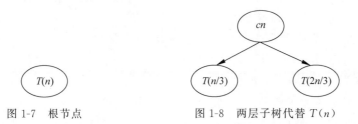

图 1-7 根节点   图 1-8 两层子树代替 $T(n)$

第三步,将递归项 $T(n/3)$ 和 $T(2n/3)$ 表示成两层子树,分别用两层子树代替 $T(n/3)$、$T(2n/3)$,如图 1-9 所示。

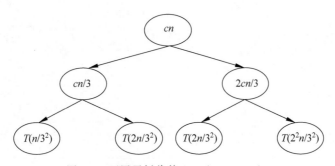

图 1-9 两层子树代替 $T(n/3)$、$T(2n/3)$

以此类推,直到没有递归项为止,如图 1-10 所示。第一层的耗时为 cn,第二次的耗时为 $cn/3 + 2cn/3 = cn$,第三层的耗时为 $cn/3^2 + 2cn/3^2 + 2cn/3^2 + 2^2cn/3^2 = cn$,由此发

现规律,递归树中每层的耗时均为 n。

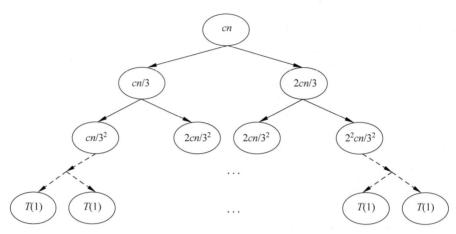

图 1-10 递归树

递归树的深度是多少呢? 从递归树可知,最右的分支规模变小的速度慢,深度最深,设为 k,则 $(2/3)^k n = 1$。求得 $(3/2)^k = n$,$k = \log_{3/2} n$,所以该算法的时间复杂度为 $O(n \log_{3/2} n)$。根据 O 的定义,算法的复杂度与 $n \log n$ 同阶,即 $O(n \log n)$。

1.6.3 差消法

视频讲解

求解递推方程基本的方法是迭代法,但当依赖关系复杂的时候,迭代就非常困难,此时可尝试采用差消法化简递推方程,然后再迭代。

【例 1-20】 分析快速排序的平均情况下的时间复杂度。

快速排序的基本过程如下:

(1) 选取第一个元素为基准;

(2) 将剩余元素分为两部分,一部分不大于基准元素,另一部分大于基准元素;

(3) 递归求解两部分。

由快速排序的过程可知,划分的两部分的规模与基准元素直接相关,可能存在的情况如表 1-3 所示。

表 1-3 划分所有可能情况

基准元素位置	一部分规模	另一部分规模
1	0	$n-1$
2	1	$n-2$
3	2	$n-3$
...	...	...
$n-1$	$n-2$	1
n	$n-1$	0

那么,基准将其他元素分为两部分,需要和 $n-1$ 个元素都比较 1 次,故需要比较 $n-1$ 次。快速排序所有可能花费的总时间为 $T(n) = 2 \sum_{i=0}^{n-1} T(i) + n(n-1)$。在每种情况等概

率的情况下,快速排序平均情况下的时间复杂度(由于 $T(0)=0$,忽略)为 $T(n)/n$,即

$$T(n) = \frac{2}{n}\sum_{i=1}^{n-1} T(i) + (n-1)$$

$$= \frac{2}{n}\sum_{i=1}^{n-1} T(i) + O(n)$$

问题规模为 1 时,单个元素是有序的,耗时为常数 c。

用迭代法求解非常困难,所以首先应对递推方程简化处理 —— 差消。

首先令 $O(n)=cn$,将递推方程两边都乘以 n 得:

$$nT(n) = 2\sum_{i=1}^{n-1} T(i) + cn^2 \tag{1-1}$$

规模为 $n-1$ 时,递推方程为

$$(n-1)T(n-1) = 2\sum_{i=1}^{n-2} T(i) + c(n-1)^2 \tag{1-2}$$

式(1-1)减去式(1-2)得:

$$nT(n) - (n-1)T(n-1) = 2T(n-1) + c_1 n \tag{1-3}$$

式(1-3)继续化简得到:

$$nT(n) = (n+1)T(n-1) + c_1 n \tag{1-4}$$

式(1-4)仍然不容易迭代,继续化简,两边都除以 $n(n+1)$ 得:

$$\frac{T(n)}{n+1} = \frac{T(n-1)}{n} + \frac{c_1}{n+1} \tag{1-5}$$

此时,我们发现将 $\dfrac{T(n)}{n+1}$ 看作一个函数,则 $\dfrac{T(n-1)}{n}$ 恰好是函数的后项,且 $\dfrac{T(n-1)}{n}$ 不再有系数,这样就容易迭代了。

采用式(1-5)迭代过程如下:

$$\begin{aligned}
\frac{T(n)}{n+1} &= \frac{T(n-1)}{n} + \frac{c_1}{n+1} \\
&= \frac{T(n-2)}{n-1} + \frac{c_1}{n} + \frac{c_1}{n+1} \\
&= \frac{T(n-3)}{n-2} + \frac{c_1}{n-1} + \frac{c_1}{n} + \frac{c_1}{n+1} \\
&= \cdots = \frac{T(1)}{2} + c_1\left(\frac{1}{3} + \frac{1}{4} + \cdots + \frac{1}{n-1} + \frac{1}{n} + \frac{1}{n+1}\right) \\
&= \frac{1}{2} + c_1\left(\frac{1}{3} + \frac{1}{4} + \cdots + \frac{1}{n-1} + \frac{1}{n} + \frac{1}{n+1}\right)
\end{aligned}$$

迭代的结果是一个调和级数,调和级数的和 S_n 的范围为 $\ln(n+1) < S_n < \ln n + 1$,所以,$\dfrac{T(n)}{n+1} < \ln n + 1$,$T(n) = O(n\ln n) = O\left(\dfrac{n\log n}{\log e}\right) = O(n\log n)$。

1.6.4　主方法

主方法是分析递归算法所需要的工具。它将算法的递归过程作为输入,其输出就是该算法的运行时间上界。

视频讲解

主方法针对的递推方程形式如下：

$$T(n) = \begin{cases} O(1) & n = 1 \\ aT(n/b) + O(n^d) & n > 1 \end{cases}$$

其中，$n = 1$ 代表所有足够小的 n；$T(n)$ 最多就是常数。当 $n > 1$ 时，代表对于较大的 n，$T(n)$ 最多是 $aT(n/b) + O(n^d)$，a 是递归调用子问题的数量，n/b 是子问题的规模，$O(n^d)$ 是分解子问题及将子问题的解组合成原问题解所消耗的时间。

定理 2（主方法）　令 $a \geqslant 1$、$b > 1$、$d \geqslant 0$ 是常数，$T(n)$ 是定义在非负整数上的递归式：$T(n) = aT(n/b) + O(n^d)$，那么 $T(n)$ 有如下渐近界：

$$T(n) = \begin{cases} O(n^d \log n), & \text{如果 } a = b^d \text{[情况 1]} \\ O(n^d), & \text{如果 } a < b^d \text{[情况 2]} \\ O(n^{\log_b^a}), & \text{如果 } a > b^d \text{[情况 3]} \end{cases}$$

证明：我们用递归树来证明。

根据递推方程，递归树如图 1-11 所示。

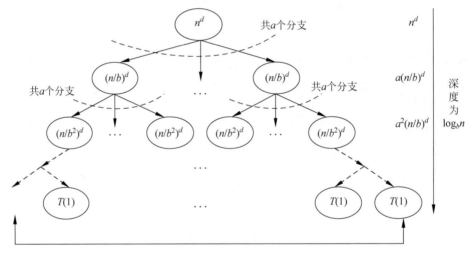

第 $\log_b n$ 层：$a^{\log_b^n}(1)^d = a^{\log_b^n}$

图 1-11　递归树证明

将递归树中，各层消耗的时间累加得到时间复杂度 $T(n) = n^d \sum\limits_{j=0}^{\log_b n} \left(\dfrac{a}{b^d} \right)^j$。

情况 1：当 $a = b^d$，显然 $\dfrac{a}{b^d} = 1$，$T(n) = n^d 1 + \log_b n$，根据 O 的定义，log 以 b 为底的阶与以 2 为底的阶相同，常数项忽略，所以 $T(n) = O(n^d \log n)$。

情况 2：当 $a < b^d$，显然 $\dfrac{a}{b^d} < 1$，按照等比数列求和公式得到：

$$T(n) = n^d \frac{1 - \left(\dfrac{a}{b^d} \right)^{\log_b n + 1}}{1 - \dfrac{a}{b^d}}$$

由于 $\dfrac{a}{b^d}<1, b>1$，所以 $n\to\infty$ 时，$\left(\dfrac{a}{b^d}\right)^{\log_b n+1}\to 0$，故 $T(n)\leqslant n^d\ \dfrac{1}{1-\dfrac{a}{b^d}}$，$T(n)=$

$O(n^d)$。

情况 3：当 $a>b^d$，显然 $\dfrac{a}{b^d}>1$，按照等比数列求和公式得到：$T(n)=$

$n^d\ \dfrac{\left(\dfrac{a}{b^d}\right)^{\log_b n+1}-1}{\dfrac{a}{b^d}-1}$。根据 O 的定义，忽略常数项，$T(n)=O\left(n^d\left(\dfrac{a}{b^d}\right)^{\log_b n}\right)$，根据对数性

质有：

$$\left(\dfrac{a}{b^d}\right)^{\log_b n}=n^{\log_b \frac{a}{b^d}}=n^{\log_b a-\log_b b^d}=n^{\log_b a-d}$$

所以 $T(n)=O(n^d n^{\log_b a-d})=O(n^{\log_b a})$，证毕。

【例 1-21】 用主方法求二分查找算法的时间复杂度递推方程：

$$T(n)=\begin{cases} O(1) & n=1 \\ T(n/2)+O(1) & n>1 \end{cases}$$

解：在递推方程中，由于 $a=1, b=2, d=0, b^d=2^0=1, a=b^d$，所以 $T(n)=O(n^0\log n)=O(\log n)$。

【例 1-22】 用主方法求解递推方程：

$$T(n)=\begin{cases} O(1) & n=1 \\ 9T(n/3)+n & n>1 \end{cases}$$

解：在递推方程中，由于 $a=9, b=3, d=1, b^d=3^1=3, a>b^d$，所以 $T(n)=O(n^{\log_3^9})=O(n^2)$。

【例 1-23】 用主方法求解递推方程：

$$T(n)=\begin{cases} O(1) & n=1 \\ 3T(n/4)+n & n>1 \end{cases}$$

解：在递推方程中，由于 $a=3, b=4, d=1, b^d=4^1=4, a<b^d$，所以 $T(n)=O(n^d)=O(n)$。

第 **2** 章

贪心算法——贪心不足

2.1 概述

2.1.1 贪心算法的本质

视频讲解

贪心算法的本质反映在"贪"字上,"贪"的含义解释如下:

(1) 原指爱财,后来多指贪污。

(2) 对某种事物的欲望老不满足,求多。

(3) 片面追求,贪图。

(4) 这三方面含义都含有:"为了达到某个最优目标(最多的钱财、最多的欲求等),从眼前来看,应采用哪种方法"之意。

贪心算法本质就是从眼前某一个初始解出发,在每一个阶段都做出当前最优的决策,即贪心策略,逐步逼近给定的目标,尽可能快地求得更好的解。贪心算法可以理解为以逐步的局部最优,达到最终的全局最优的方法。

从算法的本质中,很容易得出以下结论。

(1) 贪心算法在每个阶段面临选择时,都做出对眼前来讲最有利的选择,并不考虑该选择对将来是否有不良影响。

(2) 贪心算法每个阶段的决策一旦做出,就不可更改,也即该算法不允许回溯。

(3) 贪心算法是根据贪心策略来逐步构造问题的解,若贪心策略不同,则得到的解就可能不同。因此,贪心算法的好坏取决于贪心策略的好坏。

(4) 贪心算法具有不稳定性,即它不一定能得到全局最优解,但即便是得不到最优解,也能得到最优解很好的近似解。因此,在贪心策略确定以后,要提供严谨的数学证明,以证明其一定能得到问题的最优解。

(5) 贪心算法具有高效性,它可以非常迅速地获得一个解。

为了进一步理解贪心算法的本质,下面以找零钱问题和最优装载问题为例来说明。

【例 2-1】 找零钱问题。

给定 n 种面值的钱币，钱币的面值分别为 $a_1, a_2, \cdots, a_n$ 元，$a_i (i=1,2,3,\cdots,n)$ 是正数。要找出 m 元钱，如何才能使得找出的钱币个数最少？

该问题很容易想到贪心策略：找小于目标钱数的最大面值的钱币。

问题的解用 n 维向量 $(x_1, x_2, \cdots, x_n)$ 表示，其中 x_i 表示找出的 a_i 面值的钱币张数，$x_i \geqslant 0 (i=1,2,\cdots,n)$ 且 x_i 是整数 $(i=1,2,\cdots,n)$。

下面给出该问题的一个实例：给出 6 种面值的钱币（10 元、5 元、1 元、0.5 元、0.2 元、0.1 元），每种钱币足够多，现要找零 57.8 元，如何才能使得找出的钱币个数最少？

第一个阶段，面对的问题是给定的 6 种币值的钱币若干，找零 57.8 元。根据贪心策略，从初始一张钱币未找出的状态 $(0,0,0,0,0,0)$ 出发，选择面值为 10 元的钱币，5 张，即 $(5,0,0,0,0,0)$。

第二阶段，面对的问题是给定的 6 种币值的钱币若干，找零 7.8 元。该问题是第一阶段问题的子问题，此子问题是第一阶段贪心选择后留下的，只与第一阶段的选择有关，与将来的选择无关。根据贪心策略，选择面值为 5 元的钱币，1 张，即 $(5,1,0,0,0,0)$。

第三阶段，面对的问题是给定的 6 种币值的钱币若干，找零 2.8 元。该子问题是第二阶段贪心选择后留下的，与将来的选择无关。根据贪心策略，选择面值为 1 元的钱币，2 张，即 $(5,1,2,0,0,0)$。

第四阶段，面对的问题是给定的 6 种币值的钱币若干，找零 0.8 元。该子问题是第三阶段贪心选择后留下的。根据贪心策略，选择面值为 0.5 元的钱币，1 张，即 $(5,1,2,1,0,0)$。

第五阶段，面对的问题是给定的 6 种币值的钱币若干，找零 0.3 元。该子问题是第四阶段贪心选择后留下的。根据贪心策略，选择面值为 0.2 元的钱币，1 张，即 $(5,1,2,1,1,0)$。

第六阶段，面对的问题是给定的 6 种币值的钱币若干，找零 0.1 元。该子问题是第五阶段贪心选择后留下的。根据贪心策略，选择面值为 0.1 元的钱币，1 张，即 $(5,1,2,1,1,1)$。

至此，完成了 57.8 元的找零问题，得到的解为 $(5,1,2,1,1,1)$，共找出 11 张钱币。

从找零钱问题的贪心算法，我们可以更好地理解贪心算法的本质：每一阶段都根据贪心策略作选择；贪心策略一旦作出，不能更改；根据贪心策略构造问题的解，算法是高效的。

那么该贪心算法一定能使得找出的钱币数最少吗？即贪心算法一定能得到问题的最优解吗？

下面再给出该问题的一个实例：给出 7 种面值的钱币（10 元、5 元、1 元、0.5 元、0.4 元、0.2 元、0.1 元），每种钱币足够多，现要找零 57.8 元。用上述的贪心算法，得到的解是 $(5,1,2,1,0,1,1)$，共找出 11 张钱币。该解是本实例的最优解吗？

经简单分析后不难发现，该实例还存在一个解 $(5,1,2,0,2,0,0)$，共找出 10 张钱币。可见，找零钱问题的贪心算法是不稳定的，得到了最优解很好的一个近似解。

【例 2-2】 最优装载问题。

有 n 个集装箱要装上一艘载重量为 W 的轮船。其中，集装箱 $i (i=1,2,\cdots,n)$ 的重

视频讲解

量为 w_i。最优装载问题要求确定在装载体积不受限制的情况下,怎么装才可以将尽可能多的集装箱装上轮船?

该问题贪心策略:重量最轻的集装箱优先装。

问题的解用 n 维向量 $(x_1, x_2, \cdots, x_n)$ 表示。其中,x_i 表示集装箱 i 是否装上船,$x_i = 0$ 或 $1(i = 1, 2, \cdots, n)$,$x_i = 0$ 表示集装箱 i 未装上船,$x_i = 1$ 表示集装箱 i 装上船。

目标为装上轮船的集装箱个数最多,即目标函数: $\max \sum_{i=1}^{n} x_i$。

需要满足不能超过轮船的载重量的条件,即约束条件:$\begin{cases} \sum_{i=1}^{n} w_i x_i \leqslant W \\ x_i \in \{0, 1\}, i = 1, 2, \cdots, n \end{cases}$。

贪心算法很简单,就是将集装箱按照重量由小到大排序,然后依次装入,直到不能装入为止。

该贪心算法一定能得到问题的最优解,为什么呢? 需要提供严谨的数学证明。我们从贪心性和最优性来证明算法的正确性。

(1) 贪心性证明——存在从贪心选择开始的最优解。

集装箱按照重量由小到大排好序后的集合为 $C = \{1, 2, 3, \cdots, n\}$,设 $(x_1, x_2, \cdots, x_n)$ 是集合 C、船载重量为 W 的最优解。

① 如果 $x_1 = 1$,则 $(x_1, x_2, \cdots, x_n)$ 是从贪心选择开始的最优解。

② 如果 $x_1 = 0$,则 $(x_1, x_2, \cdots, x_n)$ 不是从贪心选择开始的最优解,设该解第一个装入的集装箱为 i,即 $x_i = 1(i > 1)$。我们将 i 号集装箱去掉,将 1 号箱子添上,构造另外一个向量 $(y_1, y_2, \cdots, y_n)$,$y_1 = 1$,$y_i = 0$,$y_k = x_k (k \in C$ 且 $k \neq 1, k \neq i)$。由于 $w_1 < w_i$(重量是由小到大排序),所以向量 $(y_1, y_2, \cdots, y_n)$ 是集合 C、船载重量为 W 的一个解。

又 $(x_1, x_2, \cdots, x_n)$ 和 $(y_1, y_2, \cdots, y_n)$ 中箱子个数相同,故 $(y_1, y_2, \cdots, y_n)$ 也是该问题的一个最优解。

综合上述两种情况,最优装载问题存在从贪心选择开始的最优解。

(2) 最优性证明——原问题的最优解一定包含子问题的最优解。

设 $X = (x_1, x_2, \cdots, x_n)$ 是按照集装箱重量升序排列集合 $C = \{1, 2, 3, \cdots, n\}$、船载重量为 W 的贪心选择开始的最优解,$x_1 = 1$,则去掉 1 号箱子,$X' = X - \{1\}$ 是升序排列集装箱集 $C' = C - \{1\}$,船载重量为 $W - w_1$ 的最优解。

证明:假设 $X' = (x_2, x_3, \cdots, x_n)$ 不是箱子集 C'、载重量为 $W - w_1$ 的最优解,则该子问题的最优解是 $Y' = (y_2, y_3, \cdots, y_n)$,则 $\sum_{i=2}^{n} x_i < \sum_{i=2}^{n} y_i$ 且 Y' 满足 $\begin{cases} \sum_{i=2}^{n} w_i y_i \leqslant W - w_1 \\ y_i \in \{0, 1\}, i = 2, \cdots, n \end{cases}$,

X' 满足 $\begin{cases} \sum_{i=2}^{n} w_i x_i \leqslant W - w_1 \\ x_i \in \{0, 1\}, i = 1, 2, \cdots, n \end{cases}$,故有:

$$\begin{cases} \sum_{i=2}^{n} w_i y_i + w_1 \leqslant W \\ y_i \in \{0,1\}, i = 2, \cdots, n \end{cases} \tag{2-1}$$

$$\begin{cases} \sum_{i=2}^{n} w_i x_i + w_1 \leqslant W \\ x_i \in \{0,1\}, i = 2, \cdots, n \end{cases} \tag{2-2}$$

由式(2-1)可以得到 n 维向量 $(1, y_2, \cdots, y_n)$ 是集合 $C = \{1, 2, \cdots, n\}$，船载重量为 W 的解。

由式(2-2)可以得到 n 维向量 $(1, x_2, \cdots, x_n)$ 是集合 $C = \{1, 2, \cdots, n\}$，船载重量为 W 的解。

又由于 $1 + \sum_{i=2}^{n} x_i < 1 + \sum_{i=2}^{n} y_i$，故 $(1, x_2, x_3, \cdots, x_n) = X$ 不是箱子集 C，载重量为 W 的最优解，这与 X 是最优装载问题的最优解矛盾，得证。

鉴于贪心算法简单、高效。对复杂难解的问题，问题解决消耗的资源(主要是时间或空间)随问题规模的增加呈指数级增长，在有限资源的情况下，能得到很好的近似解就不错了。此时，设计简单、高效的近似算法尤显重要，贪心算法则是首选。

2.1.2　贪心算法的基本要素

何时应该采用贪心算法呢? 采用贪心算法的问题具有怎样的性质呢? 一般认为，贪心算法适用于组合优化问题，凡是经过数学证明可以采用的情况都应该采用它，因为它具有高效性。从许多可以用贪心算法求解的问题中，可以看到这些问题一般都具有最优子结构性质和贪心选择性质。

1. 最优子结构性质

最优子结构性质是指一个问题的最优解一定包含其子问题的最优解。换句话说，一个问题能够分解成各个子问题来解决，通过各个子问题的最优解能够得到原问题的最优解，那么原问题的最优解一定包含各个子问题的最优解。贪心算法求解问题的流程就是依序研究每个子问题，每个子问题的最优解组合成原问题的最优解。所以，最优子结构性质是能够采用贪心算法求解问题的关键，只有拥有最优子结构性质才能保证贪心算法得到的解是最优解。

证明问题是否具有最优子结构性质的步骤如下:

第一步，先设出问题的最优解;

第二步，给出"子问题的解一定是最优的"结论;

第三步，采用反证法证明"子问题的解一定是最优的"结论成立。

2. 贪心选择性质

贪心选择性质是指所求问题的整体最优解可以通过一系列局部最优的选择获得，即通过逐步局部最优选择使最终的选择方案是全局最优的。其中每次所作的选择，可以依赖于以前的选择，但不依赖于将来所作的选择。每次选择面对的子问题都是独立的，不依赖于另一个子问题,子问题间有严格的先后顺序。

对于一个具体问题,要确定它是否具有贪心选择性质,必须证明每一步所作的贪心选择能够最终导致问题的一个整体最优解。首先考查问题的一个整体最优解,并证明可修改这个最优解,使其以贪心选择开始。而且作了贪心选择后,原问题简化为一个规模更小的子问题,然后证明最优子结构性质就可以了。

2.2　活动安排问题

视频讲解

活动安排问题来源于实际,无论任何与时间分配有关的问题都要考虑:如何安排来达到占用公共资源最少且花费时间最短的要求。

活动安排问题:设有 n 个活动的集合 $C=\{1,2,\cdots,n\}$,其中每个活动都要求使用同一个资源(如会议室),而在同一时间内只能有一个活动使用该资源。每个活动 i 都有要求使用该资源的起始时间 s_i 和结束时间 f_i,且 $s_i<f_i$。如果选择了活动 i 使用会议室,那么它在半开区间 $[s_i,f_i)$ 内占用该资源。如果 $[s_i,f_i)$ 与 $[s_j,f_j)$ 不相交,那么活动 i 与活动 j 是相容的。也就是说,当 $s_i \geq f_j$ 或 $s_j \geq f_i$ 时,活动 i 与活动 j 相容。活动安排问题要求在所给的活动集合中选出最大的相容活动子集,也即尽可能选择更多的活动来使用资源。

2.2.1　问题分析——贪心策略

仔细审阅活动安排问题的已知条件和目标要求,我们得知:

(1) n 个活动的集合 $C=\{1,2,\cdots,n\}$,即由活动编号组成的集合 C。

(2) 活动 $i(i=1,2,\cdots,n)$ 的开始时间 s_i。

(3) 活动 $i(i=1,2,\cdots,n)$ 的结束时间 f_i。

(4) 活动 $i(i=1,2,\cdots,n)$ 使用资源的时间 f_i-s_i。

(5) 活动 i 和活动 j 相容使用资源的条件: $s_i \geq f_j$ 或 $s_j \geq f_i$,如图 2-1 所示。

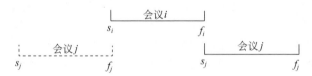

图 2-1　活动 i 和活动 j 相容示意

(6) 满足相容条件的活动子集都是活动安排问题的解,含有活动个数最多的子集就是最优解。

(7) 问题目标:找集合 C 的最大相容子集,即最优解。

由此,要想实现问题的目标,在满足相容的条件下,我们讨论以下三种贪心策略:

(1) 开始时间早的活动优先安排。

(2) 结束时间早的活动优先安排。

(3) 使用时间短的活动优先安排。

那么,上述三种贪心策略哪个是最优的策略呢? 我们看下面一个例子。

【例 2-3】 资源安排问题。

4 个班级活动争用教室 A，它们使用教室 A 的开始时间和结束时间如表 2-1 所示。

表 2-1 活动申请表

班 级	开始时间—结束时间	活 动
1 班	8：00—12：00	上课
2 班	8：30—10：30	讲座
3 班	11：00—11：30	开会
4 班	10：40—11：20	竞选活动

要求安排尽可能多的班级相容地使用教室 A，该如何安排？

按照第一种贪心策略来安排，则 1 班使用教室 A。

按照第二种贪心策略来安排，则 2 班先使用教室 A，然后 4 班使用教室 A。

按照第三种贪心策略来安排，则 3 班使用教室 A。

通过简单对比，我们发现第二种贪心策略：结束时间早的活动优先安排是最佳策略。实际上，通过它们之间的关系："结束时间＝开始时间＋使用时间"，我们可以推断："开始时间越早，使用时间越短，则结束时间越早。"所以，结束时间早的活动优先安排的策略是最好的贪心策略。

2.2.2 算法设计

1. 设计思想

活动安排问题需要输入活动集合、活动的开始时间和结束时间，输出活动安排的结果。用 n 维 0-1 向量 x 表示问题的输出，$x_i=1$ 表示 i 号活动被选择，$x_i=0$ 表示 i 号活动未被选择。解向量要满足值为 1 的分量所表示的活动相容且个数最多。问题建模如下：

输入：活动集合 $C=\{1,2,\cdots,n\}$，每个活动的开始时间 s_i，结束时间 f_i，$i=1,2,\cdots,n$，$f_1 \leqslant f_2 \cdots \leqslant f_n$。

输出：解向量 $(x_1,x_2,\cdots,x_n)$。

目标函数：$\max\sum\limits_{i=1}^{n}x_i$。

约束条件：$\begin{cases} s_j \geqslant f_i, s_i \geqslant f_j & x_i=1 x_j=1 \\ x_i \in \{0,1\}, & i=1,2,\cdots,n \end{cases}$。

算法首先将活动集按照结束时间由小到大排序，然后依次在相容条件的限制下安排活动即可。

2. 伪码描述

活动安排问题的伪码描述如下：

算法：Meetings_Gready_Select
输入：活动集合 C = {1,2,…,n}，每个活动的开始时间 s$_i$，结束时间 f$_i$，i = 1, 2, …, n, f$_1$ ≤ f$_2$ … ≤ f$_n$。

```
输出:解向量(x1,x2,…,xn)
n←|C|
x1←1
j←1
for i←2 to n do
if si≥fj then
     xi←1
     j←i
else
     xi←0
return x
```

3. 算法正确性证明

视频讲解

(1) 贪心选择性质证明——存在从贪心选择开始的最优解。

设$(x_1,x_2,\cdots,x_n)$是按照活动结束时间排好序活动集$C=\{1,2,3,\cdots,n\}$安排的最优解。

如果$x_1=1$,那么$(x_1,x_2,\cdots,x_n)$是从贪心选择开始的最优解。

如果$x_1=0$,那么$(x_1,x_2,\cdots,x_n)$不是从贪心选择开始的最优解。设该解第一个选中的活动为$i,x_i=1(i>1)$,我们将i号活动去掉,将1号活动添上,构造另外一个向量$(y_1,y_2,\cdots,y_n)$,其中$y_1=1,y_i=0,y_k=x_k$(k是除1和i之外的活动),由于$f_1<f_i$(已经按照活动结束时间由小到大排好序),所以1号活动与其他选中的活动相容,向量$(y_1,y_2,\cdots,y_n)$是活动集C的一个解。

又由于$(x_1,x_2,\cdots,x_n)$和$(y_1,y_2,\cdots,y_n)$中相容的活动个数相同,故$(y_1,y_2,\cdots,y_n)$也是活动集C的一个最优解,即存在从贪心选择开始的最优解。

(2) 最优子结构性质证明——原问题的最优解一定包含子问题的最优解。

设X是按照活动结束时间升序活动集$C=\{1,2,3,\cdots,n\}$安排的贪心选择开始的最优解,则$X'=X-\{1\}$是按结束时间升序活动集$C'=\{i\mid i\in C,s_i\geqslant f_1\}$的最优解。

证明:假设X'不是活动集C'的最优解,则对于活动集C',活动安排的最优解为X'',有$|X'|<|X''|$。

为X'和X''均添上1号活动,有$|X'\cup\{1\}|<|X''\cup\{1\}|$。

又知1号活动与X'、X''中的活动都相容,$X'\cup\{1\}$和$X''\cup\{1\}$都是活动集C安排问题的解,故$X'\cup\{1\}$不是活动集C安排问题的最优解,而$X'\cup\{1\}=X$,即X不是活动集C安排问题的最优解,与前提矛盾,得证。

2.2.3 实例构造

设有10个活动等待安排,这些活动的开始时间和结束时间如表2-2所示,用贪心算法找出满足目标要求的活动集合。

表2-2 活动编号、开始时间和结束时间

i	1	2	3	4	5	6	7	8	9	10
s_i	3	1	5	2	5	3	8	6	8	12
f_i	6	4	7	5	9	8	11	10	12	14

第一步,将活动按照结束时间由小到大排序,排在第一位的 2 号活动被选择,如表 2-3 所示,结束时间为 4。

表 2-3　第一阶段的贪心选择

i	2	4	1	3	6	5	8	7	9	10
s_i	1	2	3	5	3	5	6	8	8	12
f_i	4	5	6	7	8	9	10	11	12	14

第二步,在开始时间大于或等于 4 的活动集合中贪心选择,选 3 号活动,如表 2-4 所示,结束时间为 7。

表 2-4　第二阶段的贪心选择

i	2	4	1	3	6	5	8	7	9	10
s_i	1	2	3	5	3	5	6	8	8	12
f_i	4	5	6	7	8	9	10	11	12	14

第三步,在开始时间大于或等于 7 的活动集合中贪心选择,选 7 号活动,如表 2-5 所示,结束时间为 11。

表 2-5　第三阶段的贪心选择

i	2	4	1	3	6	5	8	7	9	10
s_i	1	2	3	5	3	5	6	8	8	12
f_i	4	5	6	7	8	9	10	11	12	14

第四步,在开始时间大于或等于 11 的活动集合中贪心选择,选 10 号活动,如表 2-6 所示,结束时间为 14。此时,10 号活动是最后一个位置的活动,算法结束。

表 2-6　第四阶段的贪心选择

i	2	4	1	3	6	5	8	7	9	10
s_i	1	2	3	5	3	5	6	8	8	12
f_i	4	5	6	7	8	9	10	11	12	14

该实例的解为(0,1,1,0,0,0,1,0,0,1),即安排的活动集合为{2,3,7,10}。

2.2.4　算法分析

1. 时间复杂度分析

从 Meetings_Greedy_Selector 算法的描述可以看出:

(1) 规模为 n 的活动集合,排序消耗的时间最好为 $O(n\log n)$;

(2) 排好序后,从第一个活动到最后一个活动线性扫描就可以得到问题的解,故耗时为 $O(n)$。

故算法的时间复杂度为: $O(n\log n)+O(n)=O(n\log n)$。

2. 空间复杂度分析

在 Meetings_Greedy_Selector 算法中,存储活动编号、开始时间、结束时间及问题的解空间是必需的。若排序采用原地堆排序,则排序消耗的辅助空间为 $O(1)$;排好序后借助循环变量和一个记录最近一步选择的活动位置的变量,空间复杂度为 $O(1)$。故整个算法的空间复杂度为 $O(1)$。

2.2.5 Python 实战

1. 数据结构选择

在 Python 语言中,有元组、列表、字典、集合等数据结构。首先选用元组 tuple 存储单个活动的编号、开始时间和结束时间,然后选用列表 list 将 n 个活动对应的元组组织起来。比如 2.2.3 实例构造中的实例数据存储如下: meetings=[(1,3,6),(2,1,4),(3,5,7),(4,2,5),(5,5,9),(6,3,8),(7,8,11),(8,6,10),(9,8,12),(10,12,14)],问题的解用列表 result 表示 n 维向量 x。

2. 编码实现

首先定义一个 meetings_Greedy_Select() 函数,接收活动数据 meetings,输出选择的结果 result。

```
def meetings_Greedy_Select(meetings):
    length = len(meetings)                      #获取活动个数
    meetings.sort(key = lambda x:x[2])          #按照活动结束时间由小到大排序
    result = [False for i in range(length)]     #初始化解向量
    j = 0                                       #当前选中的活动
    result[j] = True                            #选中第一个活动
    for i in range(1,length):
        if meetings[i][1]> = meetings[j][2]:
            j = i
            result[j] = True
    return result
```

定义 Python 入口——main() 函数,在 main() 函数中,准备数据集 meetings,调用 meetings_Greedy_Select() 函数,然后将结果打印输出到显示器。

```
if __name__ == '__main__':
meetings = [(4,1,4),(2,3,5),(1,0,6),(5,5,7),(7,3,8),(8,5,9),(9,6,10),(3,8,11),(10,8,
12),(11,2,13),(6,12,14)]                        #(活动的编号、开始时间、结束时间)
    result = meetings_Greedy_Select(meetings)
    length = len(result)
    print('安排的活动编号为:')
    count = 0
    for i in range(length):
        if result[i]:
            print('第',meetings[i][0],'号活动')
            count += 1
    print('\n共计',count,'个活动')
```

输出结果为

安排的活动编号为：

第 4 号活动

第 5 号活动

第 3 号活动

第 6 号活动

共计 4 个活动

2.3 单源最短路径问题

视频讲解

单源最短路径问题：给定一个有向带权图 $G=(V,E)$，其中每条边的权是一个非负实数。另外，给定 V 中的一个顶点，称为源点。现在要计算从源点到所有其他各个顶点的最短路径长度。

2.3.1 问题分析——贪心策略

如何求得从源点到其他各个顶点的最短路径长度呢？传奇人物 Dijkstra（迪杰斯特拉）给出了巧妙算法——贪心算法。他提出按各个顶点与源点之间路径长度的递增次序，生成源点到各个顶点的最短路径的方法，即先求出长度最短的一条路径，再参照它求出长度次短的一条路径，以此类推，直到从源点到其他各个顶点的最短路径全部求出为止，该算法俗称 Dijkstra 算法。下面介绍算法中涉及的概念。

（1）源点：算法首先从图中选定一个点，相当于出发点，该点称为源点。

（2）S 集合：已经确定到源点最短路径的点构成的集合。

（3）V-S 集合：尚未确定到源点最短路径的点构成的集合。

（4）特殊路径：从源点出发，只经过 S 中的点，到达 V-S 中的点的路径。

最初，源点到自身的路径已经确定，其长度为 0，故 S 集合中只有源点；源点到其他顶点的路径尚未确定，故集合 V-S 是除源点之外的其他所有点组成的集合。

该算法的贪心策略：选择特殊路径长度最短的，将其相连的 V-S 中的顶点加入到集合 S 中，检查新增加的特殊路径是否优于原来找到的特殊路径，若新的特殊路径最优，则优化。

2.3.2 算法设计

1. 设计思想

输入：有向带权图 $G=(V,E)$，$V=\{1,2,\cdots,n\}$，源点 $s=1$。

输出：从 s 到每个顶点的最短路径。

初始时 $S=\{1\}$，计算特殊路径长度：对于 $i\in V-S$，计算 1 到 i 的最短特殊路径长度，记为 dist[i]。选择 V-S 中的 dist 值最小的 dist[j]，将相连的 V-S 中的 j 点加入到 S，优化 V-S 中顶点的 dist 值。循环操作，直到 $S=V$ 为止。

2. 算法伪码

算法伪码描述如下：

```
算法: Dijkstra
输入: 有向带权图 G = (V,E),V = {1,2,…,n},源点 s = 1。
输出:从 s 到每个顶点的最短路径 pre
S[1]←1
dist[1]←0
pre[1]←0
for i←2 to n do
    dist[i]←w(s,i)//s 到 i 没有边,则 w(s,i) = ∞
while V－S Φ do
    从 V－S 中取 dist[j]最短的路径顶点 j
    S[j]←1
    for i←2 to n do
        if s[i] = 0 and dist[j] + w(j,i) < dist[i] then
            dist[i]←dist[j] + w(j,i)
        pre[i]←j
return pre
```

3. 算法正确性证明

Dijkstra 算法是一个典型的贪心算法。它所作的贪心选择是从集合 $V-S$ 中选择具有最短特殊路径的顶点 t,从而确定从源点 u 到 t 的最短路径长度。这种贪心选择为什么能导致最优解呢? 只需要证明:算法进行到第 k 步时,对于 S 中的每个点 i,源点到 i 的路径都是最短的。

证明:当 $k=1$ 时,即第一步,S 中只有源点为 u,自己到自己的路径长度为 0,显然是最短的。

假设第 k 步,对于 S 中的每个点 i,源点到 i 的路径都是最短的。则第 $k+1$ 步选择的 $V-S$ 中的顶点是 t,证明源点到 t 的路径长度 $dist[t]$ 是最小的。

假设 $dist[t]$ 不是最小的,则肯定存在一条从源点 u 到 t 且长度比 $dist[t]$ 更短的路径,设这条路径为 L,L 初次走出 S 之外到达的顶点为 x,最后又到达 t,如图 2-2 所示。

L 路径上,令 $d(u,x)$: u 到 x 的路径长度; $d(x,t)$: x 到 t 的路径长度; $d(u,t)$: 源点 u 到顶点 t 的路径长度; 则:

$$d(u,x)+d(x,t)=d(u,t)<dist[t].$$

又由于 $dist[x]\leqslant d(u,x)$,所以 $dist[x]+d(x,t)\leqslant d(u,t)<dist[t]$。

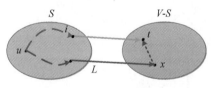

图 2-2　第 $k+1$ 步选择示意

又由于 $d(x,t)\geqslant 0$,所以 $dist[x]<dist[t]$,x 应先于 t 加入到 S 集合中,这与事实 x 不在 S 中矛盾,假设不成立,故源点到 t 的路径长度 $dist[t]$ 是最小的。

2.3.3　实例构造

在如图 2-3 所示的有向带权图中,求源点 1 到其余顶点的最短路径及最短路径长度。

解:算法的执行过程。

第一步,初始时,S 集合中只有源点 1,集合 S、dist 和 pre 的初始数据如表 2-7 所示。

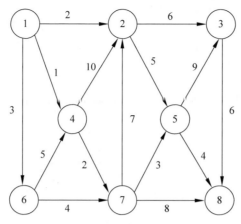

图 2-3 有向带权图

表 2-7 集合 S、dist 和 pre 的初始数据

顶点编号	1	2	3	4	5	6	7	8
S	1	0	0	0	0	0	0	0
dist	0	2	∞	1	∞	3	∞	∞
pre	0	1	0	1	0	1	0	0

第二步,选择 $V\text{-}S$ 集合中 dist 值最小的 dist[4],将其顶点编号 4 加入到集合 S,检查新增加的特殊路径:

(1) 通过 4 号点到达 2 号点,路径长度为 dist[4]+w(4,2)=1+10=11,原来到 2 号点的特殊路径长度 dist[2]=2,新增加的特殊路径长度不比原来的短,不优化。

(2) 通过 4 号点到达 7 号点,路径长度为 dist[4]+w(4,7)=1+2=3,原来到 7 号点的特殊路径长度 dist[7]=∞,新增加的特殊路径长度比原来的短,优化 dist[7]=3,pre[7]=4。集合 S、dist 和 pre 中的数据如表 2-8 所示。

表 2-8 第一步贪心选择后集合 S、dist 和 pre 的数据

顶点编号	1	2	3	4	5	6	7	8
S	1	0	0	1	0	0	0	0
dist	0	2	∞	1	∞	3	3	∞
pre	0	1	0	1	0	1	4	0

第三步,选择 $V\text{-}S$ 集合中 dist 值最小的 dist[2],将其顶点编号 2 加入到集合 S,检查新增加的特殊路径:

(1) 通过 2 号点到达 3 号点,路径长度为 dist[2]+w(2,3)=2+6=8,原来到 3 号点的特殊路径长度 dist[3]=∞,新增加的特殊路径长度比原来的短,优化 dist[3]=8,pre[3]=2。

(2) 通过 2 号点到达 5 号点,路径长度为 dist[2]+w(2,5)=2+5=7,原来到 5 号点的特殊路径长度 dist[5]=∞,新增加的特殊路径长度比原来的短,优化 dist[5]=7,pre[5]=2。集合 S、dist 和 pre 中的数据如表 2-9 所示。

表 2-9　第二步贪心选择后集合 S、dist 和 pre 的数据

顶点编号	1	2	3	4	5	6	7	8
S	1	1	0	1	0	0	0	0
dist	0	2	8	1	7	3	3	∞
pre	0	1	2	1	2	1	4	0

第四步,选择 V-S 集合中 dist 值最小的 dist[6],将其顶点编号 6 加入到集合 S,检查新增加的特殊路径:通过 6 号点到达 7 号点,路径长度为 dist[6]+w(6,7)=3+4=7,原来到 7 号点的特殊路径长度 dist[7]=3,新增加的特殊路径长度不比原来的短,不优化。集合 S、dist 和 pre 中数据如表 2-10 所示。

表 2-10　第三步贪心选择后集合 S、dist 和 pre 的数据

顶点编号	1	2	3	4	5	6	7	8
S	1	1	0	1	0	1	0	0
dist	0	2	8	1	7	3	3	∞
pre	0	1	2	1	2	1	4	0

第五步,选择 V-S 集合中 dist 值最小的 dist[7],将其顶点编号 7 加入到集合 S,检查新增加的特殊路径:

(1) 通过 7 号点到达 5 号点,路径长度为 dist[7]+w(7,5)=3+3=6,原来到 5 号点的特殊路径长度 dist[5]=7,新增加的特殊路径长度比原来的短,优化 dist[5]=6,pre[5]=7。

(2) 通过 7 号点到达 8 号点,路径长度为 dist[7]+w(7,8)=3+8=11,原来到 8 号点的特殊路径长度 dist[8]=∞,新增加的特殊路径比原来的短,优化 dist[8]=11,pre[8]=7。集合 S、dist 和 pre 中的数据如表 2-11 所示。

表 2-11　第四步贪心选择后集合 S、dist 和 pre 的数据

顶点编号	1	2	3	4	5	6	7	8
S	1	1	0	1	0	1	1	0
dist	0	2	8	1	6	3	3	11
pre	0	1	2	1	7	1	4	7

第六步,选择 V-S 集合中 dist 值最小的 dist[5],将其顶点编号 5 加入到集合 S,检查新增加的特殊路径:

(1) 通过 5 号点到达 3 号点,路径长度为 dist[5]+w(5,3)=6+9=15,原来到 3 号点的特殊路径长度 dist[3]=8,新增加的特殊路径不比原来的短,不优化。

(2) 通过 5 号点到达 8 号点,路径长度为 dist[5]+w(5,8)=6+4=10,原来到 8 号点的特殊路径长度 dist[8]=11,新增加的特殊路径比原来的短,优化 dist[8]=10,pre[8]=5。集合 S、dist 和 pre 中的数据如表 2-12 所示。

表 2-12 第五步贪心选择后集合 S、dist 和 pre 的数据

顶点编号	1	2	3	4	5	6	7	8
S	1	1	0	1	1	1	1	0
dist	0	2	8	1	6	3	3	10
pre	0	1	2	1	7	1	4	5

第七步,选择 $V\text{-}S$ 集合中 dist 值最小的 dist[3],将其顶点编号 3 加入到集合 S,检查新增加的特殊路径:通过 3 号点到达 8 号点,路径长度为 dist[3]+w(3,8)=8+6=14,原来到 8 号点的特殊路径长度 dist[8]=10,新增加的特殊路径不比原来的短,不优化。集合 S、dist 和 pre 中的数据如表 2-13 所示。

表 2-13 第六步贪心选择后集合 S、dist 和 pre 的数据

顶点编号	1	2	3	4	5	6	7	8
S	1	1	1	1	1	1	1	0
dist	0	2	8	1	6	3	3	10
pre	0	1	2	1	7	1	4	5

第八步,选择 $V\text{-}S$ 集合中 dist 值最小的 dist[8],将其顶点编号 8 加入到集合 S,此时所有顶点都加入到了集合 S 中,算法结束。集合 S、dist 和 pre 中的数据如表 2-14 所示。

表 2-14 第七步贪心选择后集合 S、dist 和 pre 的数据

顶点编号	1	2	3	4	5	6	7	8
S	1	1	1	1	1	1	1	1
dist	0	2	8	1	6	3	3	10
pre	0	1	2	1	7	1	4	5

由前驱数据 pre 可知从源点 1 到其他各个顶点的最短路径,由 dist 数据可知其路径长度。

从源点 1 到其他各个顶点的最短路径长度及最短路径如下:

1 号点到 2 号点的路径长度为 2,路径为:2 号点的前驱为 1 号点,故路径为 1—2。

1 号点到 3 号点的路径长度为 8,路径为:3 号点的前驱为 2 号点,2 号点的前驱为 1 号点,故路径为 1—2—3。

1 号点到 4 号点的路径长度为 1,路径为:4 号点的前驱为 1 号点,故路径为 1—4。

1 号点到 5 号点的路径长度为 6,路径为:5 号点的前驱为 7 号点,7 号点的前驱为 4 号点,4 号点的前驱为 1 号点,故路径为 1—4—7—5。

1 号点到 6 号点的路径长度为 3,路径为:6 号点的前驱为 1 号点,故路径为 1—6。

1 号点到 7 号点的路径长度为 3,路径为:7 号点的前驱为 4 号点,4 号点的前驱为 1 号点,故路径为 1—4—7。

1 号点到 8 号点的路径长度为 10,路径为:8 号点的前驱为 5 号点,5 号点的前驱为 7 号点,7 号点的前驱为 4 号点,4 号点的前驱为 1 号点,故路径为 1—4—7—5—8。

2.3.4 算法分析

1. 时间复杂度分析

从算法描述可知：

(1) n 个顶点的图,选取 1 个作为源点,初始化 dist、pre 耗时为 $O(n)$。

(2) 经过 $n-1$ 步贪心选择,每一步选择要顺序找最小 dist,耗时 $O(n)$；找到最小以后,将其 V-S 中的点加入到 S 集合中,耗时 $O(1)$；检查新的特殊路径长度是否比原来的短,短则优化,耗时 $O(n)$。

因此,该算法的时间复杂度为 $O(n)+(n-1)(O(n)+O(1)+O(n))$,根据 O 的性质,可以得到算法时间复杂度为 $O(n^2)$。

2. 空间复杂度分析

实现该算法所需的辅助空间包含为集合 S、dist、pre 和常数个循环变量,因此,Dijkstra 算法的空间复杂度为 $O(n)$。

2.3.5 Python 实战

1. 数据结构选择

给定的有向带权图用图的邻接表进行存储,选用 Python 中的 list 存储邻接表,list 下标值表示弧尾,其元素是由共同弧尾的 list 组成的 list。如有向边 $(0,1,5)$,$(0,3,4)$,$(0,7,5)$,它们有共同弧尾 0,所以 $[[1,5],[3,4],[7,5]]$ 存储在下标为 0 的位置。选用 list 存储集合 S、当前最短路径长度 dist 和顶点的前驱数据 pre。

2. 编码实现

首先定义一个 dijkstra()函数,接收指定的源点和有向带权图的 G 的邻接表 graph,输出最短路径长度 dist 和前驱 pre。其代码如下：

```
import sys
def dijkstra(start_point, graph):
n = len(graph)
MAX = sys.maxsize#相当于无穷大
    #初始化各项数据,把 dist[start]初始化为 0,其他为无穷大
    dist = [MAX for _ in range(n)]              #路径长度初始化为无穷大
    pre = [-1 for _ in range(n)]                #前驱 pre 初始化为-1
    s = [False for _ in range(n)]               #集合 S 初始化为 0
    dist[start_point] = 0
    for i in range(n):
        minLength = MAX
        minVertex = -1
        for j in range(n):                      #线性时间找最小
            if not s[j] and dist[j] < minLength:
                minLength = dist[j]
                minVertex = j
        s[minVertex] = True                     #顶点 j 加入到 S 集合中
    #从这个顶点出发,遍历与它相邻的顶点的边,计算特殊路径长度,更新 dist 和 pre
        for edge in graph[minVertex]:
            if not s[edge[0]] and minLength + edge[1] < dist[edge[0]]:  #新的特殊路径长度短
```

```
                dist[edge[0]] = minLength + edge[1]        ♯优化
                pre[edge[0]] = minVertex                   ♯记录前驱
    return dist, pre                                       ♯返回结果
```

定义 Python 的入口——main()函数,在 main()函数中,将图数据转换为邻接表存储为 graph,调用 dijkstra()函数,然后将结果打印输出到显示器。

```
if __name__ == "__main__":
    data = [[1, 0, 8],[1, 2, 5],[1, 3, 10],[1, 6, 9],[2, 0, 1],[0, 6, 2],[3, 6, 5],[3, 4,
8],[0, 5, 4],[5, 6, 7],[5, 3, 8],[5, 4, 5]]    ♯边集合(顶点,顶点,边权)
    n = 7                                          ♯图的顶点数 n
    graph = [[] for _ in range(n)]                 ♯图的邻接表
    ♯根据输入的图构建图的邻接表
    for edge in data:
        graph[edge[0]].append([edge[1], edge[2]])
        graph[edge[1]].append([edge[0], edge[2]])
    dist,pre = dijkstra(1,graph)
    print("dist = \n",dist)
    print("pre = \n",pre)
```

输出结果为
dist＝[6, 0, 5, 10, 15, 10, 8]
pre＝[2, −1, 1, 1, 5, 0, 0]

2.4　哈夫曼编码

需解决远距离通信以及大容量存储问题时,经常涉及字符的编码和信息的压缩问题。一般来说,较短的编码能够提高通信的效率且节省磁盘存储空间。通常的编码方法有固定长度编码和不等长度编码两种。

视频讲解

1. 固定长度编码——等长码

假设有 n 个不同的字符,我们用长度相等的 0-1 二进制串进行编码。众所周知,一位二进制串最多能表示两个不同字符;两位二进制串最多能表示 4 个不同字符;3 位二进制串最多能表示 8 个不同字符;以此类推,要对 n 个不同字符进行编码,至少需要几位二进制位呢?

假设需要 x 位二进制位,则有 $2^x \geqslant n$,需要 $x \geqslant \log_2 n$ 位,故要给 n 个不同字符编码,至少需要 $\lceil \log_2 n \rceil$ 位二进制位。

如:给定字符集$\{a,b,c,d\}$,用两位二进制串为字符集的字符编码。其中一种编码方案为:a:00、b:01、c:10、d:11。这种编码方案,可以用一个二叉树表示,如图 2-4 所示。

如果每个字符的使用频率相等,那么等长码是空间效率最高的方法。但在信息的实际处理过程中,每个字符的使用频率有着很大的差异,此时再用等长码,会导

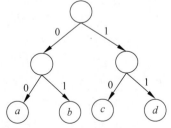

图 2-4　长度为 2 的等长码
二叉树结构

致空间效率降低。

如一篇文档共 100 个字符,字符 a 出现 97 次,字符 b、c、d 各出现一次,此时用等长码,100 个字符的编码长度为 200。如果我们给出现次数多的字符编码短一些,出现次数少的字符编码长一些,结果如何呢?

若上述字符 a 的编码为 0,字符 b 的编码为 10,字符 c 的编码为 110,字符 d 的编码为 111,则 100 个字符信息的编码长度为 $97 \times 1 + 2 + 3 + 3 = 105$。这种编码大大压缩了 100 个字符的编码长度,这就是不等长度编码。

2. 不等长度编码——变长码

不等长编码方法是目前广泛使用的文件压缩技术,其思想是:利用字符的使用频率来编码,使经常使用的字符编码较短,不常使用的字符编码较长。这种方法既能节省磁盘空间,又能提高运算与通信效率。

变长码编码方案也可以用二叉树结构表示,如图 2-5 所示,字符 a、b、c、d 为树的叶子节点,其编码分别为 0、10、110、111。该编码方案的平均每个字符的码长为:

$$(97 \times 1 + 2 + 3 + 3)/100 = 1 \times 97/100 + 2 \times 1/100 + 3 \times 1/100 + 3 \times 1/100 = 1.05$$

变长码编码方案并不唯一,如图 2-6 所示,字符 a、b、c、d 为树的叶子节点,其编码分别为 010、011、1、00。该编码方案的平均每个字符的码长为:

$$(97 \times 3 + 3 + 1 + 2)/100 = 3 \times 97/100 + 3 \times 1/100 + 1 \times 1/100 + 2 \times 1/100 = 2.97$$

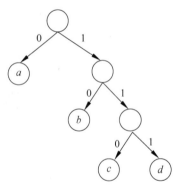 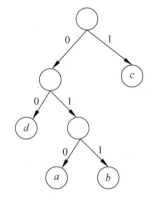

图 2-5　变长码二叉树结构(一)　　　图 2-6　变长码二叉树结构(二)

变长码编码方案必须满足每个字符的编码不能是其他字符编码的前缀,此为前缀码性质。若变长码编码方案不能满足前缀码性质,则在译码的时候会有歧义。如 a、b、c、d 的编码分别为 0、01、1、10。给定 0-1 字符串 0101,译码时,是先读入 0 译码为字符 a 呢?还是读入 01 译码为字符 b 呢? 由于译码存在二义性,所以,任何一种变长码都必须满足前缀码性质。用二叉树结构表示的变长码是满足前缀码性质的。

针对给定的字符集及其出现的频率,找到一种编码方案,使平均每个字符的编码长度最短,则该编码方案为最优变长码编码方案。

哈夫曼编码是一种变长码编码方式,该编码方式是数学家 D. A. Huffman 于 1952 年提出,其完全依据字符出现频率来构造平均长度最短的码字。简言之,哈夫曼编码算法是用字符出现的频率来建立一个用 0-1 串表示各字符的最优表示方式,有时称之为最佳编码,一般就叫作 Huffman 编码。

2.4.1 问题分析——贪心策略

首先,仔细研究编码方案的二叉树结构,不难发现以下 4 点。

(1) 树的叶子节点为字符。

(2) 从根到叶子的路径经过的 0-1 串为相应字符的编码。

(3) 编码长度为该字符在二叉树中的深度。

(4) 编码方案满足前缀码性质。

其次,研究编码方案优劣的衡量标准。平均每个字符的码长,引入平均码长的概念。所谓平均码长指的是编码方案中平均每个字符的码长。

设字符集 C,任意一个字符 $c \in C$,出现的频率为 $f(c)$,在二叉树 T 中的深度为 $d_{T(c)}$(即字符编码的长度),二叉树 T 表示的编码方案平均码长为 $B(T)$,则:

$$B(T) = \sum_{c \in C} f(c) d_{T(c)}$$

哈夫曼编码是使平均码长为最短的编码方式。哈夫曼以字符的使用频率做权构建一棵哈夫曼树,然后利用哈夫曼树对字符进行编码。核心思想是:频率越大的字符离树根越近。

算法的贪心策略是:从树的集合中选取两个频率最低的字符,使其作为左右子树构造一棵新树,父节点的频率为左右节点频率之和,然后将新树插入到树的集合中。

2.4.2 算法设计

1. 设计思想

输入:字符集 $C = \{c_1, c_2, \cdots, c_n\}$ 及字符出现的频率 $f(c_i)$,$i = 1, 2, \cdots, n$。

输出:哈夫曼树 Q。

首先将字符集中的每个字符看作一棵只含有根节点的树,构造一个 n 棵树构成的树的集合 Q;然后做 $n-1$ 次贪心选择,每次都选择两个出现频率最小的节点,让其作为左右子树构造一棵新树,将新树插入到树的集合 Q 中。直到 Q 中只含有一棵树为止。

从树根深度优先遍历,左子树输出 0、右子树输出 1,搜索到叶子节点就得到了叶子字符的编码。

2. 算法伪码

算法:Huffman(C)

```
输入:字符集 C 及每个字符出现的频率 f(cᵢ),cᵢ∈C
输出:Q
n←|C|                          //字符集中元素个数
Q←sort(C)                      //频率由小到大排序
for i←1 to n−1do
    构造节点 z
    z.left←Q中频率第一小字符 x
    z.right←Q中频率第二小字符 y
    f(z)←f(x)+f(y)
    insert(Q,z)
return Q
```

3. 正确性证明

视频讲解

设 C 是字符集,任意一个字符 c 的频率为 $f(c)$;x、y 是 C 中具有最小频率的两个字符。

(1) 贪心选择性质——存在从贪心选择开始的最优解。

需证明存在字符集 C 的一个最优前缀码方案 T,使得 x、y 具有相同的码长,且最后一位编码不同。

如果 T 中,x、y 是最深的叶子且互为兄弟,那么 T 就是贪心选择开始的最优前缀码;

如果 T 中,x、y 不是最深的叶子,也不是兄弟,那么设 T 中字符 b、c 是最深的叶子且互为兄弟,如图 2-7 所示。

由于 x,y 是字符集 C 中频率最小的两个字符,所以有 $f(x) \leqslant f(b)$、$f(x) \leqslant f(c)$、$f(y) \leqslant f(b)$、$f(y) \leqslant f(c)$,交换树 T 中的字符 x 和字符 b 得到树 T',如图 2-8 所示。

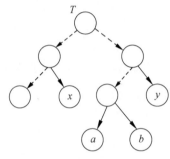

图 2-7　树 T 结构示意

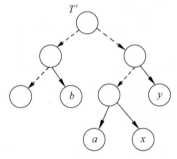

图 2-8　树 T' 结构示意

$$B(T) - B(T') = \sum_{c \in C} f(c) d_{T(c)} - \sum_{c \in C} f(c) d_{T'(c)}$$

在树 T 和 T' 中,只有 x,b 两个字符深度发生变化,其他字符深度都没有变,所以:

$$B(T) - B(T') = f(x) d_{T(x)} + f(b) d_{T(b)} - f(x) d_{T'(x)} - f(b) d_{T'(b)}$$
$$= f(x)(d_{T(x)} - d_{T'(x)}) + f(b)(d_{T(b)} - d_{T'(b)})$$

又由于 $d_{T(x)} = d_{T'(b)}$,$d_{T(b)} = d_{T'(x)}$,所以:

$$B(T) - B(T') = f(x)(d_{T(x)} - d_{T(b)}) + f(b)(d_{T(b)} - d_{T(x)})$$
$$= (f(x) - f(b))(d_{T(x)} - d_{T(b)})$$

又 $f(x) - f(b) \leqslant 0$,$d_{T(x)} - d_{T(b)} \leqslant 0$,

故 $B(T) - B(T') \geqslant 0$,$B(T) \geqslant B(T')$。

再交换字符 y 和字符 a,得到树 T'',如图 2-9 所示。

同理可以证明 $B(T') \geqslant B(T'')$,由此 $B(T) \geqslant B(T'')$。

又因为 T 是字符集 C 的最优前缀码,所以 $B(T) \leqslant B(T'')$。所以 $B(T) = B(T'')$,T'' 中,x、y 字符处于最深处且互为兄弟,是从贪心选择开始的最优解。

(2) 最优子结构性质——整体最优解一定包含子问

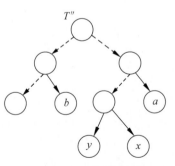

图 2-9　树 T'' 结构示意

题的最优解。

设 T 是字符集 C 的最优前缀码,令 $f(z)=f(x)+f(y)$,则 T' 是字符集 $C'=C-\{x,y\}+\{z\}$ 的最优前缀码。

需要证明 T' 是字符集 $C'=C-\{x,y\}+\{z\}$ 的最优前缀码。

证明:假设 T' 不是字符集 C' 的最优前缀码,则设 T'' 是字符集 C' 的最优前缀码,$B(T')>B(T'')$。

将字符 x、y 加入到 T'' 中,作为字符 z 的孩子,构成的树为 T''',则有 T''' 是字符集 C 的一种编码方案。

对任意字符 $c\in C-\{x,y\}$,有 $d_{T(c)}=d_{T'(c)}$,故 $f(c)d_{T(c)}=f(c)d_{T'(c)}$,另一方面 $d_{T(x)}=d_{T(y)}=d_{T(z)}+1$。

则

$$
\begin{aligned}
f(x)d_{T(x)}+f(y)d_{T(y)} &=(f(x)+f(y))(d_{T(z)}+1)\\
&=f(x)+f(y)+(f(x)+f(y))d_{T(z)}\\
&=f(x)+f(y)+f(z)d_{T(z)}
\end{aligned}
$$

由此,可以知道,$B(T)=B(T')+f(x)+f(y)$,同理有 $B(T''')=B(T'')+f(x)+f(y)$。

由于 $B(T')>B(T'')$,所以 $B(T)>B(T''')$。

这说明 T 不是字符集 C 的最优前缀码,这与 T 是字符集 C 的最优前缀码矛盾,假设不真,得证。

2.4.3　实例构造

已知某系统在通信联络中只可能出现 8 种字符,分别为 a,b,c,d,e,f,g,h,其使用频率分别为 0.05,0.29,0.07,0.08,0.14,0.23,0.03,0.11,试设计哈夫曼编码。

设权 $w=(5,29,7,8,14,23,3,11)$,$n=8$,按哈夫曼算法的设计步骤构造一棵哈夫曼编码树,具体过程如下:

(1) 构造 8 棵节点为 8 种字符的单节点树,每棵树中只有一个带权的根节点,权值为该字符的使用频率,如图 2-10 所示。

图 2-10　8 棵单节点树的集合

(2) 从树的集合中取出两棵双亲为 0 且权值最小的树,并将它们作为左、右子树合并成一棵新树,在树的集合中删去所选的两棵树,并将新树加入集合。

即从 8 棵树的集合中选出权值为 5 和 3 的两棵树,合并成根节点权值为 8 的新树,如图 2-11 所示,同时更新树的集合。此时,树的集合中共有 7 棵树,其根节点的权值分别为 8,29,7,8,14,23,11。

(3) 在 7 棵树的集合中选取根节点权值为 7 和 8 的两棵树,合并成根节点权值为 15 的新树,如图 2-12 所示,更新树的集合。此时,树的集合中共有 6 棵树,其根节点的权值为 8,29,15,14,23,11。

图 2-11　构造的一棵根节点权值为 8 的新树

图 2-12　根节点权值为 15 的新树

（4）从 6 棵树的集合中选取根节点权值为 8 和 11 的两棵树,合并成根节点权值为 19 的新树,如图 2-13 所示,更新树的集合。此时,树的集合中共有 5 棵树,其根节点的权值为 19,29,15,14,23。

（5）从 5 棵树的集合中选取根节点权值为 15 和 14 的两棵树,合并成根节点权值为 29 的新树,如图 2-14 所示,更新树的集合。此时,树的集合中共有 4 棵树,其根节点的权值为 19,29,29,23。

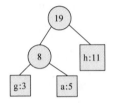

图 2-13　根节点权值为 19 的新树

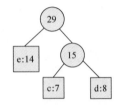

图 2-14　根节点权值为 29 的新树

（6）从 4 棵树的集合中选取根节点权值为 19 和 23 的两棵树,合并成根节点权值为 42 的新树,如图 2-15 所示,并更新树的集合。此时,树的集合中共有 3 棵树,其根节点的权值为 42,29,29。

（7）从 3 棵树的集合中选取根节点权值为 29 的两棵树,合并成根节点权值为 58 的新树,如图 2-16 所示,并更新树的集合。此时,树的集合中共有两棵树,根节点的权值为 42,58。

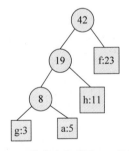

图 2-15　根节点权值为 42 的新树

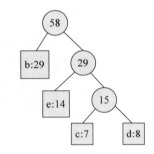

图 2-16　根节点权值为 58 的新树

（8）将树的集合中的两棵树合并成根节点权值为 100 的一棵树,即为哈夫曼树,如图 2-17 所示。

（9）哈夫曼编码树的构造。

依据约定:左分支表示"0",右分支表示"1",获得的哈夫曼编码树如图 2-18 所示。

从根节点到叶子节点路径上的分支字符组成的字符串即为叶子字符的哈夫曼编码,所以各个字符的哈夫曼编码分别为 g:0000; a:0001; h:001; f:01; b:10; e:110;

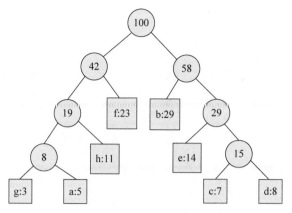

图 2-17 哈夫曼树

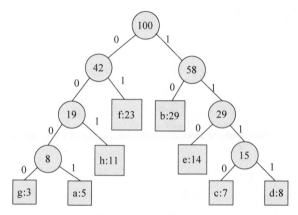

图 2-18 哈夫曼编码树

c:1110；d:1111。

2.4.4 算法分析

1. 时间复杂度分析

从哈夫曼算法描述中可以看出：

（1）把 n 个字符及其频率初始化为 n 个节点的集合 Q，耗时 $O(n)$。

（2）按照字符频率由小到大排序，则耗时为最好排序的时间 $O(n\log n)$。

（3）$n-1$ 次合并，每次合并要找最小的两个节点，耗时 $O(1)$；将构造的新树插入到 Q 中最坏耗时 $O(n)$。

因此，在最坏情况下，算法的时间复杂度为 $O(n)+O(n\log n)+(n-1)(O(n)+O(1))=O(n^2)$。

2. 空间复杂度分析

哈夫曼树中，叶子节点有 n 个，中间节点有 $n-1$ 个，中间节点的空间是辅助空间。所以，该算法空间复杂度为 $O(n)$。

2.4.5 Python 实战

1. 数据结构选择

采用 Python 中的 list 数据结构存储哈夫曼树构造过程中树的集合 Q。树中有 n 个字符节点，$n-1$ 个中间节点。每个节点包括字符、频率、左孩子、右孩子、父亲五个属性，在生成字符编码时，左孩子为 0，右孩子为 1，所以每个节点还包含一个判断自己是否为左孩子的操作方法。因此，若定义一个节点类 Node，则可将节点的属性和操作方法封装到一起。

2. 编码实现

节点类 Node 定义了 char、freq、left、right、father 五个字段，分别表示字符、频率、左孩子、右孩子、父亲。Node 类的 Python 实现代码如下：

```python
class Node:
    def __init__(self, char, freq):
        self.char = char                    #节点字符名
        self.freq = freq                    #节点频率
        self.left = None                    #节点左孩子
        self.right = None                   #节点右孩子
        self.father = None                  #节点父节点
    #判断是不是左孩子
    def is_left_child(self):
        return self.father.left == self
```

定义一个 create_tree_nodes() 函数，用于根据字符集和频率构造 n 单节点的树集合。其代码如下：

```python
def create_tree_nodes(frequency, char_set):
    if(len(frequency) != len(char_set)):
        raise Exception('数据和标签不匹配!')
    nodes = []
    for i in range(len(char_set)):
        nodes.append( Node(char_set[i],frequency[i]) )
    return nodes
```

定义构造哈夫曼树的 create_HF_tree() 函数，该函数做 $n-1$ 次合并，每次从树的集合中选择两个频率最小的节点，让其作为左右子树构造一棵新树，新树的根节点的频率为左右子树根节点频率之和，将新树插入到树的集合中。其代码如下：

```python
import copy
def create_HF_tree(nodes):
    #此处注意,copy()属于浅拷贝,只拷贝最外层元素,内层嵌套元素则通过引用,而不是独立分配内存
    tree_nodes = nodes.copy()
    tree_nodes.sort(key = lambda node: node.freq)    #将树集合中的节点按照频率升序排列
    while len(tree_nodes) > 1:                        #只剩一棵树时,算法终止
        new_left = tree_nodes.pop(0)                  #取一个最小
```

```
        new_right = tree_nodes.pop(0)                    #再取一个最小
        new_node = Node(None, (new_left.freq + new_right.freq))    #实例化 Node 类节点
        new_node.left = new_left
        new_node.right = new_right
        new_left.father = new_right.father = new_node
        j = len(tree_nodes)
        for i in range(len(tree_nodes)):                 #该循环是查找新树节点的插入位置
            if new_node.freq <= tree_nodes[i].freq:
                j = i
                break
        tree_nodes.insert(j,new_node)                    #将新树插入到树的集合中
    tree_nodes[0].father = None                          #根节点父亲为 None
    return tree_nodes[0]                                 #返回根节点
```

定义一个 get_huffman_code() 函数构造哈夫曼编码,从叶子节点顺着父亲一直找到根节点,得到该叶子字符的编码。其代码如下:

```
def get_huffman_code(root, nodes):
    codes = {}
    for node in nodes:
        code = ''
        char = node.char
        while node.father != None:
            if node.is_left_child():
                code = '0' + code
            else:
                code = '1' + code
            node = node.father
        codes[char] = code
    return codes
```

定义 Python 入口——main() 函数,在 main() 函数中,提供字符集及字符的频率,先构造 n 棵单个节点的树集合,然后构造哈夫曼树,获得哈夫曼编码,最后将编码打印到显示器上。其代码如下:

```
if __name__ == '__main__':
    char_set = ['A','B','C','D','E','F','G','H','I','J','K','L','M','N']
    frequency = [10,4,2,5,3,4,2,6,4,4,3,7,9,6]
    nodes = create_tree_nodes(frequency,char_set)        #创建初始叶子节点
    root = create_HF_tree(nodes)                         #创建哈夫曼树
    codes = get_huffman_code(root, nodes)                #获取哈夫曼编码
    #打印哈夫曼码
    for key in codes.keys():
        print(key,': ',codes[key])
```

输出结果为

A： 110
B： 0111
C： 01100
D： 1001

E ：　11100

F ：　0100

G ：　01101

H ：　1111

I ：　0101

J ：　1000

K ：　11101

L ：　001

M ：　101

N ：　000

3. 算法改进

在上述哈夫曼算法中,取频率最小的节点是先排序,耗时最好为 $O(n\log n)$。其实,我们可以用极小堆数据结构完成每次取最小的操作,不再排序了。$(n-1)$ 次合并,每次合并取最小最坏耗时 $O(\log n)$,所以哈夫曼算法的时间复杂度为 $O(n\log n)$。

使用极小堆实现哈夫曼编码的代码如下:

```python
# 导入 Python 中堆类的函数
from heapq import heappop, heapify, heappush
class HeapNode:                                    # 定义堆节点类
    def __init__(self, char, freq):
        self.char = char
        self.freq = freq
        self.left = None
        self.right = None
        self.father = None
# 重载小于__lt__()函数和等于__eq__()函数操作符
    def __lt__(self, other):
        return self.freq < other.freq
    def __eq__(self, other):
        if(other == None):
            return False
        if(not isinstance(other, HeapNode)):
            return False
        return self.freq == other.freq
    # 判断是不是左孩子
    def is_left_child(self):
        return self.father.left == self
# 创建最初的叶子节点极小堆
def create_tree_nodes(frequency, char_set):
    if(len(frequency) != len(char_set)):
        raise Exception('数据和标签不匹配!')
    nodes = []
    for i in range(len(char_set)):
        heappush(nodes, HeapNode(char_set[i], frequency[i]))
    return nodes


# 创建哈夫曼树
import copy
```

```python
def create_HF_tree(nodes):
    tree_nodes = nodes.copy()
    while len(tree_nodes) > 1:                               #n−1 次合并
        new_left = heappop(tree_nodes)
        new_right = heappop(tree_nodes)
        new_node = HeapNode(None, (new_left.freq + new_right.freq))
        new_node.left = new_left
        new_node.right = new_right
        new_left.father = new_right.father = new_node
        heappush(tree_nodes,new_node)                        #新树插入到堆中
    tree_nodes[0].father = None                              #根节点父亲为 None
    return tree_nodes[0]                                     #返回根节点
#获取哈夫曼编码
def get_huffman_code(root, nodes):
    codes = {}
    for node in nodes:
        code = ''
        char = node.char
        while node.father != None:
            if node.is_left_child():
                code = '0' + code
            else:
                code = '1' + code
            node = node.father
        codes[char] = code
    return codes
#Python 入口——main()函数
if __name__ == '__main__':
    char_set = ['A','B','C','D','E','F','G','H','I','J','K','L','M','N']
    frequency = [10,4,2,5,3,4,2,6,4,4,3,7,9,6]
    nodes = create_tree_nodes(frequency,char_set)    #创建初始叶子节点
    root = create_HF_tree(nodes)                     #创建哈夫曼树
    codes = get_huffman_code(root, nodes)            #获取哈夫曼编码
    #打印哈夫曼码
    for key in codes.keys():
        print(key,': ',codes[key])
```

2.5 最小生成树——Prim 算法

视频讲解

该算法是 R. C. Prim 在 1957 年提出的,不过他并不全是这个算法最先提出的人,早在 1930 年捷克人 V. Jarník 就在文章中提出了该算法,因此有人也把这个算法叫作 Prim-Jarník 算法。

假设要在 n 个城市之间建立通信网络,则连通 n 个城市至少需要 $n-1$ 条线路。n 个城市之间,最多可能设置 $n(n-1)/2$ 条线路。这时,自然会考虑一个问题:如何在这些可能的线路中选择 $n-1$ 条,以便在最节省费用的前提下建立该通信网络?带着这个问题我们来学习最小生成树。

设 $G=(V,E)$ 是无向连通带权图。E 中每条边 (i,j) 的权为 $w(i,j)$。如果 G 的子

图 G' 是一棵包含 G 的所有顶点的树,则称 G' 为 G 的生成树。图 G 的生成树并不唯一,图 2-19 所示的其中两棵生成树如图 2-20 所示。

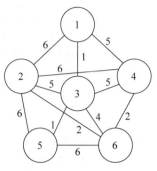

图 2-19 无向连通带权图

图的生成树上各边权的总和称为树的耗费,图 2-20 所示的两棵生成树的耗费分别为 16、18。最小生成树指的是耗费最小的生成树。

本节开篇的问题用无向连通带权图 $G=(V,E)$ 来表示通信网络,图的顶点表示城市,顶点与顶点之间的边表示城市之间的通信线路,边的权值表示线路的费用。对于 n 个顶点的连通网可以建立许多包含 $n-1$ 条通信线路且各城市互连通的通信网,该通信网称为图 G 的一棵生成树。现在要选择一棵使得总的耗费最少的生成树,这就是构造连通网的最小生成树问题。

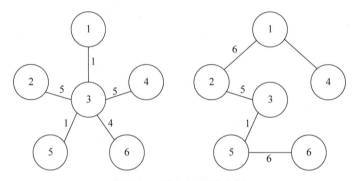

图 2-20 图 2-19 的生成树

最小生成树问题即给定一个无向连通带权图 G,找出它的最小生成树。Prim 算法和 Kruskal 算法是解决该问题的两个经典算法,本节讲解 Prim 算法,Kruskal 算法将在 2.6 节讲解。

2.5.1 问题分析——贪心策略

最小生成树 MST 性质:设 $G=(V,E)$ 是一个无向连通带权图,U 是顶点集 V 的一个非空真子集。若 (u,v) 是 G 中一条"一个端点在 U 中(例如:$u\in U$),另一个端点不在 U 中的边(例如:$v\in V-U$),且 (u,v) 具有最小权值,则一定存在 G 的一棵最小生成树包括此边 (u,v),即将顶点集 V 划分为两个互不相交的真子集 U 和 V-U,连接两个真子集 U 和 V-U 的边中,权最小的边一定在一棵最小生成树中。

证明(反证法):假设 G 中任何一棵最小生成树都不含边 (u,v),$u\in U$,$v\in V$-U,则如果 T 为 G 的一棵最小生成树,那么它不含此边。

根据树的定义,则 T 中必有一条从 u 到 v 的路径 P,且 P 上必有一条边 (u_1,v_1) 连接 U 和 V-U 两个集合,否则 u 和 v 不连通。如图 2-21 所示,虚线表示的边 (u,v) 不在树 T 中。

当把 (u,v) 加入树 T 时,该边和路径 P 必构成了一个回路,如图 2-22 所示。

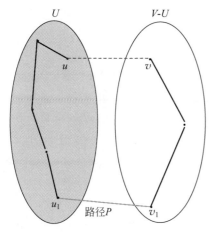

图 2-21 T 中一条 u 到 v 的路径 P 示意

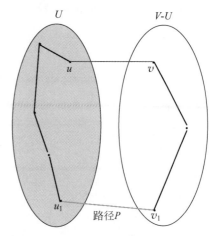

图 2-22 T 中添加边 (u,v) 构成的环示意

删去边 (u_1,v_1) 后回路也消除。由此可得另一生成树 T',如图 2-23 所示,虚线表示的边 (u_1,v_1) 被去掉了。

T' 和 T 的差别仅在于 T' 用权最小的边 (u,v) 取代了 T 中权值更大的边 (u_1,v_1)。由于 $w(u,v) \leqslant w(u_1,v_1)$,所以树 T' 的耗费 $W(T')$ 小于或等于树 T 的耗费 $W(T)$,故树 T 不是图 G 的最小生成树,这与假设矛盾。所以,最小生成树 MST 性质成立。

Prim 算法的贪心策略就是:选取连接两个集合的最小权边,将其 $V\text{-}U$ 中的端点加入到 U 中。

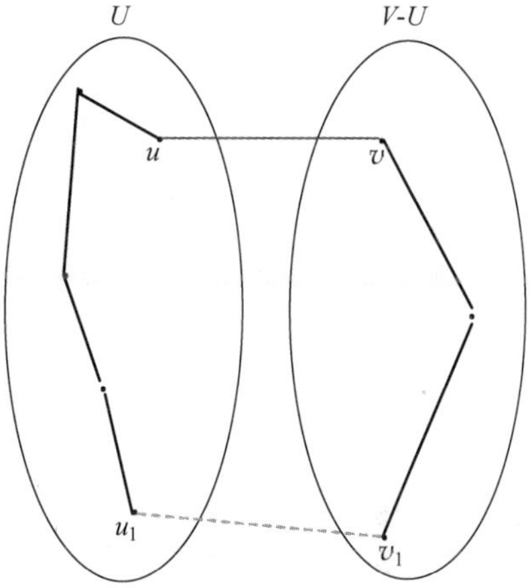

2.5.2 算法设计

1. 设计思想

输入:无向连通带权图 $G = (V, E)$。

输出:最小生成树边集 TE。

初始时,从顶点集 V 中选取一个顶点 1,加入到 U 集合中,即 $U = \{1\}$,最小生成树为 TE 为空集,即 $TE = \{\}$。

n 个顶点的图,需要 $n-1$ 步贪心选择,选取满足条件 $i \in U, j \in V\text{-}U$,且边 (i,j) 是连接 U 和 $V\text{-}U$ 的所有边中的最短边,将顶点 j 加入集合 U,边 (i,j) 加入集合 TE。算法一直进行到 $U = V$ 为止,此时,选取到的所有边恰好构成 G 的一棵最小生成树 T。

如何选取满足条件的边 (i,j) 呢?

采用穷举的方法,扫描 U 中的每一个点连接 $V\text{-}U$ 中的顶点的所有边,找出权最小的边 (i,j),所耗时间显然是 $O(n^2)$。做 $n-1$ 次贪心选择,算法的时间复杂度会达到 $O(n^3)$。当然这是比较笨的方法。Prim 算法借助了两个 n 个存储单元的辅助空间 closest 和 lowcost,closes[j] 用于存储对 $V\text{-}U$ 中的每个点 j,U 中哪个点离 j 最近,

图 2-23 T' 示意图

lowcost[closest[j],j]用于记录最小的权值。

2. 算法伪码

算法伪码描述如下：

```
算法：Prim
输入：无向带权图 G
输出：最小生成树 T
U←{1},T←{}
for i←1 to n do
    if w(1,i)<∞ then
        closest[i]←1
        lowcost←w(1,i)
while V-U≠ Φ do
    从 V-U中选择最小的 lowcost[j]
    U←U+{j}
    T←T+{(closest[j],j)}
    for i←1 to n do
        if i∈ V-U and w(j,i)< lowcost[i]
            closest[i]←j
            lowcost←w(j,i)
return T
```

3. 正确性证明

(1) 贪心选择性质证明——存在从贪心选择开始的最优解(最小生成树)。

设 T 是无向连通图 $G=(V,E)$ 的最小生成树,最先加入 T 的边为 $(1,i)$,如图 2-24 所示。

如果 $(1,i)$ 是连接集合 U 和集合 V-U 边中权最小的边,那么 T 就是从贪心选择开始的最优解。

如果 $(1,i)$ 不是连接集合 U 和集合 V-U 边中权最小的边,那么 T 就不是从贪心选择开始的最优解。

设 $(1,j)$ 是连接集合 U 和集合 V-U 边中权最小的边,将边 $(1,j)$ 加入到 T 中,则必定会有环,如图 2-25 所示。

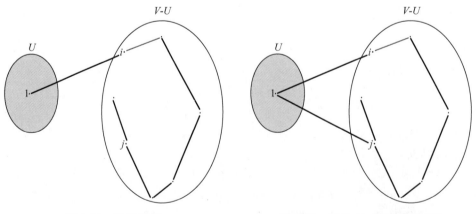

图 2-24 树 T 示意   图 2-25 添加 $(1,j)$ 构成环示意

删除$(1,i)$，得到一棵新树T'，如图2-26所示。

树T'的耗费$cost(T')=cost(T)+w(1,$ $j)-w(1,i)$。

由于$w(1,j)<w(1,i)$，所以$cost(T')<$ $cost(T)$，这说明树T不是G的最小生成树，这与假设矛盾，所以边$(1,i)$是连接集合U和集合$V\text{-}U$的权最小的边。

（2）最优子结构性质证明——整体最优解一定包含子问题最优解。

设T是$G=(V,E)$的贪心选择开始的最优解，边$(1,i)$是连接$U=\{1\}$和$V\text{-}U$的权最小的边，则$E'=E-\{(1,i)|(1,i)\in E\}$，$V'=V-\{1\}$，$T'=T-\{(1,i)\}$是无向连通图$G'=(V',E')$的最小生成树。

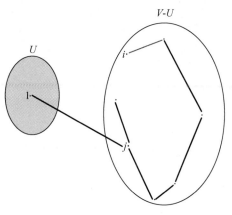

图2-26　新树T'示意

只需证明T'是无向连通图$G'=(V',E')$的最小生成树即可。

证明：假设T'不是无向连通图$G'=(V',E')$的最小生成树，T''是无向连通图$G'=(V',E')$的最小生成树，则$cost(T'')<cost(T')$。

在树T''和T'上添加一条边，$T''+\{(1,i)\}$构成一棵新树T'''，T'''是图$G=(V,E)$的生成树，$cost(T''')=cost(T'')+w(1,i)$；$T'+\{(1,i)\}=T$，$T$也是$G$的一棵生成树，$cost(T)=cost(T')+w(1,i)$。

由于$cost(T'')<cost(T')$，所以$cost(T''')<cost(T)$。这说明T不是图$G=(V,E)$的最小生成树，这与T是图$G=(V,E)$的最小生成树矛盾，得证。

2.5.3　实例构造

按Prim算法对如图2-27所示的无向连通带权图构造一棵最小生成树。

假定初始为顶点1，即设定最小生成树T的顶点集合$U=\{1\}$，$V\text{-}U=\{2,3,4,5,6\}$；

（1）初始化，辅助空间closest和lowcost中的值如表2-15所示。

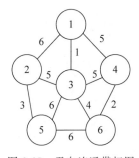

图2-27　无向连通带权图

表2-15　集合U、$V\text{-}U$及辅助数组closest、lowcost的初始数据

辅 助 数 组	U	$V\text{-}U$	顶 点 编 号				
			2	3	4	5	6
closest lowcost	$\{1\}$	$\{2,3,4,5,6\}$	1 6	1 1	1 5	1 ∞	1 ∞

（2）贪心选择连接U和$V\text{-}U$的权最小的边，即$V\text{-}U$中lowcost最小的lowcost[3]，把它相连的$V\text{-}U$中的顶点3加入到U集合中，把边（closest[3]，3）加入到T中，如

图 2-28 粗线所示。

检查由于 3 号点的加入,新添加的连接 U 和 V-U 的边:

$w(3,2)=5$,lowcost$[2]=6$,$w(3,2)<$lowcost$[2]$,所以修正 lowcost$[2]=5$,closest$[2]=3$;

$w(3,5)=6$,lowcost$[5]=\infty$,$w(3,5)<$lowcost$[5]$,所以修正 lowcost$[5]=6$,closest$[5]=3$;

$w(3,6)=4$,lowcost$[6]=\infty$,$w(3,6)<$lowcost$[6]$,所以修正 lowcost$[6]=4$,closest$[6]=3$;

$w(3,4)=5$,lowcost$[4]=5$,$w(3,5)=$lowcost$[5]$,所以不修正。

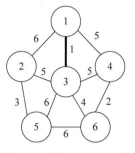

图 2-28　将(1,3)加入到 T 中示意

修正后的数据如表 2-16 所示。

表 2-16　第一步贪心选择后集合 U、V-U、closest、lowcost 数据

辅 助 数 组	U	V-U	顶 点 编 号				
			2	3	4	5	6
closest	{1,3}	{2,4,5,6}	3	—	1	3	3
lowcost			5	—	5	6	4

(3) 贪心选择连接 U 和 V-U 的权最小的边,即 V-U 中 lowcost 最小的 lowcost$[6]$,把它相连的 V-U 中的顶点 6 加入到 U 集合中,把边(closest$[6]$,6)加入到 T 中,如图 2-29 所示粗线。

检查由于 6 号点的加入,新添加的连接 U 和 V-U 的边:

$w(6,4)=2$,lowcost$[4]=5$,$w(6,2)<$lowcost$[4]$,所以修正 lowcost$[4]=2$,closest$[4]=6$;

$w(6,5)=6$,lowcost$[5]=6$,$w(6,5)=$lowcost$[5]$,所以不修正。

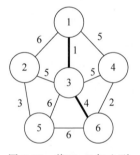

图 2-29　将(3,6)加入到 T 中示意

修正后的数据如表 2-17 所示。

表 2-17　第二步贪心选择后集合 U、V-U、closest、lowcost 数据

辅 助 数 组	U	V-U	顶 点 编 号				
			2	3	4	5	6
closest	{1,3,6}	{2,4,5}	3	—	6	3	—
lowcost			5	—	2	6	—

(4) 贪心选择连接 U 和 V-U 的权最小的边,即 V-U 中 lowcost 最小的 lowcost$[4]$,把它相连的 V-U 中的顶点 4 加入到 U 集合中,把边(closest$[4]$,4)加入到 T 中,如图 2-30 粗线所示。

检查由于 4 号点的加入,新添加的连接 U 和 V-U 的边;没有添加连接 U 和 V-U 的边。数据如表 2-18 所示。

表 2-18 第三步贪心选择后集合 U、V-U、closest、lowcost 数据

辅 助 数 组	U	V-U	顶 点 编 号				
			2	3	4	5	6
closest lowcost	{1,3,4,6}	{2,5}	3 5	— —	— —	3 6	— —

（5）贪心选择连接 U 和 V-U 的权最小的边，即 V-U 中 lowcost 最小的 lowcost[2]，把它相连的 V-U 中的顶点 2 加入到 U 集合中，把边（closest[2]，2）加入到 T 中，如图 2-31 粗线所示。

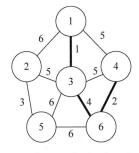

图 2-30 将（6,4）加入到 T 中示意

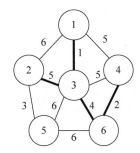

图 2-31 将（3,2）加入到 T 中示意

检查由于 2 号点的加入，新添加的连接 U 和 V-U 的边：$w(2,5)=3$，lowcost[5]=6，$w(2,5)<$ lowcost[5]，所以修正 lowcost[5]=3，closest[5]=2。

数据如表 2-19 所示。

表 2-19 第四步贪心选择后集合 U、V-U、closest、lowcost 数据

辅 助 数 据	U	V-U	顶 点 编 号				
			2	3	4	5	6
closest lowcost	{1,2,3,4,6}	{5}	— —	— —	— —	2 3	— —

（6）贪心选择连接 U 和 V-U 的权最小的边，即 V-U 中 lowcost 最小的 lowcost[5]，把它相连的 V-U 中的顶点 5 加入到 U 集合中，把边（closest[5]，5）加入到 T 中，如图 2-32 粗线所示。

各数据结构中数据如表 2-20 所示。

表 2-20 第五步贪心选择后集合 U、V-U、closest、lowcost 数据

辅 助 数 组	U	V-U	顶 点 编 号				
			2	3	4	5	6
closest lowcost	{1,2,3,4,5,6}	{}	— —	— —	— —	— —	— —

此时，$U=V$，算法结束。算法得到的最小生成树如图 2-33 所示。

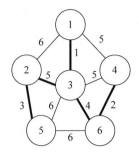

图 2-32   将(2,5)加入到 T 中示意

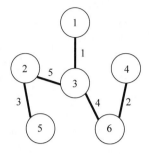

图 2-33   最小生成树 T

2.5.4   算法分析

1. 时间复杂度分析

从算法的描述可以看出:

(1) 初始化 closest 和 lowcost 耗时 $O(n)$。其中,n 为顶点个数。

(2) $n-1$ 次贪心选择,每次贪心选择选取最小的 lowcost,耗时 $O(n)$；将相连的 V-U 中顶点加入到 U 中,耗时 $O(1)$；检查新加入 U 的点引出的连接 U 到 V-U 的边,权比原来的小,则修正,耗时 $O(n)$。

由此可得,Prim 算法的时间复杂度为 $O(n)+(n-1)(O(n)+O(1)+O(n))=O(n^2)$。显然该复杂度与图中的边数无关,因此,Prim 算法适合于求稠密图的最小生成树。

2. 空间复杂度分析

算法为能够快速找到最小生成树,借助了 closest 和 lowcost 两个含 n 个存储单元的辅助空间,故时间复杂度为 $O(n)$。

2.5.5   Python 实战

1. 数据结构选择

在 Python 语言中,用 list 数据结构存储 closest、lowcost、集合 U、集合 V、最小生成树 T。Prim 算法适用稠密图,所以选用邻接矩阵数据结构存储图。

2. 编码实现

首先定义一个 Prim_mst()函数实现 Prim 算法,接收图的邻接矩阵和顶点集,输出最小生成树及树的耗费。其代码如下:

```
import sys
def Prim_mst(graph,vertexs):
    ulist = []
    ulist.append(vertexs[0])      #集合 U
    tree_list = []                #最小生成树
    closest = []                  #closest[i]表示生成树集合中与点 i 最近的点的编号
    lowcost = []                  #lowcost[i]表示生成树集合中与点 i 最近的点构成的边
                                  #最小权值,−1 表示 i 已经在生成树集合中
    lowcost.append(−1)
    closest.append(0)
```

```
        n = len(vertexs)
        for i in range(1,n):                #初始化 closest 数组和 lowcost 数组
            lowcost.append(graph[0][i])
            closest.append(0)
        sum = 0
        for _ in range(1,n):                #n−1 次贪心选择
            minid = 0                       #记录 V-U 中顶点最近的 U 中的顶点编号
            min = sys.maxsize               #系统最大值,相当于无穷大
            for j in range(1,n):            #寻找每次插入生成树的权值最小 lowcost
                if(lowcost[j]!= −1 and lowcost[j]< min):
                    minid = j
                    min = lowcost[j]
            ulist.append(vertexs[minid])
            tree_list.append([vertexs[closest[minid]],vertexs[minid],lowcost[minid]])
            sum += min
            lowcost[minid] = −1
            for j in range(1,n):            #更新插入节点后 lowcost 数组和 closest 数组值
                if(lowcost[j]!= −1 and lowcost[j]> graph[minid][j]):
                    lowcost[j] = graph[minid][j]
                    closest[j] = minid
        return sum,tree_list
```

定义 Python 入口——main()函数,在 main()函数中,用 graph 存储图的邻接矩阵,vertexs 存储顶点集,调用 Prim_mst()函数求最小生成树及树的耗费,最后打印输出最小生成树和树的耗费。

```
if __name__ == '__main__':
    graph = [[0, 54, 32, 7, 50, 60], [54, 0, 21, 58, 76, 69], [32, 21, 0, 35, 67, 66],
            [7, 58, 35, 0, 50, 62], [50, 76, 67, 50, 0, 14], [60, 69, 66, 62, 14, 0]]
    vertexs = ['A','B','C','D','E','F']
    sum,tree_list = Prim_mst(graph,vertexs)
    for edge in tree_list:
        print(edge[0] + " −− " + edge[1] + " 权:" + str(edge[2]))
print("树的耗费:",sum)
```

输出结果为

A—D　权:7

A—C　权:32

C—B　权:21

A—E　权:50

E—F　权:14

树的耗费:124

2.6　最小生成树——Kruskal 算法

视频讲解

　　该算法是由 J. B. Kruskal 在 1956 年提出的,也是一个经典的算法。它从边的角度出发,每一次将图中的权值最小的边取出来,在不构成环的情况下,将该边加入最小生成树。重复这个过程,直到图中所有的顶点都加入到最小生成树中,算法结束。

2.6.1 问题分析——贪心策略

Prim 算法是从图的顶点出发,紧扣最小生成树性质,把顶点集分成两个互不相交的集合,贪心选择连接两个集合最小权的边加入到最小生成树中。而 Kruskal 算法是从图的边出发,选择权最小的边,判断该边的两个端点是否在一个连通分支,若在,则舍弃该边。

所以 Kruskal 算法贪心策略是:权最小的边优先检查,若它的两个端点不在一连通分支,则将该边加入到最小生成树中;否则,舍弃。

2.6.2 算法设计

1. 设计思想

设 $G=(V,E)$ 是无向连通带权图,$V=\{1,2,\cdots,n\}$;设最小生成树 $T=(V,TE)$。

初始时,最小生成树 T 的边集 $TE=\{\}$。不断作贪心选择:在边集 E 中选取权值最小的边 (i,j),判断端点 i、j 是否在同一个连通分支,若不在,则将边 (i,j) 加入边集 TE 中,即用边 (i,j) 将这两个连通分支合并连接成一个连通分支;否则,继续选择下一条最短边,直到 T 中所有顶点都在同一个连通分支为止。此时,选取到的 $n-1$ 条边恰好构成 G 的一棵最小生成树 T。

2. 算法伪码

算法伪码描述如下:

```
算法:Kruskal
输入:图 G = (V,E)
输出:最小生成树 T
sort(E)                      //E 为边集,按照边权由小到大排序
T← Φ
j←0                          //记录加入的边的条数
for i←1 to |E| do
    e←E[i]
    if e 的两个端点不在同一个连通分支
    then
        T←{e}
        j←j + 1
    if j = n - 1
        break;
return T
```

3. 正确性证明

(1) 贪心选择性质——存在从贪心选择开始的最优解。

设 $T=\{e_{i1},e_{i2},\cdots,e_{i(n-1)}\}$ 是无向连通图 $G=(V,E)$,边集 E 已经按照权值由小到大排好序,(i,j) 是 G 中权值最小的边。

如果边 e_{i1} 是 G 中权最小的边 (i,j),那么 T 就是从贪心选择开始的最优解。

如果边 e_{i1} 不是 G 中权最小的边 (i,j),那么 T 就不是从贪心选择开始的。我们将边 (i,j) 加入到 T 中,T 中必有环。此时,从 T 中构成环的边中去掉一条边,假设为 e_{ik},重新构造图 G 的一棵生成树 T',则树 T' 的耗费:

$$W(T') = W(T) + w(i,j) - w(e_{ik})$$

由于 $w(i,j) \leqslant w(e_{ik})$，所以 $W(T') \leqslant W(T)$。

又因为 T 是 G 的最小生成树，所以 $W(T) \leqslant W(T')$。

故 $W(T) = W(T')$，T' 是从贪心选择开始的最优解。

综合上述两种情况，存在从贪心选择开始的最小生成树。

（2）最优子结构性质　　整体最优解一定含有子问题的最优解。

证明该性质之前，介绍一下短接操作：将图中的一条边 (a,b) 收缩至两个端点重合成一个端点 c，原先连接到端点 a 和 b 的边都连接到端点 c，该操作称之为短接操作。

图 G 中将边 $(1,3)$ 短接，两个端点 1、3 重合成一个点 $1'$，图 G 中连接到端点 1、3 的边都连接到 $1'$ 点，变成图 G'，如图 2-34 所示。

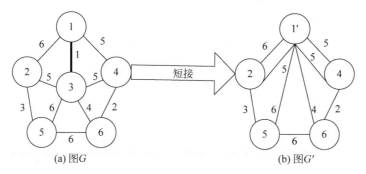

图 2-34　短接操作示意

接下来证明最优子结构性质：设 T 是图 G 的贪心选择开始的最优解，$e_1 = (i,j)$ 是权值最小的边，则令 k 是将 e_1 短接后的点，$V' = V - \{i,j\} + \{k\}$，$E' = E - \{e_1\}$，则 $T' = T - \{e_1\}$ 是图 $G' = (V', E')$ 的最小生成树。

我们只需要证明 T' 是图 G' 的最小生成树即可。

证明：假设 T' 不是图 G' 的最小生成树，T'' 是图 G' 的最小生成树，则树 T'' 的耗费小于树 T' 的耗费，即 $W(T'') < W(T')$。

现在将 T' 和 T'' 中的顶点 k 拉伸，拉成长度为 e_1，两个端点分别为 i、j，$T' + \{e_1\} = T$ 是图 G 的一棵树，$T'' + \{e_1\}$ 也是图 G 的一棵生成树。

又因为 $W(T'' + \{e_1\}) = W(T'') + w(i,j) < W(T') + w(i,j) = W(T)$，所以 T 不是图 G 的最小生成树，这与 T 是图 G 的最小生成树矛盾，故假设不真，T' 是图 G' 的最小生成树，得证。

2.6.3　实例构造

用 Kruskal 算法对图 2-27 所示的无向连通带权图构造一棵最小生成树。

（1）将图的边集 E 中的所有边按权从小到大排序为 $1(1,3)$、$2(4,6)$、$3(2,5)$、$4(3,6)$、$5(1,4)$、$5(2,3)$、$5(3,4)$、$6(1,2)$、$6(3,5)$、$6(5,6)$。

（2）初始化 $TE = \{\}$，分支集合 $group[1..n] = [1, 2, 3, \cdots, n]$，如图 2-35 所示。

（3）选择权最小的边 $1(1,3)$，$group[1] \neq group[3]$，即不在同一个分支，将 $(1,3)$ 加

入到 TE 中,如图 2-36 所示。

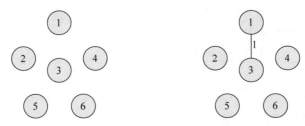

图 2-35 孤立分支   图 2-36 将(1,3)加入 TE 中示意

group[3]并入 group[1],分支集合 group 中的数据如表 2-21 所示。

表 2-21 第一步贪心选择后分支标号 group 数据

顶点编号	1	2	3	4	5	6
分支编号	1	2	1	4	5	6

(4) 选择权最小的边 2(4,6),group[4]≠group[6],即不在同一个分支,将(4,6)加入到 TE 中,如图 2-37 所示。

group[6]并入 group[4],分支集合 group 中的数据如表 2-22 所示。

表 2-22 第二步贪心选择后分支标号 group 数据

顶点编号	1	2	3	4	5	6
分支编号	1	2	1	4	5	4

(5) 选择权最小的边 3(2,5),group[2]≠group[5],即不在同一个分支,将(2,5)加入到 TE 中,如图 2-38 所示。

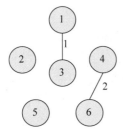
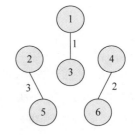

图 2-37 将(4,6)加入 TE 中示意   图 2-38 将(2,5)加入 TE 中示意

group[5]=group[2],分支集合 group 中的数据如表 2-23 所示。

表 2-23 第三步贪心选择后分支标号 group 数据

顶点编号	1	2	3	4	5	6
分支编号	1	2	1	4	2	4

(6) 选择权最小的边 4(3,6),group[3]≠group[6],即不在同一个分支,将(3,6)加入到 TE 中,如图 2-39 所示。

group[4,6]＝group[3],分支集合 group 中的数据如表 2-24 所示。

表 2-24　第四步贪心选择后分支标号 group 数据

顶点编号	1	2	3	4	5	6
分支编号	1	2	1	1	2	1

(7) 选择权最小的边 5(1,4),group[1]＝group[4],在同一个连通分支,舍弃。

(8) 选择权最小的边 5(2,3),group[2]≠group[3],即不在同一个分支,将(2,3)加入到 TE 中,如图 2-40 所示。

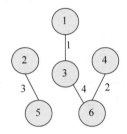 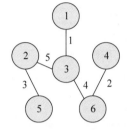

图 2-39　将(3,6)加入 TE 中示意　　　　图 2-40　将(2,3)加入 TE 中示意

group[2,5]＝group[3],分支集合中只有一个分支,算法结束,得到了一棵最小生成树。分支集合 group 中的数据如表 2-25 所示。

表 2-25　第六步贪心选择后分支标号 group 数据

顶点编号	1	2	3	4	5	6
分支编号	1	1	1	1	1	1

2.6.4　算法分析

1. 时间复杂度分析

假设无向连通带权图 G 中包含了 n 个顶点和 e 条边。从算法描述可以看出:

(1) Kruskal 算法将图 G 中的边按权值从小到大排序,目前最好的排序算法耗时 $O(e\log e)$。

(2) 然后选取权最小的边,耗时 $O(1)$,最坏每条边都被选取一次,故耗时为 $eO(1)$;判断所选边的两个端点是否在同一连通分支,耗时 $O(1)$,最坏每条边的端点都被判断一次,故耗时为 $eO(1)$;若不在同一连通分支(会有 $n-1$ 次),则通过更改小分支标号,合并为同一分支。更改小分支标号在两分支规模大致相等时,耗时最多;修改每个节点的分支标号耗时最多为 $\log(n)$。

所以该算法的时间复杂度为 $O(e\log e)+eO(1)+eO(1)+(n-1)\log(n)$,由于在拥有 n 个顶点 e 条边的无向连通带权图,$e \geqslant n-1$,故 Kruskal 算法的时间复杂度为 $O(e\log e)$。此外,如果图 G 是一个完全图,有 $e=n(n-1)/2$,就用顶点个数 n 来衡量算法所花费的时间为 $O(n^2\log n)$;如果图 G 是一个平面图,即 $e=O(n)$,那么算法花费的时间为 $O(n\log n)$。

2. 空间复杂度分析

为了判断边的两个端点是否在同一连通分支,借助了一个标记 n 个顶点所在分支标号的存储空间,含有 n 个存储单元,故算法的空间复杂度为 $O(n)$。

2.6.5 Python 实战

1. 数据结构选择

图的边集采用 Python 语言中的 list,其中每个元素是一条边,用一个三元组(顶点 1,顶点 2,边权)表示。最小生成树 T 和标记顶点分支的数据结构 group 均采用 list。

2. 编码实现

定义一个 kruskal()函数,接收图的顶点集 vertexs 和边集 edge_list,返回最小生成树 tree_mst。其代码如下:

```python
def kruskal(edge_list,vertexs):
    vertex_num = len(vertexs)
    edge_num = len(edge_list)
    tree_mst = []
    if vertex_num <= 0 or edge_num < vertex_num - 1:
        return tree_mst
    edge_list.sort(key = lambda a:a[2])                #按照边权由小到大排序
    group = [[i] for i in range(1,vertex_num + 1)]     #初始化,将图 G 的顶点看成 n 个孤立分支
    for edge in edge_list:
        k = len(group)               #获取分支数目
        if k == 1:                   #如果只有一个分支,则跳出循环,算法结束
            break
        for i in range(k):           #判断两个端点所属的分支
            if edge[0] in group[i]:
                m = i
            if edge[1] in group[i]:
                n = i
        if m != n:                   #如果不在同一个分支
            tree_mst.append(edge)    #将边加入到最小生成树中
            group[m] = group[m] + group[n]    #合并分支
            group.remove(group[n])
    return tree_mst
```

定义 Python 入口——main()函数,在 main()函数中,初始化图的数据结构,三元组结构为(顶点 1,顶点 2,边权),将图中所有边的三元组组成一个 edge_list;初始化顶点集 vertexs;调用 kruskal()函数生成最小生成树;最后打印输出。其代码如下:

```python
if __name__ == "__main__":
    edge_list = [(1,2,6),(1,3,1),(1,4,5),(2,3,5),(2,5,3),(3,4,5),(3,6,4),(3,5,6),(4,
6,2),(5,6,6)]
    vertexs = [1,2,3,4,5,6]
    tree_mst = kruskal(edge_list,vertexs)
    for edge in tree_mst:
        print(edge)
```

输出结果为

(1，3，1)

(4，6，2)

(2，5，3)

(3，6，4)

(2，3，5)

2.7　背包问题

视频讲解

背包问题：n 个物品和 1 个背包。对物品 $i(i=1,2,\cdots,n)$，其价值为 v_i，重量为 w_i，背包的容量为 W。如何选取物品装入背包，使背包中所装入的物品的总价值最大？物品可以分割。

2.7.1　问题分析——贪心策略

背包问题给定的已知条件：背包承载的重量 W；n 个物品的重量 w_i；n 个物品的价值 v_i；不能超过背包承载的重量；物品可以分割。

从给定的已知看，要想在不超过背包承载重量的前提下装入背包的价值最大，从眼前来看，最好的策略是什么呢？

第一种，从价值角度考虑，达到价值最大的目标，装入背包的价值越大越好，选择价值大的物品先装的策略。

第二种，从背包承载的重量限制考虑，装入背包的物品重量越小越好，选择重量小的物品先装的策略。

第三种，综合限制条件和价值目标，选择重量小且价值大的，即单位重量的价值大的优先装入背包。

上述的三种策略，第一种策略只考虑物品的价值，如果价值大的物品，重量也很大，在背包承载的重量一定的前提下，平均价值较小，导致装入的总价值不是最大；第二种策略只考虑背包承载重量的限制，物品重量小的，价值也可能很小，达到背包承载量时平均价值也较小，导致装入的总价值也不是最大；第三种策略，优先装入单位重量价值大的物品，达到背包承载量时平均价值也最大，总价值也最大。

所以，背包问题的最佳贪心策略是第三种策略：单位重量的价值大的优先装入背包。

2.7.2　算法设计

1. 设计思想

输入：物品集合：$S=\{1,2,\cdots,n\}$，每个物品的重量 w_i、价值 $v_i(i=1,2,\cdots,n)$，背包承载的重量 W。

输出：解向量 $(x_1,x_2,\cdots,x_n)$。

目标函数：$\max\sum\limits_{i=1}^{n}v_i x_i$。

$$
约束条件:
\begin{cases}
\sum_{i=1}^{n} w_i x_i \leqslant W \\
x_i \in [0,1], i=1,2,\cdots,n
\end{cases}
。
$$

根据贪心策略,首先计算物品的单位重量的价值;然后按照单位重量的价值由大到小排序;只要没有达到背包承载的重量,就装入,直到物品 i 装不下时或物品已全部装入背包时;如果物品全部装入背包,那么算法结束;否则,从物品 i 分割出部分装入背包,把背包装满,算法结束。

2. 算法伪码

算法伪码描述如下:

```
算法: knapsack(v[1..n],w[1..n])
输入: 物品集合、物品重量、物品价值、背包承载的重量
i←1
while i <= n do
    a[i]← v[i]/w[i]
    i←i+1
sort a //按照单位重量的价值由大到小排序
w←0
while i <= n  and w + w[i] <= W do
    x[i]← 1
    w←w+ w[i]
    p←p+ v[i]
    i←i+1
if i <= n then
    x[i]←(W-w)/w[i]
    p←p + x[i] * v[i]
return  x,p
```

3. 正确性证明

先假设物品集合 $S=\{1,2,3,\cdots,n\}$ 已经按单位重量价值从大到小排好序。

如果 $w_1 > W$,就将 1 号物品分割部分装入,达到背包承载的重量 W,装入的价值最大,得证。

如果 $w_1 < W$,就从贪心选择性质和最优子结构性质两方面来证明。

(1) 贪心选择性质——存在从贪心选择开始的最优解。

设 $X=(x_1,x_2,\cdots,x_n)$ 是物品集 S,背包承载的重量为 W 的最优解。

如果 $x_1=1$,那么 X 是贪心选择开始的最优解。

如果 $x_1=0$,那么 X 不是贪心选择开始的最优解,它肯定装了单位重量价值低的物品。我们将其用 1 号物品置换等重量的单位重量价值低的物品,就会得到总价值更大的一个解。这说明 X 不是最优解,也与假设矛盾。所以 X 肯定是贪心选择开始的最优解。

(2) 最优子结构性质——整体最优解一定包含子问题的最优解。

假设 $X=(x_1,x_2,\cdots,x_n)$ 是物品集 S,背包承载的重量为 W 的贪心选择开始的最优解,则 $X'=(x_2,\cdots,x_n)$ 是物品集 $S-\{1\}$,背包承载的重量为 $W-w_1$ 的最优解。

我们用反证法证明 X' 是物品集 $S-\{1\}$,背包承载的重量为 $W-w_1$ 的最优解。

证明：假设 X' 不是物品集 $S-\{1\}$，背包承载的重量为 $W-w_1$ 的最优解，$X''=(x''_2,x''_3,\cdots,x''_n)$ 是物品集 $S-\{1\}$，背包承载的重量为 $W-w_1$ 的最优解，则有：

$$\sum_{i=2}^{n} v_i x''_i > \sum_{i=2}^{n} v_i x_i$$

接下来将背包承载的重量 $W-w_1$ 扩充到 W，我们将 1 号物品装入背包，得到下面的两个 n 维向量：$(1,x_2,\cdots,x_n)$ 和 $(1,x''_2,\cdots,x''_n)$，它们都是物品集 S、背包承载的重量为 W 的解。

又 $v_1+\sum_{i=2}^{n}v_ix''_i > v_1+\sum_{i=2}^{n}v_ix_i$，则说明 $(1,x_2,\cdots,x_n)=X$ 不是物品集 S、背包承载的重量为 W 的最优解，这与 X 是最优解矛盾，故假设不真，X' 是物品集 $S-\{1\}$、背包承载的重量为 $W-w_1$ 的最优解。

2.7.3　实例构造

有 5 个物品，背包容量为 10。物品编号、物品重量和物品价值如表 2-26 所示。

表 2-26　物品清单

物品编号	1	2	3	4	5
物品重量	2	2	6	5	4
物品价值	6	3	6	4	6

按照算法伪码，求解过程如下：

第一步，计算所有物品单位重量的价值，并按照单位重量的价值由大到小排序，结果如表 2-27 所示。

表 2-27　物品排序结果

物品编号	1	2	5	3	4
物品重量	2	2	4	6	5
物品价值	6	3	6	6	4
价值/重量	3	1.5	1.5	1	0.8

第二步，按照贪心策略，第一个位置的物品装入，装入背包的总重量为 2，总价值为 6；2＜10，继续下一步。

第三步，第二个位置的物品装入，装入背包的总重量为 4，总价值为 9；4＜10，继续下一步。

第四步，第三个位置的物品装入，装入背包的总重量为 8，总价值为 15；8＜10，继续下一步。

第五步，第四个位置的物品装入，发现该物品的重量为 6，背包的剩余承载重量为 2，无法全部装下；若将该物品分割出来 2 的重量装入，价值则也装入 $2/6\times6=2$，装入背包的总重量为 10，总价值为 $15+2=17$；算法结束。

2.7.4 算法分析

1. 时间复杂度分析

从算法描述上看：

(1) 计算单位重量的价值，耗时 $O(n)$，n 为物品个数。

(2) 按照单位重量的价值由大到小排序，耗时 $O(n\log n)$。

(3) 依次装入物品，直到背包装满或物品全部装入，最多耗时 $O(n)$。

所以，背包问题的贪心算法耗时为 $O(n)+O(n\log n)+O(n)=O(n\log n)$。

2. 空间复杂度分析

算法中，物品的重量、价值、解所消耗的空间都是必需的。为了能够根据物品重量和价值得到问题的解，借助了 n 个存储单元记录单位重量的价值，故该算法的空间复杂度为 $O(n)$。

2.7.5 Python 实战

1. 数据结构选择

选用三元组(物品编号、物品价值和物品重量)存储单个物品，然后用三元组的集合表示物品集，Python 中用 list 数据结构存储物品集，其中的每个元素为一个三元组的list。选择 Python 中的 list 存储选中的物品。

2. 编码实现

编写一个背包问题贪心算法的 knapsack() 函数，参数为背包承载的重量 capacity 和物品集 goods_set。函数先排序，然后依次装入，直到装不下或全部装入。其代码如下：

```python
def knapsack(capacity = 0, goods_set = []):
    #按单位价值量排序
    goods_set.sort(key = lambda goods:goods[1]/goods[2], reverse = True)
                                            #按照单位重量的价值降序排列
    result = []                             #装入背包的物品集
    sum_v = 0                               #装入背包的价值
    for goods in goods_set:
        if capacity < goods[2]:             #装不下时的处理
            result.append([goods[0],capacity * goods[1]/goods[2],capacity])
                                            #分割一部分装入
            sum_v += capacity * goods[1]/goods[2]   #统计装入的价值
            break
        result.append(goods)                #装入
        sum_v += goods[1]                   #统计装入的价值
        capacity -= goods[2]                #重新计算背包剩余的承载重量
    return result,sum_v
```

定义 Python 入口——main() 函数，在 main() 函数中，初始化物品集 some_goods，调用 knapsack() 函数，得到装入的物品集 res 和总价值 sum_v，最后将结果打印输出。其代码如下：

```
if __name__ == "__main__":
    some_goods = [(0, 4, 2), (1, 6, 8), (2, 3,5), (3, 8, 2), (4, 2, 1)]
    res,sum_v = knapsack(6, some_goods)
    for goods in res:
        print('物品编号:' + str(goods[0]) + ',放入重量:' + str(goods[2]) + ',放入的价
值:' + str(goods[1]))
print("总价值为." + str(sum_v))
```

输出结果为

物品编号:3,放入重量:2,放入的价值:8

物品编号:0,放入重量:2,放入的价值:4

物品编号:4,放入重量:1,放入的价值:2

物品编号:1,放入重量:1,放入的价值:0.75

总价值为：14.75

第 3 章

分治算法——分而治之

3.1 概述

3.1.1 分治算法的本质

视频讲解

分治算法,就是把一个复杂的大问题分成两个或更多个规模较小的相同子问题,子问题相互独立,递归求解各子问题,直到最后各子问题可以简单地直接求解为止,然后归并各子问题的解得原问题的解。

可见,分治算法本质是将一个难以直接解决的大问题,分解成一些规模较小的相同问题,以便各个击破,分而治之。

【例 3-1】 大整数乘法问题。

给定两个 n 位的大整数 A、B,求 A 与 B 的乘积。

大整数乘法问题,如果按照数学中的多位数乘法进行求解,用 B 的每一位乘以 A 的每一位,然后再错位相加得到结果。显然这种方法的时间复杂度为 $O(n^2)$。

我们来尝试设计一个分治算法:将整数 A 分成两个 $n/2$ 位的整数 A_1 和 A_2,将整数 B 分成两个 $n/2$ 位的整数 B_1 和 B_2,如图 3-1 所示。

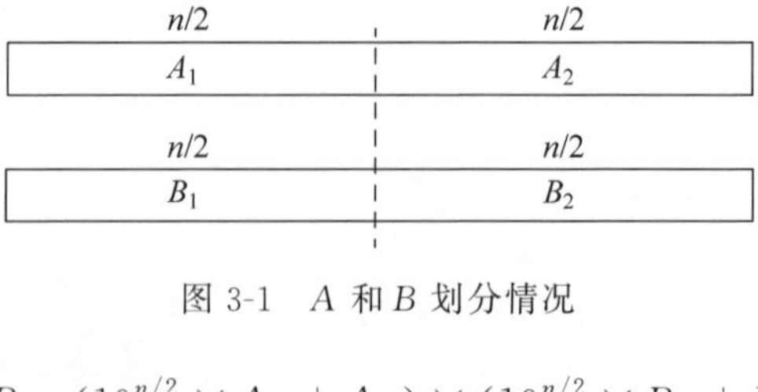

$n/2$	$n/2$
A_1	A_2

$n/2$	$n/2$
B_1	B_2

图 3-1 A 和 B 划分情况

$$A \times B = (10^{n/2} \times A_1 + A_2) \times (10^{n/2} \times B_1 + B_2)$$
$$= 10^n A_1 B_1 + 10^{n/2} (A_1 B_2 + A_2 B_1) + A_2 B_2$$

这样,两个 n 位数的大整数乘法就变成了 4 个 $n/2$ 为的大整数乘法。子问题规模变小了;与原问题相同,都是整数乘法;4 个子问题相互独立,互不影响。递归求解 4 个子问题,然后将递归的结果(4 个子问题的解)按照上式可以归并得到 A 与 B 的乘积。

该算法的时间复杂度在 $n>1$ 时,划分耗时 $O(1)$,将 4 个子问题的解归并为原问题的解时,乘以 10^n 可以认为是在数字后面补 n 个 0,耗时为 $O(n)$,所以递推方程如下:

$$T(n) = \begin{cases} O(1) & n=1 \\ 4T(n/2)+O(n) & n>1 \end{cases}$$

用主方法求解:$a=4,b=2,d=1,b^d=2^1=2,a>b^d$,所以 $T(n)=O(n^{\log_b a})=O(n^{\log_2 4})=O(n^2)$。

分治算法求解大整数乘法的阶与传统乘法的阶是一样的,均为 $O(n^2)$。根据主方法求解的过程,我们可以发现:减少 a 的值可以降低算法的阶。

现在将括号内加上 $A_1 B_1$ 和 $A_2 B_2$,然后再减去 $A_1 B_1$ 和 $A_2 B_2$ 来降低 a 的值,即减少子问题的个数。

$$A \times B = 10^n A_1 B_1 + 10^{n/2}(A_1 B_2 + A_2 B_1) + A_2 B_2$$
$$= 10^n A_1 B_1 + 10^{n/2}(A_1 B_2 + A_2 B_1 + A_1 B_1 + A_2 B_2 - A_1 B_1 - A_2 B_2) + A_2 B_2$$
$$= 10^n A_1 B_1 + 10^{n/2}[(A_1 - A_2)(B_2 - B_1) + A_1 B_1 + A_2 B_2] + A_2 B_2$$

这样,$A_1 - A_2$ 最多是 $n/2$ 位,$B_2 - B_1$ 最多也是 $n/2$ 位,我们就将 4 个 $n/2$ 个子问题变成了 3 个最多 $n/2$ 位的子问题。算法的时间复杂度为 $T(n)=O(n^{\log_b a})=O(n^{\log_2 3})$。

【例 3-2】 最小值问题。

给定 n 个可以比较的元素,求它们的最小值。

最小值问题的分治算法:将 n 个元素平均分成两部分,递归求解两部分的最小值,比较两部分的最小值,取较小的作为 n 个元素的最小值。

在该算法中,两部分元素规模为 $n/2$,规模变小;都是在指定范围的元素中找最小值,与原问题相同,两部分元素互相独立。递归求解两个 $n/2$ 规模的子问题,将子问题的解归并成原问题的解:比较递归的结果,较小的值就是原问题的解。

算法分解消耗的时间为 $O(1)$,递归求解耗时为 $2T(n/2)$,将子问题的解归并成原问题的解耗时 $O(1)$。当规模为 1 时,最小值即是它本身,耗时 $O(1)$。时间复杂度递推方程如下:

$$T(n) = \begin{cases} O(1) & n=1 \\ 2T(n/2)+O(1) & n>1 \end{cases}$$

用主方法求解该递推方程:$a=2,b=2,d=0,b^d=2^0=1,a>b^d$,$T(n)=O(n^{\log_b a})=O(n)$。

由上述两个例子,总结得到分治算法求解问题所具有以下 4 个基本特征。

(1) 问题的规模小到一定程度时,常数时间就能解决。

(2) 问题可以分解为若干个规模较小的相同子问题。

(3) 问题所分解出的各个子问题是相互独立的。

(4) 子问题的解能够归并为原问题的解。

上述的第(1)个特征是绝大多数问题都可以满足的,因为问题的计算复杂度一般是随着问题规模的增大而增加;第(2)个特征是应用分治算法的前提,它也是大多数问题可以满足的,此特征反映了递归思想的应用;第(3)个特征涉及分治算法的效率,如果各个子问题是不独立的,则分治算法要做许多不必要的工作——重复求解公共的子问题;第(4)个特征是关键,若子问题解不能归并得到原问题的解,则分解与递归求解子问题的工作都是徒劳。

3.1.2　分治算法的求解步骤

视频讲解

通常,分治算法的求解过程都要遵循两大步骤:分解和治理。

第一步,分解。

将问题分解为若干个规模较小、相互独立、与原问题形式相同的子问题。

那么,究竟该如何合理地对问题进行分解呢?应把原问题分解为多少个子问题才合适呢?每个子问题是否规模大致相等才为适当?这些问题很难给予肯定的回答。人们从大量的实践中发现,在用分治算法设计算法时,最好分解得到的子问题规模大致相等,即将一个问题分为规模大致相等的 k 个子问题(通常 $k=2$)。如最小值问题,把 n 个元素平均分成两部分,得到两个子问题;大整数乘法是将两个整数的位数分别分成大致相等的两部分,得到 4 个子问题。

这种使子问题规模大致相等的做法是出自一种平衡子问题的思想,它总是比子问题规模不等的做法要好。也有 $k=1$ 的划分,这仍然是把问题划分为两部分,取其中的一部分,而丢弃另一部分。例如,二分查找(折半查找)问题在采用分治算法求解时就是这样划分的。

子问题的个数直接影响分治算法的时间复杂度,比如大整数乘法问题,我们通过恒等变形,将子问题的个数从 4 个减为 3 个,算法的时间复杂度从 $O(n^2)$ 降为 $O(n^{1.58})$。

【例 3-3】　矩阵相乘问题。

给定矩阵 A 和 B,均为 n 阶矩阵,$n=2^k$,即 n 是 2 的幂,求 $A \times B$。

矩阵乘法是线性代数中最常见的运算之一,它在数值计算、图像处理、数据挖掘等有广泛的应用。如回归、聚类、主成分分析、决策树等挖掘算法常涉及大规模矩阵运算。

若 A 和 B 是两个 $n \times n$ 的矩阵,则它们的乘积 $C=AB$ 同样是一个 $n \times n$ 的矩阵,按照传统的矩阵乘法,需要 n^3 的乘法次数,时间复杂度为 $O(n^3)$。

矩阵相乘的分治算法,将矩阵 A 和 B 均划分为 4 个 $n/2$ 阶矩阵,结果矩阵也为 4 个 $n/2$ 阶矩阵。划分情况如下所示:

$$\begin{bmatrix} A_{11} & A_{12} \\ A_{21} & A_{22} \end{bmatrix} \begin{bmatrix} B_{11} & B_{12} \\ B_{21} & B_{22} \end{bmatrix} = \begin{bmatrix} C_{11} & C_{12} \\ C_{21} & C_{22} \end{bmatrix}$$

其中,$C_{11}=A_{11}B_{11}+A_{12}B_{21}$,$C_{12}=A_{11}B_{12}+A_{12}B_{22}$,$C_{21}=A_{21}B_{11}+A_{22}B_{21}$,$C_{22}=A_{21}B_{12}+A_{22}B_{22}$。

当规模为 1 时,分治算法消耗的时间为常数 $O(1)$;当问题规模大于 1 时,分解耗时 $O(1)$,递归子问题耗时 $8T(n/2)$,将子问题的结果矩阵相加耗时 $O(n^2)$,则算法的时间复杂度递推方程如下:

$$T(n) = \begin{cases} O(1) & n=1 \\ 8T(n/2)+O(n^2) & n>1 \end{cases}$$

利用主方法求解：$a=8,b=2,d=2,b^d=2^2=4,a>b^d,T(n)=O(n^{\log_b a})=O(n^{\log_2 8})=O(n^3)$。

Strassen 提出了一种变换方法，将子问题个数由 8 变为 7。其 7 个子问题具体如下：

$$M_1=A_{11}(B_{12}-B_{22})$$
$$M_2=(A_{11}+A_{12})B_{22}$$
$$M_3=(A_{21}+A_{22})B_{11}$$
$$M_4=A_{22}(B_{21}-B_{11})$$
$$M_5=(A_{11}+A_{22})(B_{11}+B_{22})$$
$$M_6=(A_{12}-A_{22})(B_{21}+B_{22})$$
$$M_7=(A_{11}-A_{21})(B_{11}+B_{12})$$
$$C_{11}=M_5+M_4-M_2+M_6$$
$$C_{12}=M_1+M_2$$
$$C_{21}=M_3+M_4$$
$$C_{22}=M_5+M_1-M_3-M_7$$

这样变换增加矩阵加减法运算，时间复杂度递推方程如下：

$$T(n)=\begin{cases} O(1) & n=1 \\ 7T(n/2)+O(n^2) & n>1 \end{cases}$$

计算结果为 $T(n)=O(n^{\log_b a})=O(n^{\log_2 7})=O(n^{2.8075})$，算法的阶降低了。

第二步，治理。

(1) 求解各个子问题。若子问题规模较小且容易被解决，则直接求解；否则，再继续分解为更小的子问题，直到容易解决为止。

由于采用分治算法求解的问题被分解为若干个规模较小的相同子问题，各个子问题的解法与原问题的解法是相同的。因此，很自然想到采取递归技术来对各个子问题进行求解。在这种情况下，反复应用分治手段，可以使子问题与原问题类型一致而规模不断缩小，最终使子问题缩小到很容易求解的规模，这导致递归过程的产生。分治与递归就像一对孪生兄弟，经常同时应用在算法设计之中，并由此产生许多高效算法。有时候，递归处理也可以采用循环来实现。

(2) 合并。它是将已求得的各个子问题的解合并为原问题的解。

合并这一步对分治算法的算法性能至关重要，算法的有效性在很大程度上依赖于合并步的实现，因情况的不同合并的代价也有所不同。

有些问题中，子问题的解就是原问题的解，如二分查找（折半查找），以及后续要讲解的快速排序、棋盘覆盖等。

【例 3-4】 棋盘覆盖问题。

给定一个 $2^k\times 2^k$ 的棋盘（如图 3-2 所示 $k=2$ 的一种棋盘），有一个特殊棋格，拥有一个特殊棋格的棋盘称为特殊棋盘。现要用 4 种 L 形骨牌（如图 3-3 所示）覆盖特殊棋盘上除特殊棋格外的全部棋格，不能重叠，找出覆盖方案。

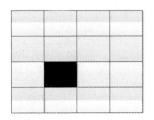

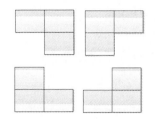

图 3-2 $k=2$ 的特殊棋盘   图 3-3 4 种 L 形骨牌

棋盘覆盖问题的分治算法:将棋盘行数平均分成两部分,列数也平均分成两部分,变成 $2^{k-1} \times 2^{k-1}$ 的 4 个小棋盘,如图 3-4 所示,将 4×4 特殊棋盘划分为 4 个 2×2 棋盘。其中,特殊棋格位于左下角的小棋盘。

现在考虑一下,4 个小棋盘的覆盖问题与原问题相同吗?原问题是在特殊棋盘上用 L 形骨牌覆盖,L 形骨牌互不重叠。4 个小棋盘中,只有左下角的棋盘是特殊棋盘,与原问题相同。但其他 3 个都不是特殊棋盘,与原问题不同。

在不改变原问题初衷的前提下,如何将它们变成与原问题相同的子问题呢?用一块 L 形骨牌覆盖 3 个小棋盘,每个棋盘覆盖一个棋格,如图 3-5 所示,这样,所有的子问题都与原问题相同,子问题规模变小且相互独立。

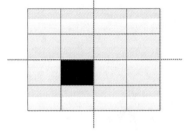

图 3-4 棋盘划分情况

递归解决 4 个子问题,当子问题覆盖完成,整个棋盘就覆盖完成了,子问题的解不用归并就能得到原问题的解。如图 3-6 所示,用骨牌编号表示棋盘覆盖问题的解。

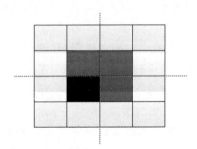

图 3-5 覆盖第一个骨牌情况

2	2	3	3
2	1	1	3
4	-1	1	5
4	4	5	5

图 3-6 棋盘覆盖的解

有些问题中,子问题的解并不是原问题的解,需要找出子问题的解与原问题的解之间的关系,由子问题的解归并得到原问题的解。如最小值问题,需要比较两个子问题的解,取较小的作为原问题的解,耗时为 $O(1)$;大整数乘法问题,需要通过公式 $\boldsymbol{A} \times \boldsymbol{B} = 10^{n} A_1 B_1 + 10^{n/2}(A_1 B_2 + A_2 B_1) + A_2 B_2$ 将子问题的解归并成原问题的解,耗时为 $O(n^2)$;矩阵乘法也是需要通过公式将子问题的解归并成原问题的解,耗时为 $O(n^3)$;后续要讲的幂乘问题、循环赛日程表问题、合并排序问题等都需要归并子问题的解,从而得到原问题的解,消耗的时间也不尽相同。

【例 3-5】 幂乘问题。

给定实数 a 和自然数 n,求 a^n。

问题很简单,传统方法是累乘,下面设计求幂乘的分治算法。

当 n 为偶数时,计算 $a^{n/2}$,然后用 $a^n = a^{n/2} \times a^{n/2}$ 治理求得原问题的解。

当 n 为奇数时,计算 $a^{(n-1)/2}$,然后用 $a^n = a^{(n-1)/2} \times a^{(n-1)/2} \times a$ 治理求得原问题的解。

该算法由子问题的解归并成原问题的解耗时 $O(1)$,递归子问题的规模每次递减一半,故递减 $\log_2 n$ 次便能将问题的规模降到 1,所以算法的时间复杂度为 $O(\log_2 n)$,空间复杂度也为 $O(\log_2 n)$。

3.2 二分查找

视频讲解

二分查找又称折半查找,它要求数据元素必须是按关键字大小有序排列的。该问题为给定已排好序的 n 个元素 $s_1, \cdots, s_n$,要在这 n 个元素中查找一特定元素 x 是否存在,若存在,则返回 x 在序列中的位置;否则,返回 -1。

3.2.1 问题分析——分与治的方法

假定用 a_list 表示 n 个元素的有序序列,该序列由小到大排序。

(1) 分解:将有序序列分成规模大致相等的两部分,即每部分的规模大致为 $n/2$。

(2) 治理:用序列中间位置的元素与特定元素 x 比较,如果 x 等于中间元素,那么算法终止;如果 x 小于中间元素,那么在序列的左半部递归查找;否则,在序列的右半部递归查找。递归停止的条件是序列规模为 0 或 1。

3.2.2 算法设计

1. 设计思想

通过问题分析,我们知道:①不同的子问题具有不同的规模;②不同的子问题在有序列 a_list 中的位置不同。采用辖定边界的方法统一表示不同问题的规模及在序列中的位置。

若令 left 表示子问题的下边界,right 表示子问题的上边界,则 a_list[left:right] 表示不同的子问题。其分解步骤表示为 mid = (left+right)/2;递归的边界条件表示为 left > right。

治理表示为①判断 x 是否与 a_list[mid] 相等,若相等,则返回 mid;②判断 x 是否大于 a_list[mid],若大于,则在右边的子问题递归查找 x;否则,在左边的子问题递归查找 x。

2. 伪码描述

伪码描述如下:

```
算法:binary_search(a_list, left, right, x)
输入:a_list,x,left,right
输出:x 在序列 a_list 中的位置或 -1
if left > right then
    return -1
```

```
mid ← (left + right) / 2
if x == a_list[mid] then
return mid
if x < a_list[mid] then
    return binary_search(a_list, left, mid-1, x)
else
    return binary_search(a_list, mid + 1, right, x)
```

3.2.3 实例构造

(1) 用二分查找算法在有序序列$(6,12,15,18,22,25,28,35,46,58,60)$中查找元素 12。假定该有序序列存放在一维数组 a_list[0:10]中,则查找过程如下。

① 令 left=0,right=10,计算 mid=(0+10)/2=5,如图 3-7 所示。

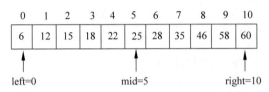

图 3-7　查找元素 12 的第一次分解示意

② 将 x 与 a_list[mid]进行比较。此时 $x<$a_list[mid],说明 x 可能位于序列的左半部 a_list[left:mid-1]中,应在左半部分递归查找。令 right=mid-1=4,计算 mid=(0+4)/2=2,如图 3-8 所示。

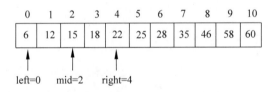

图 3-8　查找元素 12 的第二次分解示意

③ 将 x 与 a_list[mid]进行比较。此时 $x<$a_list[mid],说明 x 可能位于序列的左半部分 a_list[left:mid-1]中。令 right=mid-1=1,计算 mid=(0+1)/2=0,如图 3-9 所示。

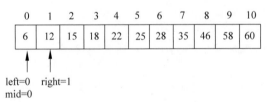

图 3-9　查找元素 12 的第三次分解示意

④ 将 x 与 a_list[mid]进行比较。此时 $x>$a_list[mid],说明 x 可能位于序列的右半部分 a_list[mid+1:right]中。令 left=mid+1=1,计算 mid=(1+1)/2=1,如图 3-10 所示。

此时 $x=$s[mid]=12,查找成功。

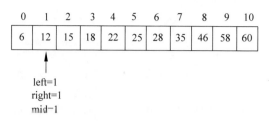

图 3-10　查找元素 12 的第四次分解示意

（2）若用二分查找算法在有序序列（6，12，15，18，22，25，28，35，46，58，60）中查找元素 36，则查找过程如下。

① 令 left＝0，right＝10，计算 mid＝5，即利用中间位置 mid 将序列一分为二，如图 3-11 所示。

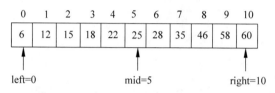

图 3-11　查找元素 36 的第一次分解示意

② 将 x 与 a_list[mid]进行比较。此时 $x>$a_list[mid]，说明 x 可能位于序列的右半部 a_list[mid＋1：right]中。令 left＝mid＋1＝6，计算 mid＝(6＋10)/2＝8，如图 3-12 所示。

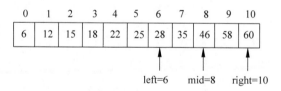

图 3-12　查找元素 36 的第二次分解示意

③ 将 x 与 a_list[mid]进行比较。此时 $x<$a_list[mid]，说明 x 可能位于序列的左半部 a_list[left：mid－1]。令 right＝mid－1＝7，计算 mid＝(6＋7)/2＝6，如图 3-13 所示。

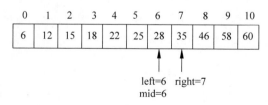

图 3-13　查找元素 36 的第三次分解示意

④ 将 x 与 a_list[mid]进行比较。此时 $x>$a_list[mid]，说明 x 可能位于序列的右半部 a_list[mid＋1：right]。令 left＝mid＋1＝7，计算 mid＝(7＋7)/2＝7，如图 3-14 所示。

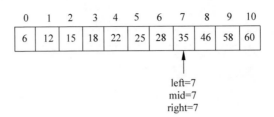

left=7
mid=7
right=7

图 3-14　查找元素 36 的第四次分解示意

⑤ 将 x 与 a_list[mid]进行比较。此时 $x>$a_list[mid]，说明 x 可能位于序列的右半部。令 left=mid+1=8，此时 left>right，返回−1，算法结束。

3.2.4　算法分析

1. 时间复杂度分析

算法 binary_search 在问题规模 n 等于 0 或 1 时，元素最多比较 1 次，耗时 $O(1)$。

问题的规模大于 1 时，分解操作耗时 $O(1)$；然后和中间位置的元素比较，若相等，则为最好情况，元素比较一次，耗时 $O(1)$。所以算法在最好情况下的时间复杂度为 $O(1)$。若不相等，算法则进入左半部分或右半部分查找。

在最坏情况下，元素比较操作和序列分解操作一直继续，直到元素规模为 1 或 0。该情况下算法耗时递推方程如下：

$$T(n)=\begin{cases}O(1) & n\leqslant 1 \\ T(n/2)+O(1) & n>1\end{cases}$$

其中，n 为问题的规模，即序列中元素个数；$T(n)$ 表示规模为 n 的二分查找耗时，$T(n/2)$ 表示规模为 $n/2$ 的二分查找耗时。

利用主方法求解：$a=1,b=2,d=0,b^d=1,a=b^d$，$T(n)=O(n^d\log n)=O(\log n)$。

平均情况下，元素有可能比较 1 次、有可能 2 次、…、有可能 $\log n$ 次，在等概率条件下，时间复杂度为：$(1+2+\cdots+\log n)/\log n = (1+\log n)/2 = O(\log n)$。

2. 空间复杂度分析

该算法借助的辅助空间为 left、right、mid 三个变量，由于算法是递归，所以需要借助等于递归深度的栈空间。由于递归的深度最小为 0，最坏为 $\log n$，故算法的空间复杂度最好为 $O(1)$，最坏为 $O(\log n)$，平均情况下为 $O(\log n)$。

3.2.5　Python 实战

1. 数据结构选择

选用 Python 中的顺序存储结构 list 存储 n 个元素，记为 lis[0:$n-1$]。

2. 编码实现

编写 binary_search()函数，接收输入 n 个元素序列 lis，下界 left，上界 right，待查找的元素 num，结果输出为 num 在 lis 中的位置或−1。

```
def binary_search(lis, left, right, num):
    if left > right:              #递归结束条件
        return − 1
    mid = (left + right) //2      #分解操作
    if num < lis[mid]:
        return binary_search(lis, left, mid − 1, num)
    elif num > lis[mid]:
        return binary_search(lis, mid + 1, right, num)
    else:
        return mid
```

定义 Python 入口——main()函数,在 main()函数中,给定 lis 序列和待查找元素 num,先调用 sort()函数将 lis 由小到大排序,然后调用 binary_search()函数,然后将结果打印输出到显示器。

```
if __name__ == "__main__":
    lis = [11, 32, 51, 21, 42, 9, 5, 6, 7, 8]
    lis.sort()
    left = 0
    right = len(lis) − 1
    num = 8
    res = binary_search(lis, left,right,num)
    print("list[" + str(res) + "] = " + str(num))
```

输出结果为
list[3]=8

3.3 选第二大元素

视频讲解

给定 n 个元素,找出元素中的第二大元素。该问题如果用线性扫描的方法,首先找出最大值,比较 $n-1$ 次;然后从 $n-1$ 个元素中找出最大值即为 n 个元素的第二大元素,线性扫描比较 $n-2$ 次,所以找到 n 个元素的第二大元素需要比较 $2n-3$ 次。下面考虑设计一个选第二大元素的分治算法。

3.3.1 问题分析——分与治的方法

(1)分解:将 n 个元素从中间一分为二,当 n 为奇数时,两个子问题的规模大致相等;当 n 为偶数时,两个子问题的规模完全相等,均为 $n/2$。

(2)治理:递归两个子问题,分别求出两个子问题的最大值,同时将被淘汰的较小元素记录在较大元素的列表中。比较子问题的最大值,取较大元素为原问题的最大值。最后在最大值淘汰的元素列表中找出最大值即为原问题的第二大元素。

如找 10 个元素 6,12,3,7,2,18,90,87,54,23 的第二大元素。

首先从中间一分为二,递归找出左半部分的最大值,递归找出右半部分的最大值,同时将被淘汰的较小元素记录在淘汰它的元素列表中,如图 3-15 所示。

比较左半部分的最大值和右半部分的最大值,取较大者作为整个问题的最大值,

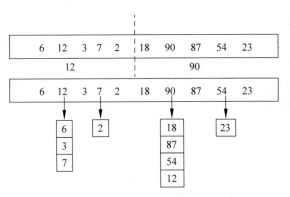

图 3-15　分解及淘汰元素列表示意

即 90。最后在最大值 90 的淘汰元素列表中找最大值,即 87,即为整个问题的第二大元素。

3.3.2　算法设计

1. 设计思想

通过问题分析,n 个元素存储在列表 a_list 中,令 left 表示子问题的下边界,right 表示子问题的上边界,则 a_list[left:right]表示不同的子问题。其分解步骤表示为 mid ＝ (left＋right)/2;递归的边界条件表示为 left≥right,当问题规模为 1 时,单个元素本身就是序列的最大值。

治理划分为两个阶段:①递归求解 a_list[left:mid]和 a_list[mid＋1:right]两个子问题的最大值 left_max 和 right_max,同时将被淘汰的元素放入淘汰它的元素对应的列表中。比较 left_max 和 right_max,取较大的作为 n 个元素的最大值。②在 n 个元素的最大值淘汰的元素列表中,顺序查找最大值,即为第二大元素。

2. 伪码描述

第一个阶段找 n 个元素的最大值,伪码描述如下:

```
算法:find_max(a_list)
输入:n 个元素序列
输出:n 个元素的第二大元素
if n ==1 then
    return 元素本身
if n > 1 then
    mid ← (left + right)/2
    left_max←find_second(a_list[left:mid])
    right_max← find_second(a_list[mid + 1:right])
    if left_max > right_max then
        return left_max
        将 right_max 插入 left_max 的淘汰元素列表中
    else
        return right_max
        将 left_max 插入 right_max 的淘汰元素列表中
```

第二个阶段,在最大值淘汰的元素中顺序找最大值,伪码描述如下:

```
算法:find_second(s_max)
输入:最大值淘汰的元素序列 s_max
输出:序列 s_max 的最大值
first_max ← s_max[0]                    //序列中第一个元素
for i ← 1 to n-1 do                     //从第二个元素开始比较,记录更大的
    if first_max < s_max[i] then
        first_max ←s_max[i]
return first_max
```

3.3.3 实例构造

找 10 个元素 6,12,3,7,2,18,90,87,54,23 的第二大元素。

第一阶段,找出 10 个元素的最大值。

(1) 将元素放入 a_list[0:9]中,令 left=0,right=9,计算 mid=(0+9)/2=4,两个子问题元素如图 3-16 所示。

(2) 递归左边的子问题 left=0,right=4,计算 mid=(0+4)/2=2,两个子问题元素如图 3-17 所示。

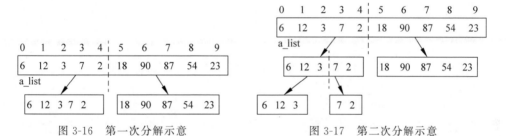

图 3-16 第一次分解示意　　　　图 3-17 第二次分解示意

(3) 递归左边的子问题 left=0,right=2,计算 mid=(0+2)/2=1,两个子问题元素如图 3-18 所示。

(4) 递归左边的子问题 left=0,right=1,计算 mid=(0+1)/2=0,两个子问题元素如图 3-19 所示。

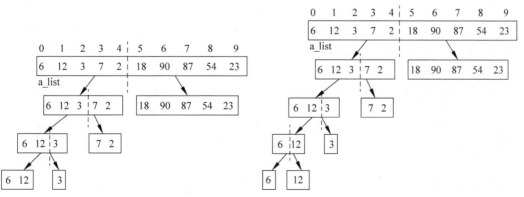

图 3-18 第三次分解示意　　　　图 3-19 第四次分解示意

(5) 此时到达递归的边界条件,开始回归:左边子问题的解为6,右边子问题的解为12,12淘汰6,将6插入12的列表中,如图3-20所示。

(6) 继续回归,左边子问题的解为12,右边子问题的解为3,12淘汰3,将3插入12的列表中,如图3-21所示。

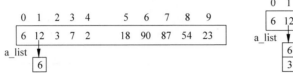

图 3-20 记录回归过程淘汰示意 1

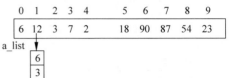

图 3-21 记录回归过程淘汰示意 2

(7) 继续回归,左边子问题的解为12,右边子问题的解为7(7淘汰2,2插入7的列表中),12淘汰7,将7插入12的列表中,如图3-22所示,a_list[0:4]子问题递归过程结束。

(8) 同样地,a_list[5:9]子问题的递归过程中,首先90淘汰18,然后90淘汰87,54淘汰23,最后90淘汰54,如图3-23所示。

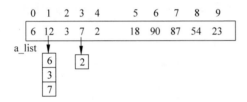

图 3-22 记录回归过程淘汰示意 3

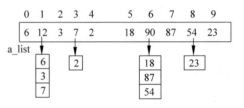

图 3-23 记录回归过程淘汰示意 4

(9) a_list[0:4]子问题的解为12,a_list[5:9]子问题的解为90,90淘汰12,获得冠军,如图3-24所示。

第二阶段,在18,87,54,12四个元素中找最大值,为87,即87是要找的第二大元素。

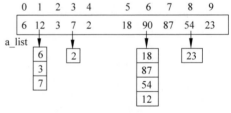

图 3-24 记录回归过程淘汰示意 5

3.3.4 算法分析

1. 时间复杂度分析

算法第一阶段找最大值,分解操作耗时$O(1)$。治理操作:规模为n时消耗的时间为$T(n)$,递归两个子问题时,问题的规模大致为$n/2$,耗时为$2T(n/2)$;比较子问题的解得到原问题的解耗时$O(1)$;将被淘汰的元素插入到淘汰它的元素的列表中,耗时$O(1)$;所以该阶段消耗的时间递推方程如下:

$$T(n)=\begin{cases} O(1) & n=1 \\ 2T(n/2)+O(1) & n>1 \end{cases}$$

解此递推方程可得$O(n)$。

算法第二阶段,在最大值淘汰的元素中找最大值,采用顺序查找的方法,消耗的时间是最大值淘汰的元素个数。那么,最大值淘汰了多少个元素呢?

仔细观察元素的比较过程,两个元素相比,较大的元素胜出,继续参加下一轮的比较。若出现轮空,则直接进入下一轮的比较。该递归过程实际上是锦标赛淘汰赛产生冠军的过程。产生冠军的过程打了几轮比赛,则冠军选手就淘汰多少个对手。从递归的过程图来看,处于同一深度的则是同一轮比赛,比赛的轮次等于递归的深度,所以 n 个选手的锦标赛,被冠军淘汰的有 $\lceil \log n \rceil$ 位选手。由此可知,第二阶段查找的元素个数为 $\log n$,算法时间复杂度为 $\lceil \log n \rceil$。

第一阶段和第二阶段时间相加,得到第二大元素算法的时间复杂度为 $O(n + \lceil \log n \rceil)$。

2. 空间复杂度分析

第一阶段求最大值递归的深度为 $\log n$,所以需要借助的辅助栈空间为 $\log n$;另外需要记录被淘汰的元素,按照淘汰赛的规则,第一轮淘汰 $n/2$ 个元素,第二轮淘汰 $n/4$ 个元素,……,最后一轮淘汰 1 个元素,所以共需要的辅助空间为 $(1 + 2 + 4 + \cdots + n/2) = n - 1$。故算法的空间复杂度为 $O(n + \log n)$。

3.3.5 Python 实战

1. 数据结构选择

选用 list 存储 n 个元素,在比较的过程中需要用列表存储被较大元素淘汰的元素,所以选用字典存储,字典中每个元素的 key 是给定的 n 个元素,value 是一个列表,记录由 key 淘汰的元素。

2. 编码实现

首先定义一个 find_max() 函数,实现第一阶段的操作:接收 n 个元素的列表 a_list,要查找的问题的边界 left 和 right。输出 n 个元素的最大值,同时将被淘汰的元素插入到字典相应 key 的 value 中。其代码如下:

```python
def find_max(a_list,left,right):
    global dic
    if left >= right:
        return a_list[left]
    mid = (left + right)//2
    left_max = find_max(a_list,left,mid)
    right_max = find_max(a_list,mid + 1,right)
    if left_max > right_max:
        dic[left_max].append(right_max)
        return left_max
    else:
        dic[right_max].append(left_max)
        return right_max
```

其次,定义 find_second() 函数完成第二阶段的操作:接收最大值淘汰的元素列表,顺序查找列表中的最大值,即为 n 个元素的第二大元素。其代码如下:

```python
def find_second(n_max):
    n = len(n_max)
```

```
        second_max = n_max[0]
        for i in range(1,n):
            if n_max[i] > second_max:
                second_max = n_max[i]
        return second_max
```

最后定义 Python 入口——main() 函数,在 main() 函数中,提供了测试数据,调用 find_max() 和 find_second() 函数,并打印结果。

```
if __name__ == "__main__":
    a_list = [6,12,3,7,2,18,90,87,54,23]
    n = len(a_list)
    dic = {}
    for i in range(n):
        dic.update([(a_list[i],[])])  #初始化字典列表
    first_max = find_max(a_list,0,n-1)
    second_max = find_second(dic[first_max])
    print( "最大值淘汰的元素为:",dic[first_max])
    print("第二大元素为:",second_max)
```

输出结果为

最大值淘汰的元素:$[18,87,54,12]$

第二大元素:87

视频讲解

3.4　循环赛日程表

循环赛日程表问题:设有 $n=2^k$ 个运动员要进行羽毛球循环赛,现要设计一个满足以下要求的比赛日程表:

(1) 每个选手必须与其他 $n-1$ 个选手各赛一次;

(2) 每个选手一天只能比赛一次;

(3) 循环赛一共需要进行 $n-1$ 天。

由于 $n=2^k$,显然 n 为偶数。

3.4.1　问题分析——分与治的方法

(1) 分解:根据分治算法的思想,将选手一分为二,n 个选手的比赛日程表可以通过对 $n/2=2^{k-1}$ 个选手设计的比赛日程表来实现,而 2^{k-1} 个选手的比赛日程表可通过对 $2^{k-1}/2=2^{k-2}$ 个选手设计的比赛日程表来实现,以此类推,2^2 个选手的比赛日程表可通过对两个选手设计的比赛日程表来实现。此时,问题的求解将变得异常简单。

(2) 治理:递归解决两个规模为 2^{k-1} 个选手的子问题,然后让两组选手对打,就可以排出整个循环赛日程表。递归停止的条件为问题的规模为 1 时,1 个选手不用安排比赛日程。

如 $n=2$,分两组,每组 1 个选手,边界条件,不用安排。然后两组对打,安排如图 3-25

所示。

如 $n=4$,分两组 $(1,2)$ 和 $(3,4)$,每组 2 个选手,递归安排两组,然后两组对打,安排如图 3-26 所示。

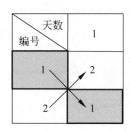

图 3-25　$n=2$ 的竞赛安排示意　　　　图 3-26　$n=4$ 的竞赛安排示意

3.4.2　算法设计

根据问题分析,算法需要填写循环赛日程表格,所以需要确定递归的子问题的规模、子问题位置。只要规模大于 1,就分解,治理;算法伪码描述如下:

```
算法:arrange(p,q,n,arr)
输入:子问题的位置(p,q)、子问题的规模 n、循环赛日程表 arr
if (n>1) then
    arrange(p,q,n/2,arr)
    arrange(p,q+n/2,n/2,arr)
    //两组对打
//填左下角
    for i←p+n/2 to p+n do
        for j←q to q+n/2 do
            arr[i][j]←arr[i-n/2][j+n/2]
    //填右下角
    for i←p+n/2 to p+n do
        for j←q+n/2 to q+n do
            arr[i][j]←arr[i-n/2][j-n/2]
    return arr
```

3.4.3　实例构造

安排 $n=2^3$ 个选手 $n-1$ 天的比赛日程。安排过程如下:

(1) 将 8 个选手 $(1,2,3,4,5,6,7,8)$ 分为两组 $(1,2,3,4)$、$(5,6,7,8)$,每组 4 个选手。

(2) 将 4 个选手分为两组,每组 2 个选手,分别为 $(1,2)$、$(3,4)$、$(5,6)$、$(7,8)$。

(3) 将 2 个选手分为两组,每组 1 个选手,到了递归的边界条件,开始回归。回归时,组内比赛日程已经安排好,剩下只需两组对打就行了。第 1 天的比赛安排如图 3-27 所示。

(4) 继续回归,每组 2 个选手的已经安排好,将两组对打,便可以得到前 3 天的比赛日程表,如图 3-28 所示。

编号＼天数	1
1	2
2	1
3	4
4	3
5	6
6	5
7	8
8	7

图 3-27 $n=8$ 的第 1 天竞赛安排示意

编号＼天数	1	2	3
1	2	3	4
2	1	4	3
3	4	1	2
4	3	2	1
5	6	7	8
6	5	8	7
7	8	5	6
8	7	6	5

图 3-28 $n=8$ 的前 3 天竞赛安排示意

（5）继续回归，每组 4 个选手的已经安排好，将两组对打，便可以得到 7 天的比赛日程表，如图 3-29 所示。

编号＼天数	1	2	3	4	5	6	7
1	2	3	4	5	6	7	8
2	1	4	3	6	5	8	7
3	4	1	2	7	8	5	6
4	3	2	1	8	7	6	5
5	6	7	8	1	2	3	4
6	5	8	7	2	1	4	3
7	8	5	6	3	4	1	2
8	7	6	5	4	3	2	1

图 3-29 $n=8$ 时 7 天的竞赛安排示意

3.4.4   算法分析

1. 时间复杂度分析

规模 $n=1$ 时，不用安排，只需要判断一下规模就可以了，故耗时为 $O(1)$。

规模 $n>1$ 时，循环赛日程表安排耗时为 $T(n)$，规模为 $n/2$ 的循环赛日程表安排耗时为 $T(n/2)$，将子问题的解归并为原问题的解（两组对打）耗时为 $O(n^2)$。故时间复杂度递推方程如下：

$$T(n) = \begin{cases} O(1) & n=1 \\ 2T(n/2) + O(n^2) & n>1 \end{cases}$$

用主方法解此递推方程：$a=2, b=2, d=2, b^d=4, a<b^d, T(n)=O(n^d)=O(n^2)$。

2. 空间复杂度分析

算法采用递归实现，递归过程借助的栈空间为 $\log n$，所以算法的空间复杂度为 $O(\log n)$。

3.4.5 Python 实战

1. 数据结构选择

采用二维列表 arr 存储循环赛日程表。

2. 编码实现

定义一个 arrange() 函数，接收子问题的位置 (p, q)、规模 n 和空的循环赛日程表 arr，输出已安排好的循环赛日程表 arr。其代码如下：

```
def arrange(p,q,n,arr):
    if(n>1):                          # 规模大于 1 时,分解
        arrange(p,q,n//2,arr)         # 递归解决子问题
        arrange(p,q+n//2,n//2,arr)    # 递归解决子问题
        # 两组对打
        # 填左下角
        for i in range(p+n//2,p+n):
            for j in range(q,q+n//2):
                arr[i][j] = arr[i-n//2][j+n//2]
        # 填右下角
        for i in range(p+n//2,p+n):
            for j in range(q+n//2,q+n):
                arr[i][j] = arr[i-n//2][j-n//2]
    return arr
```

定义 Python 入口——main() 函数，在 main() 函数中，首先确定解决的问题规模 n，并初始化循环赛日程表 arr，然后调用 arrange() 函数完成循环赛日程安排，最后打印循环赛日程表。其代码如下：

```
if __name__ == "__main__":
    import numpy as np
    k = 4
    n = 2 ** k
    arr = np.zeros((n,n),dtype = int)
    for i in range(n):
        arr[0][i] = i + 1
    arrange(0,0,n,arr)
    print (arr)
```

输出结果为

```
[[ 1  2  3  4  5  6  7  8  9 10 11 12 13 14 15 16]
 [ 2  1  4  3  6  5  8  7 10  9 12 11 14 13 16 15]
 [ 3  4  1  2  7  8  5  6 11 12  9 10 15 16 13 14]
 [ 4  3  2  1  8  7  6  5 12 11 10  9 16 15 14 13]
 [ 5  6  7  8  1  2  3  4 13 14 15 16  9 10 11 12]
 [ 6  5  8  7  2  1  4  3 14 13 16 15 10  9 12 11]
 [ 7  8  5  6  3  4  1  2 15 16 13 14 11 12  9 10]
 [ 8  7  6  5  4  3  2  1 16 15 14 13 12 11 10  9]
 [ 9 10 11 12 13 14 15 16  1  2  3  4  5  6  7  8]
 [10  9 12 11 14 13 16 15  2  1  4  3  6  5  8  7]
 [11 12  9 10 15 16 13 14  3  4  1  2  7  8  5  6]
 [12 11 10  9 16 15 14 13  4  3  2  1  8  7  6  5]
 [13 14 15 16  9 10 11 12  5  6  7  8  1  2  3  4]
 [14 13 16 15 10  9 12 11  6  5  8  7  2  1  4  3]
 [15 16 13 14 11 12  9 10  7  8  5  6  3  4  1  2]
 [16 15 14 13 12 11 10  9  8  7  6  5  4  3  2  1]]
```

视频讲解

3.5 合并排序

给定 n 个元素,要求将 n 个元素排成有序序列。可以升序,也可以降序,不妨假设升序排列 n 个元素。

3.5.1 问题分析——分与治的方法

(1) 分解:将待排序的 n 个元素分成规模大致相同的 2 个子序列,即从中间一分为二,2 个子序列的元素个数要么相等,要么相差 1 个元素。

(2) 治理:递归解决 2 个子问题。2 个子序列有序了,然后将排好序的 2 个子序列合并成 1 个有序的序列,即得到原问题的解。

3.5.2 算法设计

1. 设计思想

通过问题分析,n 个元素存储在列表 arr 中,令 left 表示子问题的下边界,right 表示问题的上边界,则 arr[left:right]表示不同的子问题。其分解步骤表示为 mid = (left+right)/2,递归的边界条件表示为 left≥right,当问题规模为 1 时,单个元素本身就是有序序列。

治理时,首先递归子问题 arr[left:mid]和 arr[mid+1:right],然后将排好序的 arr[left:mid]和 arr[mid+1:right]2 个子序列归并成 1 个子序列 arr[left:right]。

2. 伪码描述

将排好序的 arr[left:mid]和 arr[mid+1:right] 2 个子序列归并成 1 个子序列

arr[left:right]的伪码如下：

```
算法:merge(arr, left, mid, right)
输入:待排序元素 arr、子问题的边界 left、mid、right
输出:排好序的序列 arr[left:right]
L ← arr[left:mid]                    //提取左边子序列元素
R ← arr[mid + 1:right]               //提取右边子序列元素
i ← 0
j ← 0
k ← left
while L 和 R 都未遍历结束 do
        if L[i] <= R[j]:
            arr[k] ← L[i]
            i += 1
        else:
            arr[k] ← R[j]
            j += 1
        k += 1
    //拷贝 L□ 的保留元素
    while L 未遍历结束:
        arr[k] ← L[i]
        i += 1
        k += 1
    //拷贝 R□ 的保留元素
    while R 未遍历结束:
        arr[k] ← R[j]
        j += 1
        k += 1
```

合并排序伪码如下：

```
算法:mergeSort(arr,left,right)
输入:待排序元素序列 arr、子问题的边界 left 和 right
输出:由小到大排好序的元素序列
if left < right then
    mid ← (left + right)/2          //分解
    mergeSort(arr, left, mid)       //递归左边
    mergeSort(arr, mid + 1, right)  //递归右边
    merge(arr, left, mid, right)    //归并两个有序子序列
```

3.5.3　实例构造

设待排序序列 arr=[8,3,2,9,7,1,5,4]，采用 MergeSort 算法对序列 arr 进行排序。具体排序过程如图 3-30 所示。

其实，综合算法的设计思想和上述求解过程展示，很容易看出合并排序算法的求解过程实质上是经过迭代分解，待排序序列 arr 最终被分解成 8 个只含一个元素的序列，然后两两合并，最终合成一个有序序列。

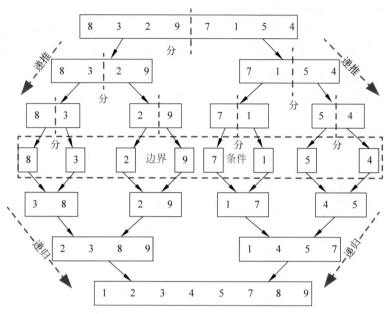

图 3-30　合并排序过程示意

3.5.4　算法分析

1. 时间复杂度分析

假设待排序序列中元素个数为 n。

显然,当 $n=1$ 时,合并排序一个元素需要常数时间,因而 $T(n)=O(1)$。

当 $n>1$ 时。

分解:这一步仅仅是计算出子序列的中间位置,需要常数时间 $O(1)$。

解决子问题:递归求解两个规模为 $n/2$ 的子问题,所需时间为 $2T(n/2)$。

合并:对于一个含有 n 个元素的序列,Merge 算法可在 $O(n)$ 时间内完成。

将以上阶段所需的时间进行相加,即得到合并排序算法对 n 个元素进行排序所需的运行时间 $T(n)$ 的递推方程如下:

$$T(n) = \begin{cases} O(1) & n=1 \\ 2T(n/2)+O(n) & n>1 \end{cases}$$

采用主方法求解递推方程:$a=2,b=2,d=1,b^d=2,a=b^d$,$T(n)=O(n^d \log n)=O(n\log n)$。

2. 空间复杂度分析

算法采用递归实现,递归过程借助的栈空间为 $\log n$,将两个有序序列归并成一个有序序列借助的辅助空间为 $O(n)$,每次回归都需要 $O(n)$ 个辅助空间,所以算法的空间复杂度为 $O(\log n)+O(n\log n)=O(n\log n)$。

3.5.5　Python 实战

选用 list 存储待排序的 n 个元素,定义一个 merge() 函数用于完成将两个有序子序列 arr[left:mid]和 arr[mid+1:right]归并成一个有序的序列 arr[left:right]。其代码如下：

```python
def merge(arr, left, mid, right):
    n1 = mid - left + 1              #子问题1的元素个数
    n2 = right - mid                 #子问题2的元素个数
    #创建临时数组,L 用于存储子问题1的元素,R 用于存储子问题2的元素
    L = arr[left:mid+1]
    R = arr[mid+1:right+1]
    #归并临时数组到 arr[l..r]
    i = 0                           #初始化第一个子数组的索引
    j = 0                           #初始化第二个子数组的索引
    k = left                        #初始归并子数组的索引
    while i < n1 and j < n2:
        if L[i] <= R[j]:
            arr[k] = L[i]
            i += 1
        else:
            arr[k] = R[j]
            j += 1
        k += 1
    #拷贝 L[] 的保留元素
    while i < n1:
        arr[k] = L[i]
        i += 1
        k += 1
    #拷贝 R[] 的保留元素
    while j < n2:
        arr[k] = R[j]
        j += 1
        k += 1
```

定义一个 mergeSort()函数用于完成合并排序,函数中完成分解、治理和边界条件的判定。其代码如下：

```python
def mergeSort(arr,left,right):
    if left < right:                      #边界条件判断
        mid = (left + right)//2           #分解
        mergeSort(arr, left, mid)         #递归子问题1
        mergeSort(arr, mid+1, right)      #递归子问题2
        merge(arr, left, mid, right)      #将两个子问题的解归并成原问题的解
```

定义 Python 入口——main()函数,在 main()函数中,首先初始化一个实例,然后调用 mergeSort()函数完成合并排序,最后输出排序结果。其代码如下：

```python
if __name__ == "__main__":
    arr = [12, 11, 13, 5, 6, 7,20,10,100,34]
    n = len(arr)
    mergeSort(arr,0,n-1)
    print (arr)
```

输出结果为

$[5,6,7,10,11,12,13,20,35,100]$

视频讲解

3.6 快速排序

快速排序是 C.R.A.Hoare 于 1962 年提出的一种划分交换排序,其基本思想是通过一趟扫描将待排序的元素分割成独立的三个序列:第一个序列中所有元素均不大于基准元素、第二个序列是基准元素、第三个序列中所有元素均大于基准元素。由于第二个序列已经处于正确位置,因此需要再按此方法对第一个序列和第三个序列分别进行排序,整个排序过程可以递归进行,最终可使整个序列变成有序序列。

3.6.1 问题分析——分与治的方法

(1) 分解:快速排序的分解是基于基准元素的,所以首先要选定一个元素作为基准元素,然后以选定的基准元素为标杆,将其他元素分成两部分,一部分不大于基准元素,另一部分大于基准元素。

(2) 基准元素的选取:从待排序序列中选取的基准元素是决定算法性能的关键。基准元素的选取应该遵循平衡子问题的原则,即使得划分后的两个子序列的长度尽量相同。基准元素的选择方法有很多种,常用的有以下 5 种。

① 取第一个元素。即以待排序序列的首元素作为基准元素。

② 取最后一个元素。即以待排序序列的尾元素作为基准元素。

③ 取位于中间位置的元素。即以待排序序列的中间位置的元素作为基准元素。

④ "三者取中的规则"。即在待排序序列中,将该序列的第一个元素、最后一个元素和中间位置的元素进行比较,取三者之中值作为基准元素。

⑤ 随机取一个元素作为基准元素。

(3) 治理:递归不大于基准元素的子序列,然后再递归大于基准元素的子序列,这样不大于基准元素的子序列和大于基准元素的子序列都有序了。基准元素位于正确的位置,整个序列就都有序了,完成了排序的目的。边界条件为子序列且为空或只有 1 个元素。

3.6.2 算法设计

将待排序的 n 个元素放到列表 lis 中,用 left 和 right 记录子问题在 lis 中的位置及规模,基准元素记为 pivot。首先定义一个 partition()函数完成分解任务,然后采用递归方法完成子问题的排序。

在划分过程中,选取待排序元素的第一个元素作为基准元素,然后从左向右、从右向左两个方向轮流找出位置不正确的元素,将其交换位置。该过程一直持续到所有元素都比较结束。最后将基准元素放到正确的位置。

划分操作伪码描述如下:

算法:partition(lis,left,right):♯lis—> 待排序元素 left —> 起始索引 right —> 结束索引
输入:待排序元素序列 lis,子问题的边界 left 和 right
输出:基准元素的位置

```
i←子问题的下边界 left
j←子问题的上边界 right + 1
pivot←lis[left]                        #用序列的第一个元素作为基准元素
while(True) do
    //推动左指针 i,开始从左向右扫描
    i ← i + 1
    while(lis[i]< pivot) do            //从左向右扫描,找到比基准元素大的停止,该元素位
                                       //置不正确
        i ← i + 1
    //推动右指针 j,开始从右向左扫描
    j ← j - 1
    while(lis[j]> pivot) do            //从尾向前扫描,找到比基准元素小的停止,该元素位
                                       //置不正确
        j ← j - 1
    //若所有元素都扫描结束,则结束 while(true)循环
    if(i > = j) then
        break
    lis[i]↔lis[j])                     //交换 lis[i]和 lis[j]
lis[j]↔lis[left]                       //将基准元素放入正确的位置
return j                               //返回基准元素的位置
```

基于划分的结果,快速排序递归左边的子序列 lis[left:j−1],递归右边的子序列 lis[j+1:right],伪码描述如下:

```
算法:quickSort(lis,left,right)
输入:待排序序列、子问题的边界 left 和 right
输出:有序序列 lis
if left < right:
    j ← partition1(lis,left,right)
    quickSort(arr, left, j − 1)
    quickSort(arr, j + 1, right)
```

3.6.3 实例构造

给定序列 23,15,10,50,93,12,2,68,采用快速排序方法将其升序排列。

(1) 初始序列,如图 3-31 所示,23 为基准元素,$i=0,j=8$。

(2) 从左向右扫描元素:先推动 i 指针,后比较,若 i 指向的元素小于或等于基准元素,则继续推动指针、再比较,直到 i 指向的元素比基准元素大为止,此时 i 指向的元素位置不正确,应该在右子序列中,所以应该调走,如图 3-32 所示。

| 23 | 15 | 10 | 50 | 93 | 12 | 62 | 68 |

i　　　　　　　　　　　　j

图 3-31　划分初始状态

| 23 | 15 | 10 | 50 | 93 | 12 | 62 | 68 |

i　　　　　　　　　　　　j

图 3-32　i 指针停止状态

(3) 从右向左扫描元素:先推动 j 指针,后比较,若 j 指向的元素大于基准元素,则继续推动指针、比较,直到 j 指向的元素比基准元素小或相等为止,此时 j 指向的元素位置不正确,应该在左子序列中,所以应该调走,如图 3-33 所示。

（4）交换 i 指向的元素和 j 指向的元素，如图 3-34 所示。

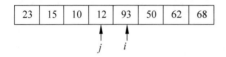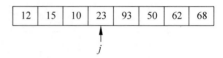

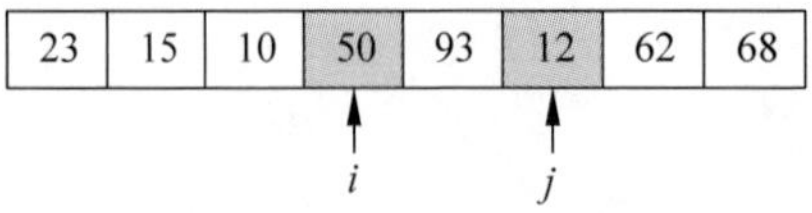

图 3-33　j 指针停止状态 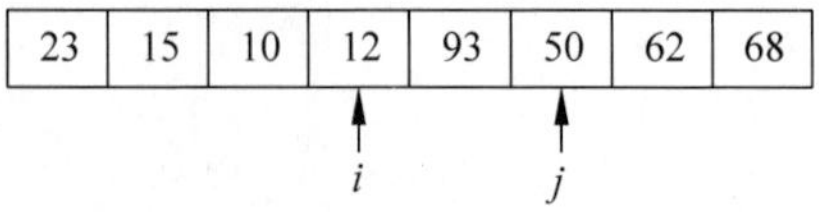　　　　　图 3-34　元素交换后的状态

（5）由于 $i<j$，所以继续循环，推动 i 指针，直到 i 指向的元素大于基准元素；推动 j 指针，直到 j 指向的元素小于或等于基准元素，如图 3-35 所示。

（6）此时 $i>j$，跳出 while(True)循环，将基准元素与 j 指向的元素交换位置，则 j 便是基准元素的位置，如图 3-36 所示。

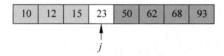

图 3-35　i 指针和 j 指针第二次扫描停止的状态　　　　图 3-36　基准元素放到正确位置的状态

（7）递归处理左子序列 12,15,10，递归处理右子序列 93,50,62,68。递归结束的时候，左右子序列均有序了，整个序列也都有序了，如图 3-37 所示。

图 3-37　左右子问题递归结束的状态

3.6.4　算法分析

1. 时间复杂度分析

快速排序算法的时间主要耗费在划分操作上，与划分得到的子问题是否平衡密切相关。对于长度为 n 的待排序序列，一次划分算法 partition 需要对整个待排序序列扫描一遍，其所需的计算时间显然为 $O(n)$。

下面从三种情况来讨论一下快速排序算法 quickSort 的时间复杂度。

（1）最坏时间复杂度。最坏情况是每次划分选取的基准元素都是在当前待排序序列中的最小（或最大）元素，划分的结果是基准元素左边的子序列为空（或右边的子序列为空），而划分所得的另一个非空的子序列中元素个数，仅仅比划分前的排序序列中元素个数少一个。

在这样的情况下，快速排序算法 quickSort 的运行时间 $T(n)$ 的递推方程如下：

$$T(n)=\begin{cases} O(1) & n\leqslant 1 \\ T(n-1)+O(n) & n>1 \end{cases}$$

采用迭代法求解递推方程：当 $n>1$ 时，

$$T(n)=T(n-1)+O(n)$$
$$=T(n-2)+O(n-1)+O(n)$$
$$=T(n-3)+O(n-2)+O(n-1)+O(n)$$

$$= \cdots = T(1) + O(2) + \cdots + O(n-1) + O(n)$$
$$= O(1 + 2 + \cdots + n)$$
$$= O(n(n+1)/2)$$

因此,快速排序算法 QuickSort 的最坏时间复杂度为 $O(n^2)$。

如果按上面给出的 partition 划分算法,每次取当前排序序列的第 1 个元素为基准,那么当序列中的元素已按递增序(或递减序)排列时,每次划分所取的基准元素就是当前序列中值最小(或最大)元素,则完成快速排序所需的运行时间反而最多。

(2) 最好时间复杂度。在最好情况下,每次划分所取的基准元素都是当前待排序序列的"中值"元素,划分的结果是基准元素的左、右两个子序列的长度大致相等,此时,算法的运行时间 $T(n)$ 的递推方程如下:

$$T(n) = \begin{cases} O(1) & n \leqslant 1 \\ 2T(n/2) + O(n) & n > 1 \end{cases}$$

用主方法求解: $a = 2, b = 2, d = 1, a = b^d, T(n) = O(n^d \log n) = O(n \log n)$,快速排序算法的最好时间复杂度为 $O(n \log n)$。

(3) 平均时间复杂度。在平均情况下,设基准元素的位置为第 $k(1 \leqslant k \leqslant n)$ 个,则有:

$$T(n) = \frac{1}{n} \sum_{k=1}^{n} \left[T(n-k) + T(k-1) \right] + n = \frac{2}{n} \sum_{k=1}^{n} T(k) + n$$

采用差消法,最终求得 $T(n)$ 的数量级也为 $O(n \log n)$。

尽管快速排序的最坏时间为 $O(n^2)$,但就平均性能而言,它是基于元素比较的内部排序算法中速度最快者,快速排序亦因此而得名。

2. 空间复杂度分析

由于快速排序算法是递归执行,需要一个栈来存放每一层递归调用的必要信息,其最大容量应与递归调用的深度一致。在最好情况下,若每次划分较为均匀,则递归树的高度为 $O(\log n)$,故递归所需栈空间为 $O(\log n)$;在最坏情况下,递归树的高度为 $O(n)$,所需的栈空间为 $O(n)$;在平均情况下,所需栈空间为 $O(\log n)$。

3.6.5　Python 实战

选用 list 存储待排序的 n 个元素,定义一个 partition() 函数完成以待排序序列的第一个元素为基准元素,将其他元素分为两部分,一部分不大于基准元素,另一部分大于基准元素。

```
def partition(lis,left,right): #lis → 待排序元素 left → 起始索引 right → 结束索引
    i = left
    j = right + 1
    pivot = lis[left]                    #用序列的第一个元素作为基准元素
    while(True):
        i += 1                           #向右推动指针
        while(lis[i] < pivot):           #从首往后扫描,找到比基准元素大的停止,该元素位置不正确
            i += 1                        #向右推动指针
        j -= 1                           #向左推动指针
        while(lis[j] > pivot):           #从尾向前扫描,找到比基准元素小的停止,该元素位置不正确
```

```
        j -= 1                          #向左推动指针
    if(i >= j):
        break
    lis[i],lis[j] = lis[j],lis[i] #交换 lis[i]和 lis[j],交换后 i 执行加 1 操作
lis[j],lis[left] = lis[left],lis[j]
return j
```

定义一个 quickSort()函数用于完成快速排序,函数中判断边界条件,调用 partition ()函数完成分解,递归排序两个子序列。其代码如下:

```
def quickSort(lis,left,right):
    if left < right:                    #边界条件判断
        j = partition(lis,left,right)   #分解
        quickSort(arr, left, j-1)       #递归左子序列
        quickSort(arr, j+1, right)      #递归左子序列
```

定义 Python 入口——main()函数,在 main()函数中,首先初始化一个实例,然后调用 quickSort()函数完成排序,最后输出排序结果。其代码如下:

```
if __name__ == "__main__":
    arr = [54, 26, 93, 17, 77, 31, 44, 55, 20]
    n = len(arr)
    quickSort(arr,0,n-1)
    print ("排序后的数组:")
    print (arr))
```

输出结果为

排序后的数组:

$$[17,20,26,31,44,54,55,77,93]$$

视频讲解

3.7 线性时间选择——找第 k 小问题

给定线性序集中 n 个元素和一个整数 k,$1 \leqslant k \leqslant n$,要求找出这 n 个元素中第 k 小的元素。在某些特殊情况下,很容易设计出解选择问题的线性时间算法。如当要选择最大元素或最小元素时,显然可以在 $O(n)$ 时间完成。要找出 n 个元素的第 k 小,一般情况下有没有线性时间算法呢?下面来讨论线性时间选择的分治算法。

3.7.1 问题分析——分与治的方法

在本章第 3.6 节快速排序算法中,采用基准元素将待排序的序列分成两部分,一部分不大于基准元素,另一部分大于基准元素。受该方法的启发,如果基准元素所在的位置是第 k 个元素的位置,则基准元素就是要找的第 k 小元素;否则,如果基准元素所在的位置小于 k,则要找的第 k 小元素肯定在大于基准元素的子序列中;否则,如果基准元素所在的位置大于 k,则要找的第 k 小元素肯定在不大于基准元素的子序列中;因此,最坏情况只需要到其中一个子问题中查找。

(1)分解:选取基准元素,将待排序序列中的元素与基准元素比较,不大于基准元素

的组成一个子序列,大于基准元素的组成另外一个子序列。

（2）治理：检查基准元素的位置与 k 的大小关系,若两者相等,则基准元素就是要找的第 k 小元素;若基准元素的位置大于 k,则在不大于基准元素的子序列中找第 k 小;若基准元素的位置小于 k,则在大于基准元素的子序列中找第(k-基准元素位置)小。

3.7.2 算法设计

该算法的关键是基准元素的选取,若选得不好,最坏情况下则会导致每一次查找的子问题规模递减 1。这样,算法消耗的时间递推方程如下:

$$T(n) = \begin{cases} O(1) & n \leqslant 1 \\ T(n-1) + O(n) & n > 1 \end{cases}$$

求解递推方程可得,$T(n) = O(n^2)$。

如何选取基准元素呢？我们采用以下方法:

（1）将规模为 n 的序列分组,每 5 个元素一组,共 $n/5$ 组,不足一组的元素忽略不计。

（2）取出每组的中位数 mid,共 $n/5$ 个。

（3）取 $n/5$ 个中位数 mid 的中位数 mid_mid,mid_mid 就是选取的基准元素。

基准元素选取以后,将其与第一个位置的元素交换位置,然后以第一个位置的元素为基准进行划分。令 i 是序列中小于或等于基准元素的元素个数。检查 i 与 k 的大小关系,若两者相等,则基准元素就是要找的第 k 小元素;若 $k < i$,则在不大于基准元素的子序列中找第 k 小;若 $k > i$,则在大于基准元素的子序列中找第($k-i$)小。

算法伪码如下:

```
算法:select(A,left,right,k)
输入:序列A,查找范围A[left:right]、k
输出:第k小元素在A中的位置
//序列A[left:right]中元素个数
n ← right - left + 1                //A[left]到A[right]的长度
if n == 1 then                      //若只有一个元素,则元素本身就是要找的元素,返回
                                    //其位置
    return left
if n < 5 then                       //元素个数太少,不足一组
    local_sort(A, left, right)      //将元素插入排序
    return left + k - 1             //相对left,第k个位置的元素就是第k小
groups← n/5                         //将元素分组,5个元素一组
//取每组的中位数并将它们放到序列A[left:right]的首部
for i in range(1, groups + 1) then
    A = local_sort(A, left + 5 * (i - 1), left + 5 * i - 1)
                                    //逐段对每五个元素进行插入排序
    A[left + i - 1],A[left + 5 * i - 3] = A[left + 5 * i - 3],A[left + i - 1]
                                    //每组中位数放到首部
j ← select(A, left, left + groups - 1, groups //2)
                                    //用select找出上述所有中位数的中位数
q ← partition(A,left,right,j)       //以j位置的元素为基准进行划分
i ← q - left + 1
if k == i then                      //边界条件
    return q
if k < i then
```

```
        return select(A,left,q - 1,k)       ♯在不大于基准元素的序列中查找第 k 小
    if k > i then
        return select(A,q + 1,right,k - i)   ♯在大于基准元素的序列中查找第 k—i
```

3.7.3　实例构造

(1) 在序列 89,10,21,5,2,8,33,27,63,55,66 中找第 3 小。

① 初始,left=0,right=10,将 11 个元素分为 2 组,分别为 89,10,21,5,2 和 8,33,27,63,55。

② 取每组的中位数 10、33。

③ 取每组中位数组成序列的中位数 10。

④ 以 10 为基准元素,将序列 89,10,21,5,2,8,33,27,63,55,66 划分结果为 8,5,2,10,89,21,27,33,55,63,66。

⑤ 小于或等于基准元素的元素个数为 4,3<4,故在子序列 8,5,2 中查找第 3 小。

⑥ 此时元素个数不足一组,将其插入排序,序列中的第三个元素 8 就是要找的第 3 小。

(2) 在序列 89,10,21,5,2,8,33,27,63,55,66 中找第 8 小。

① 初始,left=0,right=10,将 11 个元素分为 2 组,分别为 89,10,21,5,2 和 8,33,27,63,55。

② 取每组的中位数 10、33。

③ 取每组中位数组成序列的中位数 10。

④ 以 10 为基准元素,将序列 89,10,21,5,2,8,33,27,63,55,66 划分结果为:8,5,2,10,89,21,27,33,55,63,66。

⑤ 不大于基准元素的元素个数为 4,8>4,故在子序列 89,21,27,33,55,63,66 中查找第 8-4=4 小。

⑥ 此时,left=5,right=11,将 7 个元素分为 1 组为 89,21,27,33,55。

⑦ 取组的中位数 33。

⑧ 取每组中位数组成序列的中位数 33。

⑨ 以 33 为基准元素,将序列 89,21,27,33,55,63,66 划分结果为 21,27,33,55,89,63,66。

⑩ 小于或等于基准元素的元素个数为 3,4>3,故在子序列 55,89,63,66 中查找第 4-3=1 小。

⑪ 此时元素个数不足一组,将其插入排序,序列中的第一个元素 55 就是要找的整个序列的第 8 小。

3.7.4　算法分析

1. 时间复杂度分析

该算法分组耗时 $O(1)$,每组有 5 个元素,每组排序并取组的中位数耗时 $O(1)$,共有 $n/5$ 组,故取每组中位数消耗的时间为 $O(n)$。

取 $n/5$ 个中位数的中位数,采用从 $n/5$ 个元素中找第 $(n/5)/2$ 小的方法。假设从 n 个元素的序列选择第 k 小耗时为 $T(n)$,则取 $n/5$ 个中位数的中位数耗时为 $T(n/5)$。

划分耗时为 $O(n)$，根据划分结果，判断不大于基准元素的元素个数和 k 之间的大小关系，最坏情况进入其中一个子序列中继续查找，假设子序列的规模为 n/b，则耗时为 $T(n/b)$。

由此可得线性时间选择算法的时间复杂度递推方程如下：

$$T(n) = \begin{cases} O(1) & n < 5 \\ T(n/5) + T(n/b) + O(n) & n \geqslant 5 \end{cases}$$

在该递推方程中，b 是未知的，我们需要估算 n/b。

如图 3-38 所示，图中共有 $n/5$ 组，每组元素从上到下排列，假设由小到大已排好序。然后将 $n/5$ 组从左向右排列，且按照每组的中位数由小到大排列。由此可知，左上角圈起来的元素都比 mid_mid 小，右下角圈起来的元素都比 mid_mid 大。

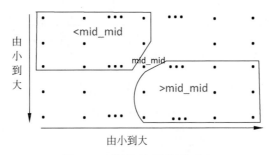

图 3-38　估算子问题规模示意

若算法到大于基准元素的子序列查找，则至少舍弃左上角圈起来的元素。反之，算法到不大于基准元素的子序列查找，则至少舍弃右下角圈起来的元素。那算法至少舍弃了多少个元素呢？

简单计算一下，左上角圈起来的元素（右下角圈起来的元素）至少位于 $(n/5)-1)/2$ 组中，每组 3 个元素，则舍弃的元素至少 $3[(n/5)-1)/2]+2=3n/10+0.5 \geqslant 3n/10$。也就是说，要查找的子序列的规模至多是 $7n/10$。

由此算法的时间复杂度递推方程如下：

$$T(n) \leqslant \begin{cases} O(1) & n < 5 \\ T(n/5) + T(7n/10) + O(n) & n \geqslant 5 \end{cases}$$

用树求解如图 3-39 所示。

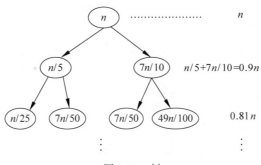

图 3-39　树

我们可以观察到,递归树中第一层耗时 n,第二层耗时为第一层耗时的 0.9 倍,第三层耗时是第二层的 0.9 倍,以此类推,算法的时间复杂度递推方程如下:

$$T(n) = n + 0.9n + 0.9^2 n + \cdots = n/(1-0.9) = 10n = O(n)$$

2. 空间复杂度分析

该算法组内的排序采用插入排序的方法就地进行,划分操作也是就地进行,存储 $n/5$ 个组的中位数采用原序列元素的存储空间,因此,该算法的时间复杂度为 $O(1)$。

3.7.5 Python 实战

首先定义一个 local_sort() 函数,采用插入排序的方法完成组内元素的排序工作。该算法接收一组元素 $A[\text{left}: \text{right}]$,对 A 的 left 到 right 部分进行插入排序,返回排序结果。其代码如下:

```python
def local_sort(A,left,right):          # 对 A 的 left 到 right 部分进行插入排序
    for j in range(left + 1,right + 1):
        x = A[j]
        for i in range(j,left - 1, -1):
            if A[i - 1]> x:
                A[i] = A[i - 1]
            else:
                break
        A[i] = x
    return A
```

定义一个 partition() 函数,完成以 A 中第 p 个位置的元素为基准,将 A 划分为不大于基准元素的子序列和大于基准元素的子序列。该算法接收待划分的元素序列 $A[\text{left}: \text{right}]$,对 A 的 left 到 right 部分以 $A[p]$ 为基准进行划分,返回划分后基准元素的位置。其代码如下:

```python
def partition(A,left,right,p):     # A[left:right]待划分的元素序列,p 为基准元素在 A 中的位置
    i = left
    j = right + 1
    A[left],A[p] = A[p],A[left]
    pivot = A[left]                # 记录基准元素
    while(True):
        i += 1
        while(A[i]< pivot):        # 从前往后扫描,找到比基准元素大的停止
            i += 1
        j -= 1
        while(A[j]> pivot):        # 从尾向前扫描,找到小于或等于基准元素的停止
            j -= 1
        if(i > = j):
            break
        A[i],A[j] = A[j],A[i]      # 交换 A[i]和 A[j],交换后 i 执行加 1 操作
    A[j],A[left] = A[left],A[j]
    return j
```

定义一个 select() 函数,完成从 $A[\text{left}: \text{right}]$ 中线性时间查找第 k 小元素的功能。

该算法接收待查找元素序列 $A[\text{left}:\text{right}]$ 和 k，返回序列 A 中的第 k 小元素的位置。

```
def select(A,left,right,k):
    n = right - left + 1              #A[p]到A[r]的长度
    if n == 1:
        return left
    if n < 5:
        local_sort(A, left, right)
        return left + k - 1
    groups = n//5
    for i in range(1, groups + 1):
        A = local_sort(A, left + 5 * (i - 1), left + 5 * i - 1)
                                      #逐段对每五个元素进行插入排序
        A[left + i - 1],A[left + 5 * i - 3] = A[left + 5 * i - 3],A[left + i - 1]
                                      #记录每组中位数
    j = select(A, left, left + groups - 1, groups // 2)  #用select找出上述所有中位数
                                                          #的中位数
    print("j = " + str(A[j]))
    q = partition(A,left,right,j)
    print("q = " + str(q))
    print(A)
    i = q - left + 1
    if k == i:                        #边界条件
        return q
    if k < i:
        return select(A,left,q - 1,k)    #在小于基准元素的序列中查找第 k 小
    if k > i:
        return select(A,q + 1,right,k - i)  #在大于基准元素的序列中查找第 k−i 小
```

定义 Python 入口——main()函数，在 main()函数中，提供序列 A，调用 select()函数找到第 k 小在 A 中的位置，最后打印第 k 小元素。其代码如下：

```
if __name__ == '__main__':
    A = [89,10,21,5,2,8,33,27,63,55,66]
    k = select(A,0,10,8)
    print("第" + str(k + 1) + "小元素为:" + str(A[k]))
```

输出结果为

第 8 小元素为：55

第 4 章

动 态 规 划

视频讲解

4.1　概述

　　动态规划是运筹学的一个分支,是求解决策过程最优化的数学方法。20 世纪 50 年代初,美国数学家 R. E. Bellman 等人在研究多阶段决策过程的优化问题时,提出了著名的最优化原理,把多阶段过程转化为一系列单阶段问题,利用各阶段之间的关系,逐个求解,创立了解决这类过程优化问题的新方法——动态规划。

　　自动态规划被提出以来,在经济管理、生产调度、工程技术和最优控制等方面得到了广泛的应用,例如最短路线、库存管理、资源分配、设备更新、排序、装载等问题,用动态规划方法比用其他方法求解更为方便。虽然动态规划主要用于求解以时间划分阶段的动态过程的优化问题,但是一些与时间无关的静态规划(如线性规划、非线性规划),只要人为地引进时间因素,把它视为多阶段决策过程,也可以用动态规划方法方便地求解,因此研究该算法具有很强的实际意义。

　　动态规划算法通常用于求解具有某种最优性质的问题,在这类问题中,可能会有许多可行解,每一个可行解都对应一个值,我们希望找到具有最优值的解。动态规划法是求解最优化问题的一种途径、一种方法,而不是一种特殊算法。针对最优化问题,由于各个问题的性质不同,确定最优解的条件也互不相同,因而动态规划的设计方法也各具特色,而不存在一种万能的动态规划算法可以解决各类最优化问题。因此读者在学习时,除了要对基本概念和方法正确理解外,必须学会具体问题具体分析,以丰富的想象力来建立模型,用创造性的技巧来对问题进行求解。本章通过对若干个有代表性问题的动态规划算法进行设计、分析和讨论,使大家逐渐学会并掌握这一设计方法。

4.1.1　动态规划的基本思想

　　动态规划算法的思想比较简单,其实质是分治思想和解决冗余,因此它与分治法和贪心法类似,它们都是将待求解问题分解为更小的、相同的子问题,然后对子问题进行求解,最终产生一个整体最优解。

每种算法都有自己的特点。贪心法的当前选择可能要依赖于已经做出的选择,但不依赖于还未做出的选择和子问题,因此它的特征是自顶向下,一步一步地作出贪心选择,但如果当前选择可能要依赖子问题的解时,就难以通过局部的贪心策略达到整体最优解。分治法中的各个子问题是独立的(即不包含公共的了问题),因此一旦递归地求出各子问题的解后,便可自下而上地将子问题的解合并成原问题的解。但如果各个子问题是不独立的,则分治法要做许多不必要的工作,即重复地解公共的子问题,对时间的消耗太大。

适合采用动态规划法求解的问题,经分解得到的各个子问题往往不是相互独立的。在求解过程中,将已解决的子问题的解进行保存,在需要时可以轻松找出。这样就避免了大量的无意义的重复计算,从而降低算法的时间复杂性。如何对已解决的子问题的解进行保存呢?通常采用表的形式,即在实际求解过程中,一旦某个子问题被计算过,不管该问题以后是否用得到,都将其计算结果填入该表,需要的时候就从表中找出该子问题的解,具体的动态规划算法多种多样,但它们具有相同的填表格式。

【例 4-1】 Fibonacci 数列如表 4-1 所示。

表 4-1 Fibonacci 数列

第 n 项	0	1	2	3	4	5	6	7	8	⋯
Fibonacci 数列 $F(n)$	0	1	1	2	3	5	8	13	21	⋯

Fibonacci 数列的递归定义式如下:

$$F(n)=\begin{cases}0 & n=0 \\ 1 & n=1 \\ F(n-1)+F(n-2) & n>1\end{cases}$$

设 $n=4$,则 $F(4)$ 的求解过程可表示为一棵二叉树,如图 4-1 所示。

在图 4-1 所示中,同种阴影表示相同的子问题,即说明 $F(4)$ 划分的两个子问题 $F(3)$ 和 $F(2)$ 不是相互独立的。若采用自顶向下的递归求解,$F(2)$ 子问题重复计算。如果 $n=5$,则 $F(3)$ 和 $F(2)$ 两个子问题会重复计算。以此类推,n 越大,重复计算现象越严重,影响求解效率。

动态规划在求解过程中采用一维数组 a 存放各个子问题的解。首先,将 $F(1)$ 和 $F(0)$ 的解存于 $a[0]$、$a[1]$ 中,如表 4-2 所示;然后在求解 $F(2)$ 时,由于 $F(2)=F(1)+F(0)$,因此只需直接从数组 a 中取出 $F(1)$ 和 $F(0)$ 的值计算即可,并将 $F(2)$ 的值存入 $a[2]$ 中,如表 4-3 所示;接下来求解 $F(3)$ 时,只需从数组 a 中取出 $F(2)$ 和 $F(1)$ 的值直接对

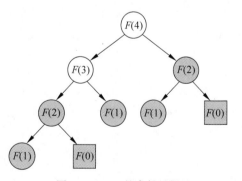

图 4-1 $F(4)$ 的求解过程

$F(3)$进行求解,并将求得的值存入 $a[3]$ 中,如表 4-4 所示;最后,在求解 $F(4)$ 时,从数组 a 中取出 $F(3)$ 和 $F(2)$ 的值直接对 $F(4)$ 进行求解,并将求得的值存入 $a[4]$ 中,如表 4-5 所示。

表 4-2　$F(0)$ 和 $F(1)$ 的值

	$F(0)$	$F(1)$		
a	0	1		

表 4-3　$F(0) \sim F(2)$ 的值

	$F(0)$	$F(1)$	$F(2)$
a	0	1	1

表 4-4　$F(0) \sim F(3)$ 的值

	$F(0)$	$F(1)$	$F(2)$	$F(3)$
a	0	1	1	2

表 4-5　$F(0) \sim F(4)$ 的值

	$F(0)$	$F(1)$	$F(2)$	$F(3)$	$F(4)$
a	0	1	1	2	3

由此可见,动态规划的关键在于解决冗余,将原来具有指数级复杂性的搜索算法改进成具有多项式时间的算法,这是动态规划算法的根本目的。其实,动态规划是对贪心算法和分治法的一种折中,它所解决的问题往往不具有贪心实质,但是各个子问题又不是完全零散的。在实现的过程中,动态规划方法需要存储各种状态,所以它的空间复杂性要大于其他的算法,这是一种以空间换取时间的技术。

4.1.2　动态规划的求解步骤

动态规划算法适合用来求解最优化问题,通常可按下列步骤对算法的求解过程进行设计:

(1) 分析最优解的性质,刻画最优解的结构特征——考查是否适合采用动态规划法。

(2) 递归定义最优值(即建立递归式或动态规划方程)。

(3) 以自底向上的方式计算出最优值,并记录相关信息。

(4) 根据计算最优值时得到的信息,构造出最优解。

另外,在进一步探讨动态规划的设计方法及应用之前,有两点需要注意:一是问题的刻画对能否用动态规划进行求解是至关重要的,不恰当的刻画方式将使问题的描述不具有最优子结构性质,从而无法建立最优值的递归关系,动态规划的应用也就无从谈起。因此,步骤(1)是最关键的一步。二是在算法的实现过程中,应充分利用子问题的重叠性质来提高解题效率。具体地说,应采用递推(迭代)的方法来编程计算由递归式定义的最优值,而不是采用直接递归的方法。

4.1.3　动态规划的基本要素

任何一种算法的思想方法都有其局限性,超出特定条件,它就失去了作用。同样,动态规划算法并非适合于求解所有的最优化问题,采用该算法求解的问题应具备三个基本要素:最优子结构性质、子问题重叠性质和自底向上的求解方法。在这三大要素的指导下,可以对某问题是否适合采用动态规划算法来进行求解进行预判。

1. 最优子结构性质

最优子结构性质,通俗地讲就是问题的最优解包含其子问题的最优解。最优子结构性质是动态规划的基础,任何问题,如果不具备该性质,就不可能用动态规划方法来解决。总之,根据最优子结构性质导出的动态规划基本方程是解决一切动态规划问题的基本方法。

在分析问题的最优子结构性质时,所用的方法具有普遍性——反证法。首先假设由问题的最优解导出的子问题的解不是最优的,然后再设法说明在这个假设下可构造出比原问题最优解更好的解,从而导致矛盾。

2. 子问题重叠性质

递归算法求解问题时,每次产生的子问题并不总是新问题,有些子问题出现多次,这种性质称为子问题的重叠性质。

在应用动态规划时,对于重复出现的子问题,只需在第一次遇到时就加以解决,并把已解决的各个子问题的解储存在表中,便于以后遇到时直接引用,从而不必重新求解,可大大提高解题的效率。

子问题重叠性质并不是动态规划适用的必要条件,但是如果该性质无法满足,动态规划算法同其他算法相比就不具备优势。

3. 自底向上的求解方法

由于动态规划解决的问题具有子问题重叠性质,求解时需要采用自底向上的方法,即首先选择合适的表格,将递归的停止条件填入表格的相应位置;然后将问题的规模一级一级放大,求出每一级子问题的最优值,并将其填入表格的相应位置,直到问题所要求的规模,此时便求出原问题的最优值。

4.2　矩阵连乘问题

视频讲解

4.2.1　问题分析——递归关系

1. 问题

给定 n 个矩阵 $\{A_1, A_2, A_3, \cdots, A_n\}$,其中 A_i 与 $A_{i+1}(i=1,2,3,\cdots,n-1)$ 是可乘的。用加括号的方法表示矩阵连乘的次序,不同加括号的方法所对应的计算次序是不同的。

【例 4-2】　三个矩阵 $A_1A_2A_3$ 连乘,用加括号的方法表示其计算次序。

3 个矩阵相乘,其加括号的方法一共有两种,具体如下:

$$((A_1A_2)A_3)、(A_1(A_2A_3))$$

【例 4-3】　4 个矩阵连乘,用加括号的方法表示其计算次序。

4 个矩阵连乘,其加括号的方法共有 5 种,具体如下:

$$(A_1(A_2(A_3A_4)))$$
$$((A_1A_2)(A_3A_4))$$
$$((A_1(A_2A_3))A_4)$$
$$(A_1((A_2A_3)A_4))$$
$$((A_1A_2)A_3)A_4)$$

不同加括号的方法所对应的计算量也是不同的,甚至差别很大。由于在矩阵相乘的过程中,仅涉及加法和乘法两种基本运算,乘法耗时远远大于加法耗时,故采用矩阵连乘所需乘法的次数来对不同计算次序的计算量进行衡量。

【例 4-4】 三个矩阵 A_1、A_2、A_3 的行列分别为 10×100、100×5、5×50,求例 4-2 中的两种加括号方法所需要乘法的次数。

两种加括号方法所需要乘法的次数分别为

$$((A_1 A_2)A_3): 10 \times 100 \times 5 + 5 \times 10 \times 50 = 7500$$

$$(A_1(A_2 A_3)): 5 \times 100 \times 50 + 100 \times 10 \times 50 = 75\,000$$

那么,矩阵连乘问题就是对于给定 n 个连乘的矩阵,找出一种加括号的方法,使得矩阵连乘的计算量最小。

容易想到的解决方法是穷举法,即对 n 个矩阵连乘的每一种加括号方法进行乘法次数的统计,从中找出最小的计算量所对应的加括号方法。这种方法的复杂性取决于加括号的方法的种数。对于 n 个矩阵连乘,其加括号的方法有多少种呢?

考查矩阵连乘,不管哪种加括号的方法,最终都归结为两部分结果矩阵相乘,这两部分从 n 个连乘矩阵中的哪个矩阵处分开呢?设可能从 A_k 和 A_{k+1} 处将 n 个矩阵分成两部分,其中 $k=1,2,\cdots,n-1$。令 $P(n)$ 代表 n 个矩阵连乘不同的计算次序,即不同加括号的方式,则 n 个矩阵连乘加括号的方式可通过两步操作来实现:①分别完成对两部分加括号;②对所得的结果加括号。由此

$$P(n) = \begin{cases} 1 & n=1 \\ \sum_{k=1}^{n-1} P(k)P(n-k) & n>1 \end{cases}$$

解此递推方程可得 $P(n)$ 实际上是 Catalan 数,即 $P(n)=C(n-1)$,其中 $C(n)=\dfrac{1}{n+1}C_{2n}^{n}$。故穷举法的复杂性非常高,是 n 的指数级函数,显然,该方法不可行。

2. 分析最优解的性质,刻画最优解的结构——最优子结构性质分析

设 n 个矩阵连乘的最佳计算次序为 $(A_1 A_2 \cdots A_k)(A_{k+1} A_{k+2} \cdots A_n)$,则 $(A_1 A_2 \cdots A_k)$ 连乘的计算次序是最优的,$(A_{k+1} A_{k+2} \cdots A_n)$ 连乘的计算次序也是最优的。

证明(反证法):设 $(A_1 A_2 \cdots A_k)(A_{k+1} A_{k+2} \cdots A_n)$ 的乘法次数为 c,$(A_1 A_2 \cdots A_k)$ 的乘法次数为 a,$(A_{k+1} A_{k+2} \cdots A_n)$ 乘法次数为 b,$(A_1 A_2 \cdots A_k)$ 和 $(A_{k+1} A_{k+2} \cdots A_n)$ 的结果矩阵相乘所需要的乘法次数为 d,则 $c=a+b+d$。从这个表达式可以看出,无论 $(A_1 A_2 \cdots A_k)$ 和 $(A_{k+1} A_{k+2} \cdots A_n)$ 这两部分的计算次序是什么,都不影响这两部分的结果矩阵相乘的乘法次数 d。因此,如果 c 是最小的,那么一定包含 a 和 b 都是最小的。如果 a 不是最小的,那么它所对应的 $(A_1 A_2 \cdots A_k)$ 的计算次序也不是最优的。那么,对于 $(A_1 A_2 \cdots A_k)$ 来说,肯定存在最优的计算次序,设 $(A_1 A_2 \cdots A_k)$ 的最优计算次序所对应的乘法次数为 a',即 $a'<a$,用 a' 代替 a 得到 $c'=a'+b+d$,则 $c'<c$,这说明 c 对应的 n 个矩阵连乘的计算次序不是最优的,这与前提矛盾,故 a 一定是最小的。同理,b 也是最小的。最优子结构性质得证。

3. 建立最优值的递归关系式

$A_iA_{i+1}\cdots A_j$ 矩阵连乘,其中矩阵 A_m 的行数为 p_m,列数为 $q_m(m=i,i+1,\cdots,j)$且相邻矩阵是可乘的(即 $q_m=p_{m+1}$)。设它们的最佳计算次序所对应的乘法次数为 $m[i][j]$,则 $A_iA_{i+1}\cdots A_k$ 的最佳计算次序对应的乘法次数为 $m[i][k]$,$A_{k+1}A_{k+2}\cdots A_j$ 的最佳计算次序对应的乘法次数为 $m[k+1][j]$。

当 $i=j$ 时,只有一个矩阵,不用相乘,故 $m[i][i]=0$;

当 $i<j$ 时

$$m[i][j]=\min_{i\leqslant k<j}\{m[i][k]+m[k+1][j]+p_iq_kq_j\}$$

将 n 个矩阵的行数和列数存储在一维数组 $P[0:n]$ 中(由于 $q_m=p_{m+1}$,因此 P 中只需要存储 $n+1$ 个元素),则第 i 个矩阵的行数存储在 P 的第 $i-1$ 位置,列数存储在 P 的第 i 位置,则上述递归式可改写为

$$m[i][j]=\begin{cases}0 & i=j\\ \min_{i\leqslant k<j}\{m[i][k]+m[k+1][j]+P_{i-1}P_kP_j\} & i<j\end{cases}$$

4.2.2 算法设计

采用自底向上的方法求最优值,具体的求解步骤设计如下:

第一步,确定合适的数据结构。采用二维数组 m 来存放各个子问题的最优值,二维数组 s 来存放各个子问题的最优决策[如果 $s[i][j]=k$,则最优加括号方法为$(A_i\cdots A_k)$ $(A_{k+1}\cdots A_j)$],一维数组 P。

第二步,初始化。令 $m[i][i]=0,s[i][i]=0$,其中 $i=1,2,\cdots,n$。

第三步,循环阶段。

(1) 按照递归关系式计算两个矩阵 A_iA_{i+1} 相乘时的最优值并将其存入 $m[i][i+1]$,同时将最优决策记入 $s[i][i+1]$,$i=1,2,\cdots,n-1$。

(2) 按照递归关系式计算 3 个矩阵 $A_iA_{i+1}A_{i+2}$ 相乘时的最优值并将其存入 $m[i][i+2]$,同时将最优决策记入 $s[i][i+2]$,$i=1,2,\cdots,n-2$。

以此类推,直到按照递归关系式计算 n 个矩阵 $A_1A_2\cdots A_n$ 相乘时的最优值并将其存入 $m[1][n]$,同时将最优决策记入 $s[1][n]$。

至此,$m[1][n]$ 即为原问题的最优值。

第四步,根据二维数组 s 记录的最优决策信息来构造最优解。

(1) 递归构造 $A_1\cdots A_{s[1][n]}$ 的最优解,直到包含一个矩阵结束。

(2) 递归构造 $A_{s[1][n]+1}\cdots A_n$ 的最优解,直到包含一个矩阵结束。

(3) 将第四步中的(1)和(2)递归的结果加括号。

自底向上求解最优值的算法伪码如下:

```
算法:MatrixChain(p,n)
输入:矩阵行列数组 p、问题的规模 n
输出:存储最优值的二维数组 m,存储最优决策的二维数组 s
    for r←2 to n do              //循环变量 r 是问题的规模
        //控制规模为 r 的子问题个数,共 n−r+1 个,0…
```

```
for i ←1 to n − r + 1 do
    j←i + r − 1                    //当前子问题为 Aᵢ … Aⱼ
    //计算第一种决策对应的乘法次数,从 Ai 处分开的决策
    m[i][j]←m[i + 1][j] + p[i − 1] * p[i] * p[j]    //m 的下标从 0 开始
    s[i][j]←i                      //记录当前决策 i
    //计算 i+1 处分开的决策、i+2 处分开的决策,..,一直到 j−1 处的决策
    for k ←i + 1 to j − 1 do       //依次计算不同决策,即(i≤k<j),记录最优值和最优
                                   //决策
        t←m[i][k] + m[k + 1][j] + p[i − 1] * p[k] * p[j]
        if t < m[i][j] then
            m[i][j]←t
            s[i][j]←k
return m, s
```

根据记录下来的各子问题的最优决策,构造最优解伪码如下:

```
算法:Traceback(i, j, s):
输入:子问题 Ai … Aj,决策数组 s
输出:最优计算次序 res
    if i == j then
        将 Ai 插入到 res 中
    else
        将左括号插入 res 中
        Traceback(i, int(s[i][j]), s)
        Traceback(int(s[i][j] + 1), j, s)
        将右括号插入 res 中
```

4.2.3 实例构造

求矩阵 $A_1(3\times2)$、$A_2(2\times5)$、$A_3(5\times10)$、$A_4(10\times2)$ 和 $A_5(2\times3)$ 连乘的最佳计算次序。

计算过程如下:

(1) 初始化。令 $m[i][i]=0$,$s[i][i]=0$,其中 $i=1,2,\cdots,5$。

(2) 按照递归关系式计算两个矩阵 A_iA_{i+1} 相乘时的最优值,其中 $i=1,2,\cdots,4$。

当 $i=1$ 时,

$m[1][2] = \min\{m[1][1]+m[2][2]+P_0P_1P_2 = 0 + 0 + 3 \times 2 \times 5 = 30$;$s[1][2]=1$。

当 $i=2$ 时,

$m[2][3] = \min\{m[2][2]+m[3][3]+P_1P_2P_3 = 0 + 0 + 2 \times 5 \times 10 = 100$;$s[2][3]=2$。

以此类推,求得 $m[3][4]=100$,$s[3][4]=3$,$m[4][5]=60$,$s[4][5]=4$。

(3) 按照递归关系式计算 3 个矩阵 $A_iA_{i+1}A_{i+2}$ 相乘时的最优值,其中 $i=1,2,3$。

当 $i=1$ 时,

$$m[1][3] = \min\begin{cases} m[1][1]+m[2][3]+P_0P_1P_3 = 0+100+3\times2\times10 = 160 \\ m[1][2]+m[3][3]+P_0P_2P_3 = 30+0+3\times5\times10 = 180 \end{cases};$$

$s[1][3]=1$。

当 $i=2$ 时，

$$m[2][4]=\min\begin{cases}m[2][2]+m[3][4]+P_1P_2P_4=0+100+2\times5\times2=120\\m[2][3]+m[4][4]+P_1P_3P_4=100+0+2\times10\times2=140\end{cases};$$

$s[2][4]=2$。

当 $i=3$ 时，

$$m[3][5]=\min\begin{cases}m[3][3]+m[4][5]+P_2P_3P_5=0+60+5\times10\times3=210\\m[3][4]+m[5][5]+P_2P_4P_5=100+0+5\times2\times3=130\end{cases};$$

$s[3][5]=4$。

（4）按照递归关系式计算 4 个矩阵 $A_iA_{i+1}A_{i+2}A_{i+3}$ 相乘时的最优值，其中 $i=1,2$。

当 $i=1$ 时，

$$m[1][4]=\min\begin{cases}m[1][1]+m[2][4]+P_0P_1P_4=0+120+3\times2\times2=132\\m[1][2]+m[3][4]+P_0P_2P_4=30+100+3\times5\times2=160\\m[1][3]+m[4][4]+P_0P_3P_4=160+0+3\times10\times2=220\end{cases};$$

$s[1][4]=1$。

当 $i=2$ 时，

$$m[2][5]=\min\begin{cases}m[2][2]+m[3][5]+P_1P_2P_5=0+130+2\times5\times3=160\\m[2][3]+m[4][5]+P_1P_3P_5=100+60+2\times10\times3=220\\m[2][4]+m[5][5]+P_1P_4P_5=120+0+2\times2\times3=132\end{cases};$$

$s[2][5]=4$。

（5）按照递归关系式计算 5 个矩阵 $A_1A_2A_3A_4A_5$ 相乘时的最优值。

$$m[1][5]=\min\begin{cases}m[1][1]+m[2][5]+P_0P_1P_5=0+132+3\times2\times3=150\\m[1][2]+m[3][5]+P_0P_2P_5=30+130+3\times5\times3=205\\m[1][3]+m[4][5]+P_0P_3P_5=160+60+3\times10\times3=310\\m[1][4]+m[5][5]+P_0P_4P_5=132+0+3\times2\times3=150\end{cases};$$

$s[1][5]=1$。

具体结果如表 4-6、表 4-7 所示。

表 4-6　实例最优值 $m[i][j]$

$m[i][j]$	A_1	A_2	A_3	A_4	A_5
A_1	**0**	30	160	132	150
A_2		**0**	100	120	132
A_3			**0**	100	130
A_4				**0**	60
A_5					**0**

表 4-7 实例最优决策 $s[i][j]$

$s[i][j]$	A_1	A_2	A_3	A_4	A_5
A_1	**0**	1	1	1	1
A_2		**0**	2	2	4
A_3			**0**	3	4
A_4				**0**	4
A_5					**0**

（6）递归构造 $A_1\cdots A_{s[1][5]}$ 的最优解，直到包含一个矩阵结束；递归构造 $A_{s[1][5]+1}\cdots$ A_5 的最优解，直到包含一个矩阵结束。具体过程如图 4-2 所示。

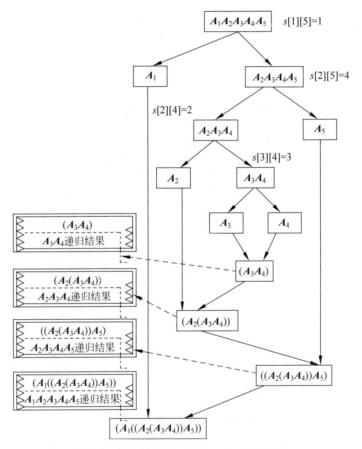

图 4-2 递归构造 $A_1A_2A_3A_4A_5$ 的最优解

4.2.4 算法分析

1. 时间复杂度分析

显然，语句 int $t=m[i][k]+m[k+1][j]+p[i-1]*p[k]*p[j]$ 耗时最多，在最坏情况下该语句的执行次数为 $O(n^3)$，故该算法的最坏时间复杂性为 $O(n^3)$。

构造最优解的 Traceback 算法的时间主要取决于递归。在最坏情况下时间复杂性的递归方程如下：

$$T(n) = \begin{cases} O(1) & n = 1 \\ T(n-1) + O(1) & n > 1 \end{cases}$$

解此递归方程得 $T(n) = O(n)$。

2. 空间复杂度分析

由于在计算最优值过程中，借助了 m 和 s 两个二维数组，所以空间复杂度为 $O(n^2)$。构造最优解的过程，递归需要借助栈空间，所以空间复杂度取决于递归的深度，最坏需要栈空间 $O(n)$。由此，矩阵连乘算法的空间复杂度为 $O(n^2)$。

4.2.5 Python 实战

1. 数据结构选择

Python 中，选用二维列表表示二维数组 m 和 s，用一维列表 p 存储矩阵行列值、res 存储计算次序。

2. 编码实现

首先定义一个 MatrixChain() 函数，接收矩阵行列数据 p 和问题规模 n，输出最优值二维表 m 和最优决策二维表 s。

```python
import numpy as np
# 求最优值并记录相关信息
def MatrixChain(p,n):
    # 存储最优值
    m = np.zeros((n + 1,n + 1))          # 牺牲第 0 行和第 0 列
    # 存储最优决策
    s = np.zeros((n + 1,n + 1))          # 牺牲第 0 行和第 0 列
    # 单个矩阵连乘的次数
    for i in range(n + 1):
        m[i][i] = 0
        s[i][i] = 0
    # r 表示子问题的规模,即连乘的矩阵个数,从两个矩阵开始,规模逐步放大到 n
    for r in range(2,n + 1):
        # 控制规模为 r 的子问题个数,共 n-r+1 个,0...
        for i in range(1,n - r + 2):      # range 产生的范围是左闭右开的区间
            j = i + r - 1                 # 当前子问题为 A_i ... A_j
            # 计算第一种决策对应的乘法次数,从 A_i 处分开的决策
            m[i][j] = m[i + 1][j] + p[i - 1] * p[i] * p[j]      # m 的下标从 0 开始
            s[i][j] = i                   # 记录当前决策 i+1
            # 计算 i+1 处分开的决策、i+2 处分开的决策,...,一直到 j-1 处的决策的乘法次
            # 数,取最小值及对应的决策
            for k in range(i + 1,j):
                t = m[i][k] + m[k + 1][j] + p[i - 1] * p[k] * p[j]
                if t < m[i][j]:
                    m[i][j] = t
                    s[i][j] = k
    return m,s
```

定义一个 Traceback()函数构造问题的最优解,接收矩阵连乘子问题的规模 i,j（即 $A_i \cdots A_j$）、决策矩阵 s,输出最优计算次序 res。

```python
def Traceback(i, j, s):
    global res
    if i == j:
        res.append('A' + str(i))
    else:
        res.append('(')
        Traceback(i, int(s[i][j]), s)
        Traceback(int(s[i][j] + 1), j, s)
        res.append(')')
```

Python 的入口——main()函数,在 main()函数中,给定一个实例的所有矩阵行列 arr,然后将其压缩存储在列表 p 中,调用 MatrixChain()函数计算最优值,调用 Traceback()函数构造最优解,最后将计算次序输出到显示器上。

```python
if __name__ == "__main__":
    arr = [[3,2],[2,5],[5,10],[10,2],[2,3]]
    n = len(arr)
    res = []
    # 处理矩阵的行和列
    p = []
    for i in range(n):
        if i == 0:
            p.append(arr[0][0])
            p.append(arr[0][1])
        else:
            p.append(arr[i][1])
    m, s = MatrixChain(p, n)
    Traceback(1, n, s)
    print(''.join(res))
```

输出结果为
(A1((A2(A3A4))A5))

视频讲解

4.3 凸多边形最优三角剖分

4.3.1 问题分析——递归关系

1. 基本概念

(1) 多边形。多边形是由一系列首尾相接的直线段组成的闭合曲线。组成多边形的各个直线段称为该多边形的边。连接多边形相继两条边的点称为多边形的顶点。

(2) 简单多边形。如果多边形的边除了连接顶点外没有别的交点,就称该多边形为简单多边形。一个简单多边形将平面分为三个部分:被包围在多边形内的所有点构成了多边形的内部;多边形本身构成多边形的边界;平面上其余包围着多边形的点构成了多边形的外部。

（3）凸多边形。一个简单多边形及其内部构成一个闭凸集时，称该简单多边形为凸多边形，即凸多边形边界上或内部的任意两点所连成的直线段上所有点均在凸多边形的内部或边界上。

（4）凸多边形的弦。凸多边形的不相邻的两个顶点连接的直线段称为凸多边形的弦。

（5）凸多边形的三角剖分。凸多边形的三角剖分是指将一个凸多边形分割成互不相交的三角形的弦的集合。如图 4-3 所示凸六边形的两个不同三角剖分 $\{v_0v_2,v_0v_3,v_0v_4\}$ 和 $\{v_0v_2,v_0v_3,v_3v_5\}$。

（6）凸多边形的最优三角剖分。给定凸多边形及定义在边、弦构成的三角形的权函数，最优三角剖分即不同剖分方法所划分的各三角形上权函数之和最小的三角剖分。

例如，可定义 $\triangle v_iv_jv_k$ 的权函数为

$$w(v_i,v_j,v_k)=\mid v_iv_j\mid+\mid v_jv_k\mid+\mid v_kv_i\mid$$

其中，$\mid v_iv_j\mid$ 表示边 (v_i,v_j) 的长度。实际应用中，应视问题需要设定合理的权函数。

那么，凸多边形最优三角剖分问题就是指：给定一个凸 $n(n\geqslant3)$ 边形 $P=\{v_0,v_1,\cdots,v_{n-1}\}$ 以及定义在由 P 的边、弦组成的三角形上的权函数 w，找出该多边形的一个最优三角剖分。

2. 三角剖分的结构

凸多边形的三角剖分与表达式的加括号方式之间具有十分紧密的联系，正如矩阵连乘的计算次序等价于矩阵连乘的加括号方式一样。这些问题均相应于一棵二叉树，如 5 个矩阵连乘的某一种计算次序 $(A_1A_2)(A_3(A_4A_5))$ 对应的二叉树，如图 4-4 所示。

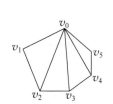
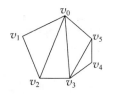
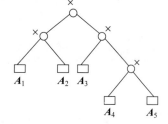

图 4-3 凸六边形的两个不同三角剖分   图 4-4 $(A_1A_2)(A_3A_4A_5)$ 对应的二叉树

凸六边形的一种三角剖分方法如图 4-5 所示。如果将凸多边形中连接第一个顶点和最后一个顶点的直线段 v_0v_5 看作根节点，多边形的弦看作中间节点；多边形的边看作叶子节点，该剖分方法就对应如图 4-6 所示的一棵二叉树。

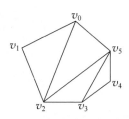
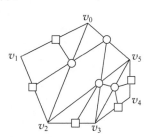

图 4-5 凸六边形的一种三角剖分   图 4-6 剖分对应的二叉树

进一步,如果将图 4-6 所示中的叶子节点 v_iv_{i+1} 与矩阵 $A_{i+1}(i=0,1,2,3,4)$ 对应,那么图 4-6 和图 4-4 所示的二叉树是一样的。因此,$n+1$ 边形的三角剖分与 n 个矩阵连乘的计算次序是一一对应的。可见,凸多边形最优剖分问题的解决方法和矩阵连乘问题相似。

3. 分析最优解的性质,刻画最优解的结构特征——最优子结构性质分析

设 $v_0v_kv_n$ 是将 $n+1$ 边形 $P=\{v_0,v_1,\cdots,v_n\}$ 分成三部分 $\{v_0,v_1,\cdots,v_k\}$、$\{v_k,v_{k+1},\cdots,v_n\}$ 和 $\{v_0,v_k,v_n\}$ 的最佳剖分方法,那么凸多边形 $\{v_0,v_1,\cdots,v_k\}$ 的剖分一定是最优的,$\{v_k,v_{k+1},\cdots,v_n\}$ 的剖分也一定是最优的。

设 $\{v_0,v_1,\cdots,v_n\}$ 三角剖分的权函数之和为 c,$\{v_0,v_1,\cdots,v_k\}$ 三角剖分的权函数之和为 a,$\{v_k,v_{k+1},\cdots,v_n\}$ 三角剖分的权函数之和为 b,三角形 $v_0v_kv_n$ 的权函数为 $w(v_0v_kv_n)$,则 $c=a+b+w(v_0v_kv_n)$。

如果 c 是最小的,那么一定包含 a 和 b 都是最小的。如果 a 不是最小的,那么它所对应的 $\{v_0,v_1,\cdots,v_k\}$ 的三角剖分就不是最优的。那么,对于凸多边形 $\{v_0,v_1,\cdots,v_k\}$ 来说,肯定存在最优的三角剖分,设 $\{v_0,v_1,\cdots,v_k\}$ 的最优三角剖分对应的权函数之和为 $a'(a'<a)$,用 a' 代替 a 得到 $c'=a'+b+w(v_0v_kv_n)$,则 $c'<c$,这说明 c 对应的 $\{v_0,v_1,\cdots,v_n\}$ 的三角剖分不是最优的,产生矛盾。故 a 一定是最小的。同理,b 也是最小的。最优子结构性质得证。

4. 建立最优值的递归关系式

设 $m[i][j]$ 表示 $v_{i-1}v_i\cdots v_j$ 最优三角剖分权函数之和,$i=j$ 时表示一条直线段,将其看作退化多边形,其权函数为 0。则

$$m[i][j]=\begin{cases}0 & i=j\\ \min_{i\leqslant k<j}\{m[i][k]+m[k+1][j]+w(v_{i-1}v_kv_j)\} & i<j\end{cases}$$

4.3.2 算法设计

该问题与矩阵连乘问题很相似,计算最优值算法伪码如下:

```
算法:convex_Polygon_optimal(n)
输入:问题的规模 n
输出:存储最优值的二维数组 m,存储最优决策的二维数组 s
    for r←2 to n do                    //循环变量 r 是问题的规模
        //控制规模为 r 的子问题个数,共 n−r+1 个,0…
        for i ←1 to n − r + 1do
            j←i + r − 1                //当前子问题为 V_{i−1} … V_j
            //计算第一种决策对应的三角剖分权函数之和,从 Vi 处分开的决策
            m[i][j]←m[i+1][j] + get_weight(i − 1,i,j)    //get_weight 获取权函数之和
            s[i][j]←i                  //记录当前决策 i
            //计算 i+1 处分开的决策、i+2 处分开的决策,..,一直到 j−1 处的决策
            for k ←i + 1 to j − 1 do   //依次计算不同决策,即(i≤k<j),记录最值和最优
                                       //决策
                t←m[i][k] + m[k + 1][j] + get_weight(i − 1,i,j)
                if t < m[i][j] then
```

```
                m[i][j]←t
                s[i][j]←k
     return m,s
```

构造最优解伪码如下：

```
算法:Traceback(i,j,s):
输入:子问题 Vi-1…Vi,决策数组 s
输出:最优计算次序 res
    if i == j then
        return
    else
        Traceback(i, int(s[i][j]),s)
        Traceback(int(s[i][j]+1), j,s)
        将决策三角形插入 res
```

4.3.3 实例构造

给定一个六边形 $v_0 v_1 \cdots v_5$ 及其所有边和弦的长度,如图 4-7 所示,求该多边形的最优三角剖分。

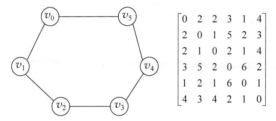

$$\begin{bmatrix} 0 & 2 & 2 & 3 & 1 & 4 \\ 2 & 0 & 1 & 5 & 2 & 3 \\ 2 & 1 & 0 & 2 & 1 & 4 \\ 3 & 5 & 2 & 0 & 6 & 2 \\ 1 & 2 & 1 & 6 & 0 & 1 \\ 4 & 3 & 4 & 2 & 1 & 0 \end{bmatrix}$$

图 4-7 六边形 $v_0 v_1 \cdots v_5$ 及其所有边和弦的长度

(1) 求解过程如下：

① 定义三角形权函数：三角形的权函数定义为三角形的周长,即 $w(v_{i-1}, v_k, v_j) = |v_{i-1}v_k| + |v_k v_j| + |v_j v_{i-1}|$。

② 初始化,$m[i][i]=0$,$s[i][i]=0$,其中 $i=1,2,\cdots,5$。

③ 按照递归关系式计算三角形 $v_{i-1} v_i v_{i+1}$ 最优三角剖分的权函数之和,其中 $i = 1,2,\cdots,4$。

当 $i=1$ 时,

$$m[1][2] = \min\{m[1][1] + m[2][2] + w(v_0, v_1, v_2)$$
$$= 0 + 0 + (2 + 1 + 2) = 5; s[1][2] = 1。$$

当 $i=2$ 时,

$$m[2][3] = \min\{m[2][2] + m[3][3] + w(v_1, v_2, v_3)$$
$$= 0 + 0 + (1 + 2 + 5) = 8; s[2][3] = 2。$$

以此类推,求得 $m[3][4]=100$,$s[3][4]=3$,$m[4][5]=60$,$s[4][5]=4$。

④ 按照递归关系式计算四边形 $v_{i-1} v_i v_{i+1} v_{i+2}$ 最优三角剖分的权函数之和,其中 $i=1,2,3$。

当 $i=1$ 时，

$$m[1][3] = \min \begin{cases} m[1][1] + m[2][3] + w(v_0 v_1 v_3) = 18 \\ m[1][2] + m[3][3] + w(v_0 v_2 v_3) = 12 \end{cases}; \quad s[1][3] = 2。$$

当 $i=2$ 时，

$$m[2][4] = \min \begin{cases} m[2][2] + m[3][4] + w(v_1 v_2 v_4) = 13 \\ m[2][3] + m[4][4] + w(v_1 v_3 v_4) = 21 \end{cases}; \quad s[2][4] = 2。$$

当 $i=3$ 时，

$$m[3][5] = \min \begin{cases} m[3][3] + m[4][5] + w(v_2 v_3 v_5) = 17 \\ m[3][4] + m[5][5] + w(v_2 v_4 v_5) = 15 \end{cases}; \quad s[3][5] = 4。$$

⑤ 按照递归关系式计算五边形 $v_{i-1} v_i v_{i+1} v_{i+2} v_{i+3}$ 最优三角剖分的权函数之和，其中 $i=1,2$。

当 $i=1$ 时，

$$m[1][4] = \min \begin{cases} m[1][1] + m[2][4] + w(v_0 v_1 v_4) = 18 \\ m[1][2] + m[3][4] + w(v_0 v_2 v_4) = 18; \quad s[1][4] = 1。 \\ m[1][3] + m[4][4] + w(v_0 v_3 v_4) = 22 \end{cases}$$

当 $i=2$ 时，

$$m[2][5] = \min \begin{cases} m[2][2] + m[3][5] + w(v_1 v_2 v_5) = 23 \\ m[2][3] + m[4][5] + w(v_1 v_3 v_5) = 27; \quad s[2][5] = 4。 \\ m[2][4] + m[5][5] + w(v_1 v_4 v_5) = 19 \end{cases}$$

⑥ 按照递归关系式计算六边形 $v_{i-1} v_i v_{i+1} v_{i+2} v_{i+3} v_5$ 最优三角剖分的权函数之和。

$$m[1][5] = \min \begin{cases} m[1][1] + m[2][5] + w(v_0 v_1 v_5) = 28 \\ m[1][2] + m[3][5] + w(v_0 v_2 v_5) = 30 \\ m[1][3] + m[4][5] + w(v_0 v_3 v_5) = 30; \quad s[1][5] = 4。 \\ m[1][4] + m[5][5] + w(v_0 v_4 v_5) = 24 \end{cases}$$

(2) 根据 s 中记录的决策信息，构造最优解。

① $s[1][5]$ 中的值是 4，说明剖分的三角形为 $v_0 v_4 v_5$，它把多边形分成 $v_0 v_1 v_2 v_3 v_4$ 和 $v_4 v_5$。

② $s[1][4]$ 中的值是 1，说明剖分的三角形为 $v_0 v_1 v_4$，它把多边形分成 $v_0 v_1$ 和 $v_1 v_2 v_3 v_4$。

③ $s[2][4]$ 中的值是 2，说明剖分的三角形为 $v_1 v_2 v_4$，它把多边形分成 $v_1 v_2$ 和 $v_2 v_3 v_4$。

④ $s[3][4]$ 中的值是 3，说明剖分的三角形为 $v_2 v_3 v_4$，它把多边形分成 $v_2 v_3$ 和 $v_3 v_4$。

至此，最优解构造完毕，最优解为 $\{v_0 v_4, v_1 v_4, v_2 v_4\}$，剖分结果如图 4-8 所示。

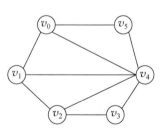

图 4-8　六边形 $v_0 v_1 \cdots v_5$ 最优三角剖分

4.3.4 算法分析

1. 时间复杂度分析

显然,语句←$m[i][k]+m[k+1][j]+\text{get\_weight}(i-1,k,j)$耗时最多。在最坏情况下,该语句的执行次数为$O(n^3)$,故该算法的最坏时间复杂性为$O(n^3)$。

构造最优解的Traceback算法的时间主要取决于递归。最坏情况的时间复杂性的递推方程如下:

$$T(n) = \begin{cases} O(1) & n=1 \\ T(n-1)+O(1) & n>1 \end{cases}$$

解此递推方程得$T(n)=O(n)$。

2. 空间复杂度分析

在计算最优值的过程中,借助了m和s两个二维数组,故空间复杂度为$O(n^2)$。构造最优解的过程,递归需要借助栈空间,所以空间复杂度取决于递归的深度,最坏需要栈空间$O(n)$。由此,矩阵连乘算法的空间复杂度为$O(n^2)$。

4.3.5 Python实战

1. 数据结构选择

Python中,选用二维列表表示二维数组m和s,用一维列表res存储最优剖分的三角形。

2. 编码实现

首先定义一个get_weight()函数计算三角形的权函数。

```python
def get_weight(i,j,k):
    if k < n:
        return weights[i][j] + weights[j][k] + weights[k][i]
```

其次定义一个convex_Polygon_optimal()函数,接收凸多边形最优三角剖分问题的规模n,输出最优值二维表m和最优决策二维表s。

```python
import numpy as np
def convex_Polygon_optimal(n):        #n边形的三角剖分问题相当于n-1个矩阵连乘问题
    m = np.zeros((n,n))               # 存放最优值
    s = np.zeros((n,n))               # 存放最优决策
    for i in range(0,n):
        m[i][i] = 0
        s[i][i] = 0
    for r in range(2,n):
        for i in range(1,n-r+1):
            j = (i+r-1) % n
            m[i][j] = m[(i+1) % n][j] + get_weight(i-1,i,j)
            s[i][j] = i
            for k in range(i+1,j):
                t = m[i][k] + m[(k+1) % n][j] + get_weight(i-1,k,j)
                if t < m[i][j]:
```

```
                m[i][j] = t
                s[i][j] = k
        return m,s
```

定义一个 Traceback()函数构造问题的最优解,接收问题的规模 i,j(即:$v_{i-1}\cdots v_j$)、决策矩阵 s,输出最优三角剖分的三角形。其代码如下:

```
def Traceback(i,j,s):
    global res1
    if i == j:
        return
    else:
        Traceback(i, int(s[i][j]),s)
        Traceback(int(s[i][j] + 1), j,s)
        res1.insert(0,'v' + str(i - 1) + ',v' + str(j) + ',v' + str(int(s[i][j])))
```

Python 的入口——main()函数,在 main()函数中,给定一个六边形的所有边和弦的权,调用 convex_Polygon_optimal()函数计算最优值,调用 Traceback()函数构造最优解,最后将剖分三角形输出到显示器上。其代码如下:

```
if __name__ == "__main__":
    weights = [[0,2,2,3,1,4], [2,0,1,5,2,3], [2,1,0,2,1,4], [3,5,2,0,6,2], [1,2,1,6,0,
1], [4,3,4,2,1,0]]
    n = len(weights)
    res1 = []
    m,s = convex_Polygon_optimal(n)
    Traceback(1,5,s)
    print(res1)
```

输出结果为
['v0,v5,v4', 'v0,v4,v1', 'v1,v4,v2', 'v2,v4,v3']

视频讲解

4.4 最长公共子序列问题

4.4.1 问题分析——递归关系

1. 基本概念

(1) 子序列。

给定序列 $X = \{x_1, x_2, x_3, \cdots, x_n\}$、$Z = \{z_1, z_2, z_3, \cdots, z_k\}$,若 Z 是 X 的子序列,当且仅当存在一个严格递增的下标序列 $\{i_1, i_2, i_3, \cdots, i_k\}$,对 $\forall j \in \{1, 2, 3, \cdots, k\}$ 有 $z_j = x_{i_j}$。

例如序列 $X = \{A, B, C, B, D, A, B\}$ 的子序列有:$\{A, B\}$、$\{B, C, A\}$、$\{A, B, C, D, A\}$等。

(2) 公共子序列。

给定序列 X 和 Y,若序列 Z 是 X 的子序列,也是 Y 的子序列,则称 Z 是 X 和 Y 的公共子序列。

例如序列 $X = \{A, B, C, B, D, A, B\}$ 和序列 $Y = \{A, C, B, E, D, B\}$ 的公共子序列有 $\{A, B\}$、$\{C, B, D\}$、$\{A, C, B, D, B\}$ 等。

（3）最长公共子序列。

包含元素最多的公共子序列即为最长公共子序列。

如上述 X 序列和 Y 序列的最长公共子序列为 $\{A, C, B, D, B\}$。

最长公共子序列问题就是指：给定两个序列 $X = \{x_1, x_2, \cdots, x_m\}$ 和 $Y = \{y_1, y_2, \cdots, y_n\}$，找出 X 和 Y 的一个最长公共子序列。

2. 分析最优解的性质，刻画最优解的结构特征——最优子结构性质分析

设 $Z_k = \{z_1, z_2, \cdots, z_k\}$ 是序列 $X_m = \{x_1, x_2, \cdots, x_m\}$ 和序列 $Y_n = \{y_1, y_2, \cdots, y_n\}$ 的最长公共子序列。

（1）若 $z_k = x_m = y_n$，则 $Z_{k-1} = \{z_1, z_2, \cdots, z_{k-1}\}$ 是 X_{m-1} 和 Y_{n-1} 的最长公共子序列。

证明：设 Z_{k-1} 不是 X_{m-1} 和 Y_{n-1} 的最长公共子序列，则对序列 X_{m-1} 和 Y_{n-1} 来说，应该有它们的最长公共子序列，设其最长公共子序列为 M。因此有：$|Z_{k-1}| < |M|$。在 X_{m-1} 和 Y_{n-1} 的最后均添加一个相同的字符 $z_k = x_m = y_n$，则 $Z_{k-1} + \{z_k\}$ 和 $M + \{z_k\}$ 均是 X_m 和 Y_n 的公共子序列。又由于 $|Z_{k-1} + \{z_k\} = Z_k| < |M + \{z_k\}|$，故 Z_k 不是 X_m 和 Y_n 的最长公共子序列，与前提矛盾，得证。

（2）若 $x_m \neq y_n$，$x_m \neq z_k$，则 Z_k 是 X_{m-1} 和 Y_n 的最长公共子序列。

证明：设 Z_k 不是 X_{m-1} 和 Y_n 的最长公共子序列，则对序列 X_{m-1} 和 Y_n 来说，应该有它们的最长公共子序列，设其最长公共子序列为 M。由此有：$|Z_k| < |M|$。在 X_{m-1} 的最后添加一个字符 x_m，则 M 也是 X_m 和 Y_n 的公共子序列。又由于 $|Z_k| < |M|$，故 Z_k 不是 X_m 和 Y_n 的最长公共子序列，与前提矛盾，得证。

（3）若 $x_m \neq y_n$，$y_n \neq z_k$，则 Z_k 是 X_m 和 Y_{n-1} 的最长公共子序列。

证明：设 Z_k 不是 X_m 和 Y_{n-1} 的最长公共子序列，则对序列 X_m 和 Y_{n-1} 来说，应该有它们的最长公共子序列，设其最长公共子序列为 M。由此有：$|Z_k| < |M|$。在 Y_{n-1} 的最后添加一个字符 y_n，则 M 也是 X_m 和 Y_n 的公共子序列。又由于 $|Z_k| < |M|$，故 Z_k 不是 X_m 和 Y_n 的最长公共子序列，与前提矛盾，得证。

3. 建立最优值的递归关系式

设 $c[i][j]$ 表示序列 X_i 和 Y_j 的最长公共子序列的长度。则：

$$c[i][j] = \begin{cases} 0 & i = 0 \text{ 或 } j = 0 \\ c[i-1][j-1] + 1 & i, j > 0 \text{ 且 } x_i = y_j \\ \max\{c[i][j-1], c[i-1][j]\} & i, j > 0 \text{ 且 } x_i \neq y_j \end{cases}$$

4.4.2 算法设计

具体的求解步骤设计如下：

第一步，确定合适的数据结构。采用二维数组 c 来存放各个子问题的最优值，二维数

组 b 来存放各个子问题最优值的来源, $b[i][j]=1$ 表示 $c[i][j]$ 由 $c[i-1][j-1]+1$ 得到, $b[i][j]=2$ 表示 $c[i][j]$ 由 $c[i][j-1]$ 得到, $b[i][j]=3$ 表示 $c[i][j]$ 由 $c[i-1][j]$ 得到。数组 $x[1:m]$ 和 $y[1:n]$ 分别存放 X 序列和 Y 序列。

第二步,初始化。令 $c[i][0]=0$, $c[0][j]=0$,其中 $0 \leqslant i \leqslant m$, $0 \leqslant j \leqslant n$ 。

第三步,循环阶段。根据递归关系式,确定序列 X_i 和 Y_j 的最长公共子序列长度, $1 \leqslant i \leqslant m$ 。

(1) $i=1$ 时,求出 $c[1][j]$,同时记录 $b[1][j]$, $1 \leqslant j \leqslant n$ 。

(2) $i=2$ 时,求出 $c[2][j]$,同时记录 $b[2][j]$, $1 \leqslant j \leqslant n$ 。

以此类推,直到 $i=m$ 时,求出 $c[m][j]$,同时记录 $b[m][j]$, $1 \leqslant j \leqslant n$ 。此时, $c[m][n]$ 便是序列 X 和 Y 的最长公共子序列长度。

第四步,根据二维数组 b 记录的相关信息以自底向上的方式来构造最优解。

(1) 初始时, $i=m$, $j=n$ 。

(2) 若 $b[i][j]=1$,则输出 $x[i]$,同时递推到 $b[i-1][j-1]$;若 $b[i][j]=2$,则递推到 $b[i][j-1]$;若 $b[i][j]=3$,则递推到 $b[i-1][j]$ 。

重复执行第四步中的(2),直到 $i=0$ 或 $j=0$,此时就可得到序列 X 和 Y 的最长公共子序列。

求最优值的算法伪码描述如下:

```
算法:LCS
输入:字串 A 和字符串 B
输出:最长公共子序列的长度 c 及相关信息 b
    n ← 字符串 A 的长度
    m ← 字符串 B 的长度
    for i ← 0 to n do
        for j ← 0 to m do
            if ( i == 0 or j == 0) then
                c[i][j] ← 0
            else if A[i] == B[j] then
                c[i][j] ← ( c[i-1][j-1] + 1 )
                b[i][j] ← 0
            else if c[i-1][j] >= c[i][j-1] then
                c[i][j] ← c[i-1][j]
                b[i][j] ← 1
            else
                c[i][j] ← c[i][j-1]
                b[i][j] ← -1
    return c 和 b
```

根据相关信息构造最优解的伪码描述如下:

```
算法:printLCS(s,A,i,j)
输入:相关信息 s,字符串 A,子问题 Ai 和 Bj
输出:最长公共子序列
    if ( i == 0 or j == 0):
```

```
            return 0
        if s[i][j] == 0:
            printLCS(s,A,i-1,j-1)
            res.append(A[i])
        elif s[i][j] == 1:
             printLCS(s,A,i-1,j)
        else:
            printLCS(s,A,i,j-1)
```

4.4.3 实例构造

给定序列 $X=\{A,B,C,B,D,A,B\}$ 和 $Y=\{B,D,C,A,B,A\}$，求它们的最长公共子序列。

(1) $m=7$, $n=6$，将停止条件填入数组 c 中，即 $c[i][0]=0$, $c[0][j]=0$，其中 $0\leqslant i\leqslant m$, $0\leqslant j\leqslant n$，如表 4-8 所示。

(2) 当 $i=1$ 时，$X_1=\{A\}$，最后一个字符为 A；Y_j 的规模从 1 逐步放大到 6，其最后一个字符分别为 B、D、C、A、B、A，根据递归关系式，当 $j=1$ 时，$B\neq A$，$c[1][1]=c[0][1]$，$b[1][1]=3$，这里形象化地用"↑"表示。当 $j=2$ 时，$D\neq A$，$c[1][2]=c[0][2]$，$b[1][2]=3$；当 $j=3$ 时，$C\neq A$，$c[1][3]=c[0][3]$，$b[1][3]=3$；当 $j=4$ 时，$A=A$，$c[1][4]=c[0][3]+1$，$b[1][4]=1$，这里形象化地用"↖"表示；当 $j=5$ 时，$B\neq A$，$c[1][5]=c[1][4]$，$b[1][5]=2$，这里形象化地用"←"表示；当 $j=6$ 时，$A=A$，$c[1][6]=c[0][5]+1$，$b[1][6]=1$。结果如表 4-9 所示。

表 4-8　$i=0$ 或 $j=0$ 时的最优值

		B	D	C	A	B	A
	0	0	0	0	0	0	0
A	0						
B	0						
C	0						
B	0						
D	0						
A	0						
B	0						

表 4-9　$i=1$ 时的最优值

		B	D	C	A	B	A
	0	0	0	0	0	0	0
A	0	0	0	0	1	←1	1
B	0						
C	0						
B	0						
D	0						
A	0						
B	0						

(3) 当 $i=2$ 时，$X_2=\{A,B\}$，最后一个字符为 B；Y_j 的规模从 1 逐步放大到 6，其最后一个字符分别为 B、D、C、A、B、A，根据递归关系式，当 $j=1$ 时，$B=B$，$c[2][1]=c[1][0]+1$，$b[2][1]=1$；当 $j=2$ 时，$D\neq B$，$c[2][2]=c[2][1]$，$b[1][2]=2$；当 $j=3$ 时，$C\neq B$，$c[2][3]=c[2][2]$，$b[1][3]=2$；当 $j=4$ 时，$A\neq B$，$c[2][4]=c[1][4]$，$b[2][4]=3$；当 $j=5$ 时，$B=B$，$c[2][5]=c[1][4]+1$，$b[2][5]=1$；当 $j=6$ 时，$A\neq B$，$c[2][6]=c[2][5]$，$b[1][6]=2$。结果如表 4-10 所示。

(4) 以此类推，直到 $i=7$。$X_7=\{A,B,C,B,D,A,B\}$，X 的最后一个字符为 B；Y 的规模从 1 逐步放大到 6，其最后一个字符分别为 B、D、C、A、B、A，根据递归关系式计算结果如表 4-11 所示。

表4-10　i=2 时的最优值

		B	D	C	A	B	A
	0	0	0	0	0	0	0
A	0	0	0	0	1	1	1
B	0	1	1	1	1	2	2
C	0						
B	0						
D	0						
A	0						
B	0						

表4-11　i=7 时的最优值

		B	D	C	A	B	A
	0	0	0	0	0	0	0
A	0	0	0	0	1	1	1
B	0	1	1	1	1	2	2
C	0	1	1	2	2	2	2
B	0	1	1	2	2	3	3
D	0	1	2	2	2	3	3
A	0	1	2	2	3	3	4
B	0	1	2	2	3	4	4

(5) 从 $i=7$，$j=6$ 处向前递推，由于 $b[7][6]=3$，递推到 $b[6][6]$；$b[6][6]=1$，输出 $X[6]$，即字符 A，递推到 $b[5][5]$；$b[5][5]=3$，递推到 $b[4][5]$；$b[4][5]=1$，输出 $X[4]$，即字符 B，递推到 $b[3][4]$；$b[3][4]=2$，递推到 $b[3][3]$；$b[3][3]=1$，输出 $X[3]$，即字符 C，递推到 $b[2][2]$；$b[2][2]=2$，递推到 $b[2][1]$；$b[2][1]=1$，输出 $X[2]$，即字符 B，递推到 $b[1][0]$；此时，$j=0$，算法结束，找到 X 和 Y 的最长公共子序列为 $\{B,C,B,A\}$。

4.4.4　算法分析

1. 时间复杂度分析

求解最优值的算法需要填写 $m\times n$ 的二维表，表中每个元素的填写耗时 $O(1)$，故求最优值算法耗时 $O(mn)$。

构造最优解算法根据记录的相关信息，要么横向走一步，要么纵向走一步，要么斜向走一步，每走一步耗时 $O(1)$。所以该算法最坏耗时为 $O(m+n)$。

由此，最长公共子序列问题的算法耗时为 $O(mn)+O(m+n)=O(mn)$。

2. 空间复杂度分析

在计算最优值的过程中，借助了 c 和 b 两个二维数组，故空间复杂度为 $O(mn)$。构造最优解的过程，递归需要借助栈空间，所以空间复杂度取决于递归的深度，最坏需要栈空间 $O(m+n)$。由此，算法的空间复杂度为 $O(mn)$。

4.4.5　Python 实战

1. 数据结构选择

Python 中，选用二维列表 c 和 b 分别存储最优值、相关信息，用一维列表 res 存储最长公共子序列。

2. 编码实现

首先定义一个函数 LCS 求解最优值，同时记录相关信息。LCS 接收字串 A 和 B，输出最优值 c 和相关信息 b。其代码如下：

```python
def LCS(A,B):
    n = len(A)
    m = len(B)
```

```
        A.insert(0,'0')
        B.insert(0,'0')
        #二维表 c 存放公共子序列的长度
        c = [ ([0] * (m + 1)) for i in range(n + 1) ]
        #二维表 s 存放公共子序列的长度步进
        b = [ ([0] * (m + 1)) for i in range(n + 1) ]
        for i in range (0, n + 1):
            for j in range (0, m + 1):
                if (i == 0 or j == 0):
                    c[i][j] = 0
                elif A[i] == B[j]:
                    c[i][j] = ( c[i-1][j-1] + 1 )
                    b[i][j] = 0
                elif c[i-1][j] >= c[i][j-1]:
                    c[i][j] = c[i-1][j]
                    b[i][j] = 1
                else:
                    c[i][j] = c[i][j-1]
                    b[i][j] = -1
        return c,b
```

定义 printLCS()函数构造最优解,接收输入的相关信息 s、字符串 A、子问题 A_i 和 B_j,输出最长公共子序列。其代码如下:

```
def printLCS(s,A,i,j):
    global res
    if ( i == 0 or j == 0):
        return 0
    if s[i][j] == 0:
        printLCS(s,A,i-1,j-1)
        res.append(A[i])
    elif s[i][j] == 1:
        printLCS(s,A,i-1,j)
    else:
        printLCS(s,A,i,j-1)
```

定义 Python 入口——main()函数,在 main()函数中,给定字符串 A 和 B,调用 LCS()函数和 printLCS()函数求字符串 A 和 B 的最长公共子序列,最后将最长公共子序列输出到显示器上。其代码如下:

```
if __name__ == "__main__":
    A = ['z', 'x', 'y', 'x', 'y', 'z']
    B = ['x', 'y', 'y', 'z', 'x']
    res = []
    n = len(A)
    m = len(B)
    c,s = LCS(A,B)
    printLCS(s,A,n,m)
    print(res)
```

输出结果为

['x', 'y', 'y', 'z']。

4.5 加工顺序问题

视频讲解

4.5.1 问题分析——递归关系

1. 问题

设有 n 个工件需要在机器 M_1 和 M_2 上加工,每个工件的加工顺序都是先在 M_1 上加工,然后在 M_2 上加工。t_{1j},t_{2j} 分别表示工件 j 在 M_1,M_2 上所需的加工时间($j=1$, $2,\cdots,n$)。问应如何在两机器上安排生产,使得第一个工件从在 M_1 上加工开始到最后一个工件在 M_2 上加工完所需的总加工时间最短?

视频讲解

2. 分析最优解的性质,刻画最优解的结构——最优子结构性质

将 n 个工件的集合看作 $N=\{1,2,\cdots,n\}$,设 P 是给定 n 个工件的一个最优加工顺序方案,$P(i)$ 是该调度方案的第 i 个要调度的工件($i=1,2,\cdots,n$)。先考虑初始状态,第一台机器 M_1 开始加工集合 N 中的 $P(1)$ 工件时,第二台机器 M_2 空闲。随着时间的推移,经过 $t_{1P(1)}$ 的时间,进入一个新的状态:第一台机器 M_1 开始加工集合 $N-\{P(1)\}$ 中的 $P(2)$ 工件时,第二台机器 M_2 开始加工 $P(1)$ 工件,需要 $t_{2P(1)}$ 的时间才能空闲。以此类推,可以将每一个状态表示成更一般的形式,即当第一台机器 M_1 开始加工集合 $S(S\subseteq N$ 是 N 的作业子集)中的工件 i 时,第二台机器 M_2 需要 t 时间才能空闲下来。在这种状态下,从集合 S 中的第一个工件开始在机器 M_1 上加工到最后一个工件在机器 M_2 上加工结束时所耗的时间为 $T(S,t)$。设集合 S 的最优加工顺序中第一个要加工的工件为 i,那么,经过 t_{1i} 的时间,进入的状态为第一台机器 M_1 开始加工集合 $S-\{i\}$ 中的工件时,第二台机器 M_2 需要 t' 时间才能空闲下来,这种情况下机器 M_2 加工完 $S-\{i\}$ 中的工件所需的时间为 $T(S-\{i\},t')$,其中

$$t'=\begin{cases} t_{2i}+t-t_{1i} & t>t_{1i} \\ t_{2i} & t\leqslant t_{1i} \end{cases}, \quad \text{即 } t'=t_{2i}+\max\{t-t_{1i},0\}$$

则

$$T(S,t)=t_{1i}+T(S-\{i\}, \quad t_{2i}+\max\{t-t_{1i},0\}) \tag{4-1}$$

从式(4-1)可以看出,如果 $T(S,t)$ 是最小的,那么肯定包含 $T(S-\{i\}$,$t_{2i}+\max\{t-t_{1i},0\})$ 也是最小的。整体最优一定包含子问题最优。

3. 建立最优值的递归关系式

设 $T(S,t)$ 表示从集合 S 中的第一个工件开始在机器 M_1 上加工到最后一个工件在机器 M_2 上加工结束时所耗的最短时间,则:

当 $S=\phi$ 时,耗时为 M_2 闲下来所需要的时间,即 $T(S,t)=t$;

当 $S\neq\phi$ 时,$T(S,t)=\min\limits_{i\in S}\{t_{1i}+T(S-\{i\},t_{2i}+\max\{t-t_{1i},0\})\}$。

4. 加工顺序问题的 Johnson-Bellman's Rule

假设在集合 S 的 $n!$ 种加工顺序中,最优加工方案为以下两种方案之一:

方案1:先加工 S 中的 i 号工件,再加工 j 号工件,其他工件的加工顺序为最优顺序。

方案2:先加工 S 中的 j 号工件,再加工 i 号工件,其他工件的加工顺序为最优顺序。

可见,这两种方案只有最先加工的两个工件顺序不同,其他均相同。那么,最优方案究竟来源于方案 1,还是方案 2? 显然取决于这两种方案所需要的加工时间。

方案 1 的加工时间为:

$$
\begin{aligned}
T(S,t) &= t_{1i} + T(S-\{i\}, t_{2i} + \max\{t-t_{1i},0\}) \\
&= t_{1i} + t_{1j} + T(S-\{i,j\}, t_{2j} + \max\{t_{2i} + \max\{t-t_{1i},0\} - t_{1j},0\})
\end{aligned}
$$

(4-2)

令

$$
\begin{aligned}
t_{ij} &= t_{2j} + \max\{t_{2i} + \max\{t-t_{1i},0\} - t_{1j},0\} \\
&= t_{2j} + t_{2i} - t_{1j} + \max\{\max\{t-t_{1i},0\}, t_{1j} - t_{2i}\} \\
&= t_{2j} + t_{2i} - t_{1j} + \max\{t-t_{1i},0,t_{1j}-t_{2i}\} \\
&= t_{2j} + t_{2i} - t_{1j} + t_{1j} + \max\{t-t_{1i}-t_{1j}, -t_{1j}, -t_{2i}\} \\
&= t_{2j} + t_{2i} + \max\{t-t_{1i}-t_{1j}, -t_{1j}, -t_{2i}\}
\end{aligned}
$$

同理,方案 2 的加工时间为:

$$
\begin{aligned}
T'(S,t) &= t_{1j} + T'(S-\{j\}, t_{2j} + \max\{t-t_{1j},0\}) \\
&= t_{1i} + t_{1j} + T'(S-\{i,j\}, t_{2i} + \max\{t_{2j} + \max\{t-t_{1j},0\} - t_{1i},0\})
\end{aligned}
$$

(4-3)

令

$$
\begin{aligned}
t_{ji} &= t_{2i} + \max\{t_{2j} + \max\{t-t_{1j},0\} - t_{1i},0\} \\
&= t_{2j} + t_{2i} + \max\{t-t_{1i}-t_{1j}, -t_{1i}, -t_{2j}\}
\end{aligned}
$$

通过比较式(4-2)和式(4-3)发现,$T(S,t)$ 与 $T'(S,t)$ 的大小关系取决于 t_{ij} 和 t_{ji} 的大小。t_{ij} 和 t_{ji} 的大小关系取决于 $\max\{t-t_{1i}-t_{1j}, -t_{1j}, -t_{2i}\}$ 和 $\max\{t-t_{1i}-t_{1j}, -t_{1i}, -t_{2j}\}$ 的大小关系,即如果 $\max\{t-t_{1i}-t_{1j}, -t_{1j}, -t_{2i}\} > \max\{t-t_{1i}-t_{1j}, -t_{1i}, -t_{2j}\}$,则 $t_{ij} > t_{ji}$,$T(S,t) > T'(S,t)$;反之,$t_{ij} \leqslant t_{ji}$,$T(S,t) \leqslant T'(S,t)$。因此,如果方案 1 比方案 2 优,则:

$$\max\{t-t_{1i}-t_{1j}, -t_{1j}, -t_{2i}\} \leqslant \max\{t-t_{1i}-t_{1j}, -t_{1i}, -t_{2j}\}$$ (4-4)

式(4-4)两边同乘以 (-1) 得:

$$\min\{t_{1i}+t_{1j}-t, t_{1j}, t_{2i}\} \geqslant \min\{t_{1i}+t_{1j}-t, t_{1i}, t_{2j}\}$$ (4-5)

由式(4-5)可知,方案 1 不比方案 2 坏的充分必要条件是 $\min\{t_{1j}, t_{2i}\} \geqslant \min\{t_{1i}, t_{2j}\}$。

同理,方案 2 不比方案 1 坏的充分必要条件是 $\min\{t_{1i}, t_{2j}\} \geqslant \min\{t_{1j}, t_{2i}\}$。由此可以得出结论,对加工顺序中的两个加工工件 i 和 j,若它们在两台机器上的处理时间满足 $\min\{t_{1j}, t_{2i}\} \geqslant \min\{t_{1i}, t_{2j}\}$,则工件 i 先加工,工件 j 后加工的加工顺序优;反之,工件 j 先加工,工件 i 后加工的加工顺序优。

如果加工工件 i 和 j 满足 $\min\{t_{1j}, t_{2i}\} \geqslant \min\{t_{1i}, t_{2j}\}$ 不等式,称加工工件 i 和 j 满足 Johnson Bellman's Rule。设最优加工顺序为 P,则 P 的任意相邻的两个加工工件 $P(i)$ 和 $P(i+1)$ 满足 $\min\{t_{1P(i+1)}, t_{2P(i)}\} \geqslant \min\{t_{1P(i)}, t_{2P(i+1)}\}$,$1 \leqslant i \leqslant n-1$。进一步可以证明,最优加工顺序的第 i 个和第 j 个要加工的工件,如果 $i < j$,则 $\min\{t_{1P(j)}, t_{2P(i)}\} \geqslant \min\{t_{1P(i)}, t_{2P(j)}\}$。即满足 Johnson Bellman's Rule 的加工顺序方案为最优方案。

4.5.2 算法设计

根据 Johnson Bellman's Rule,有:

$$\min\{t_{1j}, t_{2i}\} \geqslant \min\{t_{1i}, t_{2j}\} \Leftrightarrow \begin{cases} t_{1j} \geqslant t_{2i} & \text{且 } t_{1i} \geqslant t_{2j}, \quad \text{则 } t_{2i} \geqslant t_{2j} \\ t_{1j} \geqslant t_{2i} & \text{且 } t_{1i} < t_{2j}, \quad \text{则 } t_{2i} \geqslant t_{1i} \\ t_{1j} < t_{2i} & \text{且 } t_{1i} \geqslant t_{2j}, \quad \text{则 } t_{1j} \geqslant t_{2j} \\ t_{1j} < t_{2i} & \text{且 } t_{1i} < t_{2j}, \quad \text{则 } t_{1j} \geqslant t_{1i} \end{cases} \tag{4-6}$$

$$\Rightarrow \begin{cases} t_{1j} \geqslant t_{2j} & t_{2j} \text{ 最小} \\ t_{2i} \geqslant t_{1i} & t_{1i} \text{ 最小} \\ t_{1j} \geqslant t_{2j} & t_{2j} \text{ 最小} \\ t_{2i} > t_{1i} & t_{1i} \text{ 最小} \end{cases} \Rightarrow \begin{cases} t_{1j} \geqslant t_{2j} & t_{2j} \text{ 最小} \\ t_{2i} > t_{1i} & t_{1i} \text{ 最小} \end{cases}$$

式(4-6)说明,①在第一台机器 M_1 上的加工时间越短的工件越先加工;②满足在 M_1 上的加工时间小于在第二台机器 M_2 上的加工时间的工件先加工;③在 M_2 上的加工时间越短的工件越后加工;④满足在 M_1 上的加工时间大于或等于在 M_2 上的加工时间的工件后加工。

因此,满足 Johnson Bellman's Rule 的最优加工顺序的算法步骤设计如下:

第一步,令 $N_1 = \{i \mid t_{1i} < t_{2i}\}$,$N_2 = \{i \mid t_{1i} \geqslant t_{2i}\}$。

第二步,将 N_1 中工件按 t_{1i} 非减序排序;将 N_2 中工件按 t_{2i} 非增序排序。

第三步,N_1 中工件接 N_2 中工件,即 $N_1 N_2$ 就是所求的满足 Johnson Bellman's Rule 的最优加工顺序。

4.5.3 实例构造

有 7 个工件,它们在第一台机器和第二台机器上的处理时间分别为 $[t_{11}, t_{12}, t_{13}, t_{14}, t_{15}, t_{16}, t_{17}] = [3, 8, 10, 12, 6, 9, 15]$,$[t_{21}, t_{22}, t_{23}, t_{24}, t_{25}, t_{26}, t_{27}] = [7, 2, 6, 18, 3, 10, 4]$,求 7 个工件的最优加工顺序。

按照算法步骤,求解过程如下:

(1) $N_1 = \{1, 4, 6\}$,$N_2 = \{2, 3, 5, 7\}$。

(2) 将 N_1 中工件按 t_{1i} 非减序排序,$N_1 = \{1, 6, 4\}$;将 N_2 中工件按 t_{2i} 非增序排序,$N_2 = \{3, 7, 5, 2\}$。

(3) 在 N_1 中工件接 N_2 中工件,$N_1 N_2 = \{1, 6, 4, 3, 7, 5, 2\}$。

4.5.4 算法分析

1. 时间复杂度分析

显然,FlowShop 算法的时间复杂性取决于 Sort() 函数的执行时间,由于 Sort() 函数的执行时间为 $O(n \log n)$,因此 FlowShop 算法的时间复杂性为 $O(n \log n)$。

2. 空间复杂度分析

算法需要借助 N_1,N_2 存储划分的两个集合,排序过程可采用原地排序,故空间复杂

度为 $O(n)$。

4.5.5　Python实战

1. 数据结构选择

Python 中，采用类 Jobtype 描述工件，每个工件包括工件编号、在两台机器上加工工件的最短时间、工件是否应该在 N_1 中的标志三个字段；重载了小于和等于操作，用于比较工件的加工时间。选用列表数据结构存储工件在两台机器上的加工时间和加工顺序。

2. 编码实现

首先定义 Jobtype 类，具体的代码如下：

```python
class Jobtype:
    def __init__(self,key,id,N1):
        self.key = key
        self.id = id
        self.N1 = N1
    def __lt__(self,other):
        return self.key < other.key
    def __eq__(self,other):
        return self.key == other.key
```

定义一个 FlowShop() 函数求解最优加工次序。FlowShop() 函数接收 n 个工件在两台机器上的加工时间 a 和 b、问题的规模 n，输出最优加工次序 x、最短的总加工时间 k。其代码如下：

```python
def FlowShop(n,a,b):
    job = []                         # 记录 n 个工件 Jobtype
    x = [0 for i in range(n)]        # 记录最优加工顺序
    for i in range(n):
        if a[i]> b[i]:
            key = b[i]
        else:
            key = a[i]
        N1 = a[i]< b[i]
        job.append(Jobtype(key,i,N1))
    job.sort()
    j = 0
    k = n - 1
    for i in range(n):
        if job[i].N1:
            x[j] = job[i].id         # 将 N1 中的工件放置在数组 c 的前端
            j += 1
        else:
            x[k] = job[i].id         # 将 N2 中的工件放置在数组 c 的后端
            k -= 1
    j = a[x[0]]
    k = j + b[x[0]]
    for i in range(1,n):             # 计算总时间
        j += a[x[i]]
```

```
        if(j < k):
            k = b[x[i]] + k
        else:
            k = j + b[x[i]]
    return x,k
```

定义 Python 入口——main()函数,在 main()函数中,给定 7 个工件在两台机器上的加工时间 a 和 b,调用 FlowShop 求最优加工次序及最短总加工时间,最后将最优加工次序打印输出到显示器上。其代码如下:

```
if __name__ == "__main__":
    a = [3,8,10,12,6,9,15]
    b = [7,2,6,18,3,10,4]
    n = len(a)
    x,k = FlowShop(n,a,b)
    print("最优加工次序为:")
    for i in range(n):
        print(x[i] + 1,end = '')
```

输出结果为

最优加工次序为:

1 6 4 3 7 5 2

视频讲解

4.6 0-1 背包问题

4.6.1 问题分析——递归关系

1. 问题

0-1 背包问题可描述为 n 个物品和 1 个背包。对物品 i,其价值为 v_i,重量为 w_i,背包的容量为 W。如何选取物品装入背包,使背包中所装入的物品的总价值最大? 物品不可分割。

该问题为何被称为 0-1 背包问题呢? 因为,在选择装入背包的物品时,对于物品 i 只有两种选择,即装入背包或不装入背包。不能将物品 i 装入背包多次,也不能只装入物品 i 的一部分。假设 x_i 表示物品 i 被装入背包的状态,当 $x_i = 0$ 时,表示物品没有被装入背包;当 $x_i = 1$ 时,表示物品被装入背包。

根据问题描述,设计出如下的约束条件和目标函数。

$$约束条件: \begin{cases} \sum_{i=1}^{n} w_i x_i \leqslant W \\ x_i \in \{0,1\} \quad 1 \leqslant i \leqslant n \end{cases} \tag{4-7}$$

$$目标函数: \max \sum_{i=1}^{n} v_i x_i \tag{4-8}$$

于是,问题归结为寻找一个满足约束条件式(4-7),并使目标函数式(4-8)达到最大的解向量 $X = (x_1, x_2, \cdots, x_n)$。

现实生活中,该问题可被表述成许多工业场合的应用,如资本预算、货物装载和存储分配等问题,因此对该问题的研究具有很重要的现实意义和实际价值。

2. 分析最优解的性质,刻画最优解的结构特征——最优子结构性质分析

假设 $(x_1, x_2, \cdots, x_i)$ 是所给 0-1 背包问题物品集为 $\{1, 2, \cdots, i\}$,背包容量为 j 的一个最优解,则 $(x_1, x_2, \cdots, x_{i-1})$ 是子问题物品集为 $\{1, 2, \cdots, i-1\}$,背包容量为 $j - w_i x_i$ 的一个最优解:

$$\text{约束条件:} \begin{cases} \sum_{k=1}^{i-1} w_k x_k \leqslant j - w_i x_i \\ x_k \in \{0, 1\} \quad 2 \leqslant k \leqslant n \end{cases}, \quad \text{目标函数:} \max \sum_{k=1}^{i-1} v_k x_k。$$

证明(反证法):设 $(x_1, x_2, \cdots, x_{i-1})$ 不是上述子问题的一个最优解,而 $(y_1, y_2, \cdots, y_{i-1})$ 是上述子问题的一个最优解,则最优解向量 $(y_1, y_2, \cdots, y_{i-1})$ 所求得的目标函数的值要比解向量 $(x_1, x_2, \cdots, x_{i-1})$ 求得的目标函数的值要大,即

$$\sum_{k=1}^{i-1} v_k y_k > \sum_{k=1}^{i-1} v_k x_k \tag{4-9}$$

又因为最优解向量 $(y_1, y_2, \cdots, y_{i-1})$ 满足约束条件:$\sum_{k=1}^{i-1} w_k y_k \leqslant j - w_i x_i$,即 $\sum_{k=1}^{i-1} w_k y_k + w_i x_i \leqslant j$,这说明 $(y_1, y_2, \cdots, y_{i-1}, x_i)$ 是原问题的一个解。此时,在式 (4-9) 的两边同时加上 $v_i x_i$,可得不等式 $\sum_{k=1}^{i-1} v_k y_k + v_i x_i > \sum_{k=1}^{i-1} v_k x_k + v_i x_i$,这说明在原问题的两个解 $(y_1, y_2, \cdots, y_i)$ 和 $(x_1, x_2, \cdots, x_i)$ 中,前者比后者所代表的装入背包的物品总价值要大,即 $(x_1, x_2, \cdots, x_i)$ 不是原问题的最优解。这与 $(x_1, x_2, \cdots, x_i)$ 是原问题的最优解矛盾。故 $(x_1, x_2, \cdots, x_{i-1})$ 是上述相应子问题的一个最优解,最优子结构性质得证。

3. 建立最优值的递归关系式

由于 0-1 背包问题的解是用向量 $(x_1, x_2, \cdots, x_n)$ 来描述的。因此,该问题可以被看作决策一个 n 元 0-1 向量 $(x_1, x_2, \cdots, x_n)$。对于任意一个分量 x_i 的决策是"决定 $x_i = 1$ 或 $x_i = 0$",$i = 1, 2, \cdots, n$。对 x_{i-1} 决策后,序列 $(x_1, x_2, \cdots, x_{i-1})$ 已被确定,在决策 x_i 时,问题处于下列两种状态之一:

(1) 背包容量不足以装入物品 i,则 $x_i = 0$,装入背包的价值不增加。

(2) 背包容量足以装入物品 i,则 $x_i = 1$,装入背包的价值增加 v_i。

在这两种情况下,装入背包的价值最大者应该是对 x_i 决策后的价值。

令 $C[i][j]$ 表示子问题 $\begin{cases} \sum_{k=1}^{i} w_k x_k \leqslant j \\ x_k \in \{0, 1\} \quad 1 \leqslant k \leqslant i \end{cases}$ 的最优值,即 $C[i][j] = \max \sum_{k=1}^{i} v_k x_k$。

那么,$C[i-1][j - w_i x_i]$ 表示该问题的子问题 $\begin{cases} \sum_{k=1}^{i-1} w_k x_k \leqslant j - w_i x_i \\ x_k, x_i \in \{0, 1\} \quad 1 \leqslant k \leqslant i-1 \end{cases}$ 的最优值。

如果 $j = 0$ 或 $i = 0$,令 $C[0][j] = C[i][0] = 0, 1 \leqslant i \leqslant n, 1 \leqslant j \leqslant W$;如果 $j < w_i$,第 i

个物品肯定不能装入背包,$x_i=0$,此时 $C[i][j]=C[i-1][j-w_ix_i]=C[i-1][j]$;如果 $j\geqslant w_i$,第 i 个物品能够装入背包:如果第 i 个物品不装入背包,即 $x_i=0$,则 $C[i][j]=C[i-1][j-w_ix_i]=C[i-1][j]$;如果第 i 个物品装入背包,即 $x_i=1$,则 $C[i][j]=C[i-1][j-w_ix_i]+v_i=C[i-1][j-w_i]+v_i$。可见当 $j\geqslant w_i$ 时,$C[i][j]$ 应取二者的最大值,即 $\max\{C[i-1][j],C[i-1][j-w_i]+v_i\}$。

由此可得最优值的递归定义式为

$$C[0][j]=C[i][0]=0 \tag{4-10}$$

$$C[i][j]=\begin{cases}C[i-1][j] & j<w_i \\ \max\{C[i-1][j],C[i-1][j-w_i]+v_i\} & j\geqslant w_i\end{cases} \tag{4-11}$$

4.6.2 算法设计

求解 0-1 背包问题的算法步骤如下:

第一步,设计算法所需的数据结构。采用数组 $w[n]$ 来存放 n 个物品的重量,数组 $v[n]$ 用来存放 n 个物品的价值,背包容量为 W,数组 $C[n+1][W+1]$ 用来存放每一次迭代的执行结果;数组 $x[n]$ 用来存储所装入背包的物品状态。

第二步,初始化。按式(4-10)初始化数组 C。

第三步,循环阶段。按式(4-11)确定前 i 个物品能够装入背包的情况下得到的最优值。

(1) $i=1$ 时,求出 $C[1][j]$,$1\leqslant j\leqslant W$。

(2) $i=2$ 时,求出 $C[2][j]$,$1\leqslant j\leqslant W$。

以此类推,直到 $i=n$ 时,求出 $C[n][W]$。此时,$C[n][W]$ 便是最优值。

第四步,确定装入背包的具体物品。从 $C[n][W]$ 的值向前推,如果 $C[n][W]>C[n-1][W]$,表明第 n 个物品被装入背包,则 $x_n=1$,前 $n-1$ 个物品被装入容量为 $W-w_n$ 的背包中;否则,第 n 个物品没有被装入背包,则 $x_n=0$,前 $n-1$ 个物品被装入容量为 W 的背包中。以此类推,直到确定第 1 个物品是否被装入背包中为止。由此,得到以下关系式:

$$\begin{cases}x_i=0, & j=j & \text{当} C[i][j]=C[i-1][j] \\ x_i=1, & j=j-w_i & \text{当} C[i][j]>C[i-1][j]\end{cases} \tag{4-12}$$

按照式(4-12),从 $C[n][W]$ 的值向前倒推,即 j 初始为 W,i 初始为 n,即可确定装入背包的具体物品。

算法伪码描述如下:

```
算法:knapsack(w,v,W)
输入:n 个物品的重量、价值和背包容量 W
输出:装入背包的最优值和最优解
    n ←物品个数
    for i ←1 to n-1 do
        for j ←1 to W do
            if w[i]≤j then
                c[i][j]←max(c[i-1][j-w[i]]+v[i],c[i-1][j])
            else
                c[i][j]←c[i-1][j]
```

```
//构造最优解
j ← W
for i←n until 0 do
    if c[i][j] > c[i - 1][j] then
        x[i - 1] ← 1
        j ← j - w[i - 1]
return c[n][W],x
```

4.6.3　实例构造

有 5 个物品,其重量分别为 2,2,6,5,4,价值分别为 6,3,5,4,6。背包容量为 10,物品不可分割,求装入背包的物品和获得的最优值。

根据算法设计步骤,该实例的具体求解过程如下:

采用二维数组 $C[6][11]$ 来存放各个子问题的最优值,行 i 表示物品,列 j 表示背包容量,表中数据表示 $C[i][j]$。

(1) 根据式(4-10)初始化第 0 行和第 0 列,如表 4-12 所示。

表 4-12　初始化第 0 行和第 0 列

	0	1	2	3	4	5	6	7	8	9	10
0	0	0	0	0	0	0	0	0	0	0	0
1	0										
2	0										
3	0										
4	0										
5	0										

(2) $i=1$ 时,求出 $C[1][j]$,$1 \leqslant j \leqslant W$。

由于物品 1 的重量 $w_1=2$,价值 $v_1=6$,故根据式(4-11),分以下两种情况讨论。

① 如果 $j<w_1$,即 $j<2$ 时,$C[1][j]=C[0][j]$。

② 如果 $j \geqslant w_1$,即 $j \geqslant 2$ 时,$C[1][j]=\max\{C[0][j],C[0][j-w_1]+v_1\}=\max\{C[0][j],C[0][j-2]+6\}$。

$i=1$ 时的内容如表 4-13 所示。

表 4-13　$i=1$ 时的内容

	0	1	2	3	4	5	6	7	8	9	10
0	0	0	0	0	0	0	0	0	0	0	0
1	0	0	6	6	6	6	6	6	6	6	6
2	0										
3	0										
4	0										
5	0										

(3) $i=2$ 时,求出 $C[2][j]$,$1 \leqslant j \leqslant W$。

由于物品 2 的重量 $w_2=2$,价值 $v_2=3$,故根据式(4-11),分以下两种情况讨论。

① 如果 $j<w_2$，即 $j<2$ 时，$C[2][j]=C[1][j]$。

② 如果 $j\geqslant w_2$，即 $j\geqslant 2$ 时，$C[2][j]=\max\{C[1][j],C[1][j-w_2]+v_2\}=\max\{C[1][j],C[1][j-2]+3\}$。

由于 j 的取值不同，满足的条件也就有所不同，$i=2$ 时的内容如表 4-14 所示。

表 4-14　$i=2$ 时的内容

	0	1	2	3	4	5	6	7	8	9	10
0	0	0	0	0	0	0	0	0	0	0	0
1	0	0	6	6	6	6	6	6	6	6	6
2	0	0	6	6	9	9	9	9	9	9	9
3	0										
4	0										
5	0										

（4）$i=3$ 时，求出 $C[3][j]$，$1\leqslant j\leqslant W$。

由于物品 3 的重量 $w_3=6$，$v_3=5$，故根据式(4-11)，分以下两种情况讨论。

① 如果 $j<w_3$，即 $j<6$ 时，$C[3][j]=C[2][j]$。

② 如果 $j\geqslant w_3$，即 $j\geqslant 6$ 时，$C[3][j]=\max\{C[2][j],C[2][j-w_3]+v_3\}=\max\{C[2][j],C[2][j-6]+5\}$。

$i=3$ 时的内容如表 4-15 所示。

表 4-15　$i=3$ 时的内容

	0	1	2	3	4	5	6	7	8	9	10
0	0	0	0	0	0	0	0	0	0	0	0
1	0	0	6	6	6	6	6	6	6	6	6
2	0	0	6	6	9	9	9	9	9	9	9
3	0	0	6	6	9	9	9	9	11	11	14
4	0										
5	0										

（5）$i=4$ 时，求出 $C[4][j]$，$1\leqslant j\leqslant W$。

由于物品 4 的重量 $w_4=5$，$v_4=4$，故根据式(4-11)，分以下两种情况讨论。

① 如果 $j<w_4$，即 $j<5$ 时，$C[4][j]=C[3][j]$。

② 如果 $j\geqslant w_4$，即 $j\geqslant 5$ 时，$C[4][j]=\max\{C[3][j],C[3][j-w_4]+v_4\}=\max\{C[3][j],C[3][j-5]+4\}$。

$i=4$ 时的内容如表 4-16 所示。

表 4-16　$i=4$ 时的内容

	0	1	2	3	4	5	6	7	8	9	10
0	0	0	0	0	0	0	0	0	0	0	0
1	0	0	6	6	6	6	6	6	6	6	6
2	0	0	6	6	9	9	9	9	9	9	9

续表

	0	1	2	3	4	5	6	7	8	9	10
3	0	0	6	6	9	9	9	9	11	11	14
4	0	0	6	6	9	9	9	10	11	13	14
5	0										

（6）$i=5$ 时，求出 $C[5][j]$，$1 \leqslant j \leqslant W$，即进行 $i=5$ 行的填表。

由于物品 5 的重量 $w_5=4$，$v_5=6$，故根据式（4-11），分以下两种情况讨论。

① 如果 $j < w_5$，即 $j < 4$ 时，$C[5][j] = C[4][j]$。

② 如果 $j \geqslant w_5$，即 $j \geqslant 4$ 时，$C[5][j] = \max\{C[4][j], C[4][j-w_5]+v_5\} = \max\{C[4][j], C[4][j-4]+6\}$。

由于 j 的取值不同，满足的条件也就有所不同，$i=5$ 时的内容如表 4-17 所示。

表 4-17 $i=5$ 时的内容

	0	1	2	3	4	5	6	7	8	9	10
0	0	0	0	0	0	0	0	0	0	0	0
1	0	0	6	6	6	6	6	6	6	6	6
2	0	0	6	6	9	9	9	9	9	9	9
3	0	0	6	6	9	9	9	9	11	11	14
4	0	0	6	6	9	9	9	10	11	13	14
5	0	0	6	6	9	9	12	12	15	15	15

最终，从表 4-17 中可以看出，装入背包的物品的最优值是 15。

（7）从 $C[n][W]$ 的值根据式（4-12）向前推，最终可求出装入背包的具体物品，即问题的最优解。

初始时，$j=W$，$i=5$。

如果 $C[i][j]=C[i-1][j]$，说明第 i 个物品没有被装入背包，那么 $x_i=0$。

如果 $C[i][j]>C[i-1][j]$，说明第 i 个物品被装入背包，那么 $x_i=1$，$j=j-w_i$。

由于 $C[n][W]=C[5][10]=15>C[4][10]=14$，说明物品 5 被装入了背包，因此 $x_5=1$，且更新 $j=j-w[5]=10-4=6$。由于 $C[4][j]=C[4][6]=9=C[3][6]$，说明物品 4 没有被装入背包，因此 $x_4=0$；由于 $C[3][j]=C[3][6]=9=C[2][6]=9$，说明物品 3 没有被装入背包，因此 $x_3=0$。由于 $C[2][j]=C[2][6]=9>C[1][6]=6$，说明物品 2 被装入了背包，因此 $x_2=1$，且更新 $j=j-w[2]=6-2=4$。由于 $C[1][j]=C[1][4]=6>C[0][4]=0$，说明物品 1 被装入了背包，因此 $x_1=1$，且更新 $j=j-w[1]=4-2=2$。最终可求得装入背包的物品的最优解 $X=(x_1,x_2,\cdots,x_n)=(1,1,0,0,1)$。

4.6.4 算法分析

1. 时间复杂度分析

在算法 knapsack 中，利用嵌套 for 循环填写二维表 C，共 $n \times W$ 个元素，每个元素的获得耗时 $O(1)$，故计算最优值耗时 $O(n \times W)$。构造最优解的 for 循环耗时 $O(n)$。因此算法 knapsack 的耗时为 $O(n \times W) + O(n) = O(n \times W)$。

2. 空间复杂度分析

算法 knapsack 中,借助二维表 C 存储最优值,所以算法的空间复杂度为 $O(n \times W)$。

该算法有两个较为明显的缺点:一是算法要求所给物品的重量 $w_i (1 \leq i \leq n)$ 是整数;二是当背包容量 W 很大时,算法需要的计算时间较多,例如,当 $W > 2^n$ 时,算法需要 $O(n2^n)$ 的计算时间。因此,在这里设计了对算法 knapsack 的改进方法,采用该方法可克服这两大缺点。

4.6.5 算法的改进

1. 算法的改进思路

视频讲解

由 $C[i][j]$ 的递归式(4-11)容易证明:在一般情况下,对每一个确定的 $i(1 \leq i \leq n)$,函数 $C[i][j]$ 是关于变量 j 的阶梯状单调不减函数(事实上,计算 $C[i][j]$ 的递归式在变量 j 是连续变量,即为实数时仍成立)。跳跃点是这一类函数的描述特征。在一般情况下,函数 $C[i][j]$ 由其全部跳跃点唯一确定,如图 4-9 所示。

利用该类函数由其跳跃点唯一确定的性质,来对 0-1 背包问题的算法 knapsack 进行改进,具体思路如下:

(1) 对每一个确定的 $i(1 \leq i \leq n)$,用一个表 $p[i]$ 来存储函数 $C[i][j]$ 的全部跳跃点。对每一个确定的实数 j,可以通过查找 $p[i]$ 来确定函数 $C[i][j]$ 的值。$p[i]$ 中的全部跳跃点 $(j, C[i][j])$ 按 j 升序排列。由于函数 $C[i][j]$ 是关于 j 的阶梯状单调不减函数,故 $p[i]$ 中全部跳跃点的 $C[i][j]$ 值也是递增排列的。

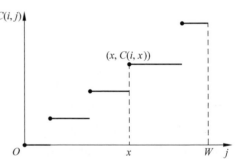

图 4-9 阶梯状单调不减函数 $C(i, j)$
及其跳跃点

(2) $p[i]$ 可通过计算 $p[i-1]$ 得到。初始时令 $p[0] = \{(0,0)\}$。由于函数 $C[i][j]$ 是由函数 $C[i-1][j]$ 与函数 $C[i-1][j-w_i]+v_i$ 做 max 运算得到的。因此,函数 $C[i][j]$ 的全部跳跃点包含于函数 $C[i-1][j]$ 的跳跃点集 $p[i-1]$ 与函数 $C[i-1][j-w_i]+v_i$ 的跳跃点集 $q[i-1]$ 的并集。容易得知,$(s,t) \in q[i-1]$ 当且仅当 $w_i \leq s \leq W$ 且 $(s-w_i, t-v_i) \in p[i-1]$。因此,容易由 $p[i-1]$ 来确定跳跃点集 $q[i-1]$,公式为

$$q[i-1] = p[i-1] \oplus (w_i, v_i)$$
$$= \{(j+w_i, C[i][j]+v_i) \mid (j, C[i][j]) \in p[i-1], j+w_i \leq W\}$$

(3) 另外,设 (a,b) 和 (c,d) 是 $p[i-1] \cup q[i-1]$ 中的两个跳跃点,当 $c \geq a$ 且 $d < b$ 时,(c,d) 受控于 (a,b),从而 (c,d) 不是 $p[i]$ 中的跳跃点。也就是说,根据函数 $C[i][j]$ 是关于 j 的阶梯状单调不减函数的特征,在跳跃点集 $p[i-1] \cup q[i-1]$ 中,按 j 由小到大排序,如果出现 j 增加,$C[i][j]$ 反而下降的点 $(j, C[i][j])$,则不符合函数单调性,要舍弃。$p[i-1] \cup q[i-1]$ 中的其他跳跃点均为 $p[i]$ 中的跳跃点。

(4) 由此可得,在递归地由 $p[i-1]$ 计算 $p[i]$ 时,可先由 $p[i-1]$ 计算出 $q[i-1]$,

然后合并 $p[i-1]$ 和 $q[i-1]$，并清除其中的受控跳跃点得到 $p[i]$。

（5）构造最优解。

第一步，初始时，$i=n$，j 初始化为 $p[n]$ 中的最大重量，m 初始化为 $p[n]$ 中的最优值。

第二步，检查 $p[i-1]$ 中的所有点 (w,v)，如果 $w+w_i=j$ 并且 $v+v_i=m$，则 $x_i=1$，$j=w$，$m=v$，否则 $x_i=0$。重复第二步，直到 $i=0$ 为止。

【例 4-5】　用跳跃点算法求解 4.6.3 节的实例。

按照算法的改进思路，具体的求解过程如下：

初始时，令 $p[0]=\{(0,0)\}$。
$$q[0]=p[0]\oplus(w_1,v_1)=\{(2,6)\}$$
$$p[1]=p[0]\cup q[0]=\{(0,0),(2,6)\}$$
$$q[1]=p[1]\oplus(w_2,v_2)=\{(2,3),(4,9)\}$$
$$p[1]\cup q[1]=\{(0,0),(2,6),(2,3),(4,9)\}$$

在该并集中可以看到，跳跃点 $(2,3)$ 受控于跳跃点 $(2,6)$，因此将 $(2,3)$ 从并集中清除，得到 $p[2]=p[1]\cup q[1]=\{(0,0),(2,6),(4,9)\}$。
$$q[2]=p[2]\oplus(w_3,v_3)=\{(6,5),(8,11),(10,14)\}$$
$$p[2]\cup q[2]=\{(0,0),(2,6),(4,9),(6,5),(8,11),(10,14)\}$$

在该并集中可以看到，跳跃点 $(6,5)$ 受控于跳跃点 $(4,9)$，因此将 $(6,5)$ 从并集中清除，得到 $p[3]=\{(0,0),(2,6),(4,9),(8,11),(10,14)\}$。
$$q[3]=p[3]\oplus(w_4,v_4)=\{(5,4),(7,10),(9,13),(13,15),(15,18)\}$$

由于跳跃点 $(13,15)$ 和 $(15,18)$ 已超出背包的容量 $W=10$，因此将它们清除，得到 $q[3]=\{(5,4),(7,10),(9,13)\}$。
$$p[3]\cup q[3]=\{(0,0),(2,6),(4,9),(5,4),(7,10),(8,11),(9,13),(10,14)\}$$

在该并集中可以看到，跳跃点 $(5,4)$ 受控于跳跃点 $(4,9)$，因此将 $(5,4)$ 从并集中清除，得到 $p[4]=\{(0,0),(2,6),(4,9),(7,10),(8,11),(9,13),(10,14)\}$。
$$q[4]=p[4]\oplus(w_5,v_5)=\{(4,6),(6,12),(8,15),(11,16),(12,17),(13,19),(14,20)\}$$

同理，由于跳跃点 $(11,16)$、$(12,17)$、$(13,19)$ 和 $(14,20)$ 已超出背包的容量 $W=10$，因此将它们清除，得到 $q[4]=\{(4,6),(6,12),(8,15)\}$。
$$p[4]\cup q[4]=\{(0,0),(2,6),(4,9),(4,6),(6,12),(7,10),(8,11),(8,15),(9,13),(10,14)\}$$

在该并集中的受控跳跃点有 $(4,6)$、$(7,10)$、$(8,11)$、$(9,13)$ 和 $(10,14)$，因此将它们从并集中清除，得到 $p[5]=\{(0,0),(2,6),(4,9),(6,12),(8,15)\}$。

$p[5]$ 中最后的跳跃点 $(8,15)$ 给出了装入背包的最优值 15 及装入背包的物品重量 8。

构造最优解过程：由于 $p[4]$ 中的 $(4,9)\oplus(4,6)=(8,15)$，故 $x_5=1$，$j=4$，$m=9$；由于 $p[3]$ 中的所有点 $\oplus(w_4,v_4)\neq(j,m)$，故 $x_4=0$；$p[2]$ 中的所有点 $\oplus(w_3,v_3)\neq(j,m)$，故 $x_3=0$；$p[1]$ 中的 $(2,6)\oplus(2,3)=(4,9)$，故 $x_2=1$，$j=2$，$m=6$；$p[0]$ 中的 $(0,0)\oplus(2,6)=(2,6)$，故 $x_1=1$，$j=0$，$m=0$；求得的最优解为 $(1,1,0,0,1)$。

显然，改进算法的主要计算量在于计算跳跃点集 $p[i]$ $(1\leqslant i\leqslant n)$。由于 $q[i-1]=p[i-1]\oplus(w_i,v_i)$，故计算 $q[i-1]$ 需要 $O(|p[i-1]|)$ 的时间，合并 $p[i-1]$ 和 $q[i-1]$ 并清除受控跳跃点也需要 $O(|p[i-1]|)$ 的计算时间。从跳跃点集 $p[i]$ 的定义可以看

出,$p[i]$中的跳跃点相应为为$x_1,\cdots,x_i$的0-1赋值,因此,$p[i]$中跳跃点个数不超过2^i。由此可见,改进算法计算跳跃点集$p[i]$($1\leqslant i\leqslant n$)所花费的计算时间为:

$$O\left(\sum_{i=1}^{n}\mid p[i-1]\mid\right)=O\left(\sum_{i=1}^{n}2^{i-1}\right)=O(2^n)$$

从而,改进后的算法的计算时间复杂度为$O(2^n)$。当所给物品的重量w_i($1\leqslant i\leqslant n$)是整数时,$|p[i]|\leqslant W+1$,此时,改进后算法的计算时间复杂度为$O(\min\{nW,2^n\})$。

4.6.6 Python 实战

1. 0-1 背包问题动态规划算法

首先定义一个 knapsack()函数接收物品的重量、价值和背包的容量,返回装入的最优值和最优解。其代码如下:

```python
import numpy as np
def knapsack(w, v, W):                                    # return max v
    w.insert(0, 0)                                        # 前 0 件要用
    v.insert(0, 0)                                        # 前 0 件要用
    n = len(w)
    c = np.zeros((n, W + 1), dtype = np.int32)            # 下标从零开始
    for i in range(1, n):
        for j in range(1, W + 1):
            if w[i] <= j:
                c[i][j] = max(c[i - 1][j - w[i]] + v[i], c[i - 1][j])
            else:
                c[i][j] = c[i - 1][j]
    x = [0 for i in range(n)]
    j = W
    for i in range(n - 1, 0, -1):
        if c[i][j] > c[i - 1][j]:
            x[i - 1] = 1
            j -= w[i - 1]
    return c[n - 1][W], x                                 # 返回最优值,最优解
```

Python 程序入口——main()函数,在 main()函数中,给定 5 个物品的实例,调用 knapsack()函数得到该实例的最优值和最优解,并将结果打印输出到显示器上。其代码如下:

```python
if __name__ == "__main__":
    w = [2, 2, 6, 5, 4]
    v = [3, 6, 5, 4, 6]
    w_most = 10
    bestp, x = knapsack(w, v, w_most)
    print('最优值为:', bestp)
    print('背包中所装物品为:', x)
```

输出结果为

最优值为:15

背包中所装物品为:[1, 1, 0, 0, 1, 0]

2. 0-1 背包问题的跳跃点算法

首先定义一个 merge_points()函数,完成跳跃点集合的归并排序。接收两个有序的点集,将其归并为一个有序的点集。其代码如下:

```
def merge_points(points_x, points_y):
    x_len = len(points_x)
    y_len = len(points_y)
    merged_points = []
    i = j = 0
    while True:
        if i == x_len or j == y_len:
            break
        if points_x[i][0] < points_y[j][0]:
            merged_points.append(points_x[i])
            if points_x[i][1] >= points_y[j][1]:
                j += 1
            i += 1
        else:
            merged_points.append(points_y[j])
            if points_y[j][1] >= points_x[i][1]:
                i += 1
            j += 1
    while i < x_len:
        if points_x[i][0] > merged_points[-1][0] and points_x[i][1] > merged_points[-1][1]:
            merged_points.append(points_x[i])
        i += 1
    while j < y_len:
        if points_y[j][0] > merged_points[-1][0] and points_y[j][1] > merged_points[-1][1]:
            merged_points.append(points_y[j])
        j += 1
    return merged_points
```

其次,定义 knapsack_improve()函数,完成各子问题跳跃点的计算,从而求出原问题的跳跃点,得到问题的最优值。

```
def knapsack_improve(w, v, capacity):
    if len(w) != len(v):
        print("parameter err!")
        return
    n = len(w)
    jump_points_p = [[] for x in range(n + 1)]
    jump_points_q = [[] for x in range(n + 1)]
    jump_points_p[0].append((0, 0))
    # jump_points_q.append([Point(w[n - 1], v[n - 1])])
    for i in range(1, n + 1):
        jump_points_q[i - 1] = [(point[0] + w[i - 1], point[1] + v[i - 1]) for point in
jump_points_p[i - 1] if point[0] + w[i - 1] <= capacity]
        jump_points_p[i] = merge_points(jump_points_p[i - 1], jump_points_q[i - 1])
    return jump_points_p
```

定义 Traceback()函数,根据各子问题的跳跃点,逆向递推构造问题的最优解。其代

码如下:

```python
def Traceback(n, w, v, jump_points_p):
    vector = [0 for x in range(n)]
    point = jump_points_p[n][len(jump_points_p[n]) - 1]
    for i in range(n, 0, -1):
        temp_point = (point[0] - w[i - 1], point[1] - v[i - 1])
        if temp_point in jump_points_p[i - 1]:
            vector[i - 1] = 1
            point = temp_point
    return vector
```

Python 程序入口——main()函数,在 main()函数中,给定 5 个物品的重量、价值和背包的容量,调用 knapsack_improve()函数得到最优值,再调用 Traceback()函数构造问题的最优解,最后将结果打印输出到显示器上。其代码如下:

```python
if __name__ == "__main__":
    w = [2, 2, 6, 5, 4]
    v = [6, 3, 5, 4, 6]
    capacity = 10
    n = len(w)
    result = knapsack_improve(w, v, capacity)
    vector = Traceback(n, w, v, result)
    print('最优解为:', vector)
```

输入结果为
最优解为: [1, 1, 0, 0, 1]

4.7 最优二叉查找树

视频讲解

4.7.1 问题分析——递归关系

1. 基本概念

视频讲解

(1) 二叉查找树。给定由 n 个关键字组成的有序序列 $S = \{s_1, s_2, \cdots, s_n\}$,现在要用这些关键字建立一棵二叉查找树 T。对于每个关键字 s_i,其相应的查找概率为 p_i。由于在 S 中可能不存在对于某些值的检索,因此在二叉查找树中设置 $n+1$ 个虚节点 e_0, $e_1, \cdots, e_n$ 来表示不在 S 中的那些值,其中 e_0 表示小于 s_1 的所有值,e_n 表示大于 s_n 的所有值,对于 $i = 1, 2, \cdots, n-1$,e_i 表示位于 s_i 与 s_{i+1} 之间的所有值。每个虚节点 e_i 对应一个查找概率 q_i。在构建的二叉查找树中,s_i 为实节点(内部节点),e_i 表示虚节点(叶子节点)。每次检索要么成功,即检索到实节点 s_i;要么不成功,即检索到虚节点 e_i,因此

$$\sum_{i=1}^{n} p_i + \sum_{i=0}^{n} q_i = 1 \text{。}$$

显然,对于同一个关键字的集合,二叉查找树的形态会由于插入顺序的不同而不同。

【例 4-6】 给定有序关键字的集合 $\{s_1, s_2, s_3\}$。在二叉查找树中,假设查找 $x = s_i$ 的概率为 p_i,其中 $p_1 = 0.5$、$p_2 = 0.1$、$p_3 = 0.05$,设置 4 个虚节点 e_0, e_1, e_2, e_3。假设 e_i 对

应的查找概率为 q_i，其中 $q_0 = 0.15$、$q_1 = 0.1$、$q_2 = 0.05$、$q_3 = 0.05$，且 $\sum_{i=1}^{3} p_i + \sum_{i=0}^{3} q_i = 1$。

图 4-10 所示为包含上述实、虚节点的二叉查找树的所有形态。其中，圆圈表示实节点，方框表示虚节点。

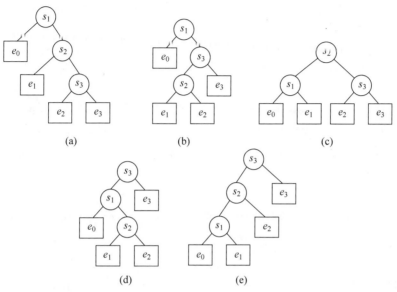

图 4-10　包含 $\{s_1, s_2, s_3\}$ 和 $\{e_0, e_1, e_2, e_3\}$ 的二叉查找树形态

（2）平均比较次数。如何来衡量不同二叉查找树的查找效率呢？通常采用平均比较次数来作为衡量的标准。设在表示 $S = \{s_1, s_2, \cdots, s_n\}$ 的二叉查找树 T 中，元素 s_i 的节点深度为 $c_i (1 \leqslant i \leqslant n)$，查找概率为 p_i；虚节点为 $\{e_0, e_1, \cdots, e_n\}$，$e_j$ 的节点深度为 d_j，查找概率为 $q_j (0 \leqslant j \leqslant n)$。

显然，对于图 4-10 所示的情况而言，在深度为 0 的实节点处查找结束，需比较 1 次；而在深度为 1 的实节点处查找结束，需比较两次；可见，如果在实节点处查找结束，需要进行比较的次数＝实节点在二叉查找树中的深度＋1。对于虚节点而言，它们在对应的实节点进行比较操作后即可确定。如在图 4-10(d) 中，对节点 s_2 进行比较操作后即可知道是到达 e_1 还是到达 e_2，因此在深度为 1 的虚节点处查找结束，需要比较 1 次；而在深度为 2 虚节点处查找结束，需要比较两次；可见，如果在虚节点处查找结束，需要比较的次数＝虚节点在二叉查找树中的深度。

那么，平均比较次数通常被定义为：

$$C = \sum_{i=1}^{n} p_i (1 + c_i) + \sum_{j=0}^{n} q_j d_j$$

对于图 4-10 所示的 5 种情况，它们的平均比较次数分别为：

$C_1(n) = 1 \times p_1 + 2 \times p_2 + 3 \times p_3 + 1 \times q_0 + 2 \times q_1 + 3 \times (q_2 + q_3) = 1.5$

$C_2(n) = 1 \times p_1 + 3 \times p_2 + 2 \times p_3 + 1 \times q_0 + 3 \times (q_1 + q_2) + 2 \times q_3 = 1.6$

$C_3(n) = 1 \times p_2 + 2 \times (p_1 + p_3) + 2 \times (q_0 + q_1 + q_2 + q_3) = 1.9$

$$C_4(n) = 1 \times p_3 + 2 \times p_1 + 3 \times p_2 + 1 \times q_3 + 2 \times q_0 + 3 \times (q_1 + q_2) = 2.15$$

$$C_5(n) = 1 \times p_3 + 2 \times p_2 + 3 \times p_1 + 1 \times q_3 + 2 \times q_2 + 3 \times (q_0 + q_1) = 2.65$$

显然,5 棵二叉查找树的平均比较次数是不同的。那么,究竟哪棵是最优二叉查找树呢?

(3) 最优二叉查找树。最优二叉查找树是在所有表示有序序列 S 的二叉查找树中,具有最小平均比较次数的二叉查找树。

显然,图 4-10(a)所示的二叉查找树的平均比较次数最小,该树即为最优二叉查找树。而高度最小的是图 4-10(c)所示的二叉查找树。可见在查找概率不等的情况下,最优二叉查找树并不一定是高度最小的二叉查找树。

由图 4-10(a)~(e)所示可知,节点在二叉查找树中的深度越大,需要比较的次数就越多。因此要构造一棵最优二叉查找树,一般尽量把查找概率较高的节点靠近根节点。乍一听,好像是哈夫曼编码,但不同的是二叉查找树的所有节点的左右顺序(这里指中序遍历的顺序)不能颠倒。所以无法像哈夫曼编码那样一味地把查找概率高的节点往上移。

2. 分析最优解的性质,刻画最优解的结构特征——最优子结构性质分析

将由实节点 $\{s_1, s_2, \cdots, s_n\}$ 和虚节点 $\{e_0, e_1, \cdots, e_n\}$ 构成的二叉查找树记为 $T(1, n)$。设定元素 s_k 作为该树的根节点,$1 \leqslant k \leqslant n$,则二叉查找树 $T(1, n)$ 的左子树由实节点 $\{s_1, \cdots, s_{k-1}\}$ 和虚节点 $e_0, \cdots, e_{k-1}$ 组成,记为 $T(1, k-1)$;而右子树由实节点 $\{s_{k+1}, \cdots, s_n\}$ 和虚节点 $e_k, \cdots, e_n$ 组成,记为 $T(k+1, n)$。

如果 $T(1, n)$ 是最优二叉查找树,那么左子树 $T(1, k-1)$ 和右子树 $T(k+1, n)$ 也是最优二叉查找树。如若不然,假设 $T'(k+1, n)$ 是比 $T(k+1, n)$ 更优的二叉查找树,则 $T'(k+1, n)$ 的平均比较次数小于 $T(k+1, n)$ 的平均比较次数,从而由 $T(1, k-1)$、s_k 和 $T'(k+1, n)$ 构成的二叉查找树 $T'(1, n)$ 的平均比较次数小于 $T(1, n)$ 的平均比较次数,这与 $T(1, n)$ 是最优二叉查找树的前提相矛盾。因此,最优二叉查找树具有最优子结构性质得证。

3. 建立最优值的递归关系式

已知 $T(1, n)$ 是由元素 $\{s_1, s_2, \cdots, s_n\}$ 和 $\{e_0, e_1, \cdots, e_n\}$ 构成的最优二叉查找树。设 $T(1, n)$ 的一棵由元素 $\{s_i, \cdots, s_j\}$ 和 $\{e_{i-1}, e_i, \cdots, e_j\}$ 构成的最优二叉查找子树为 $T(i, j)$,其存取概率为下面的条件概率:

$$\overline{p_m} = p_m / w_{ij} \quad i \leqslant m \leqslant j$$
$$\overline{q_t} = q_t / w_{ij} \quad i - 1 \leqslant t \leqslant j$$

其中

$$w_{ij} = \sum_{m=i}^{j} p_m + \sum_{t=i-1}^{j} q_t \quad 1 \leqslant i \leqslant j \leqslant n$$

可见,

$$\sum_{m=i}^{j} \overline{p_m} + \sum_{t=i-1}^{j} \overline{q_t} = 1 \quad 1 \leqslant i \leqslant j \leqslant n$$

设 $C'(i, j)$ 表示 $T(i, j)$ 的平均比较次数。选定节点 k 作为 $T(i, j)$ 的根节点,则左

子树为 $T(i,k-1)$，右子树为 $T(k+1,j)$。根据二叉查找树的有关定义及各个字符的条件查找概率,有:

$T(i,j)$ 的平均比较次数为:

$$C'(i,j) = \sum_{m=i}^{j} \overline{p_m}(c_m+1) + \sum_{t=i-1}^{j} \overline{q_t}d_t \qquad (4-13)$$

其中,c_m 表示实节点 s_m 在 $T(i,j)$ 中的深度;d_t 表示虚节点 e_t 在 $T(i,j)$ 中的深度。

左子树 $T(i,k-1)$ 的平均比较次数为:

$$C'(i,k-1) = \sum_{m=i}^{k-1} \overline{p_m}(c'_m+1) + \sum_{t=i-1}^{k-1} \overline{q_t}d'_t \qquad (4-14)$$

其中,c'_m 表示实节点 s_m 在 $T(i,k-1)$ 中的深度;d'_t 表示虚节点 e_t 在 $T(i,k-1)$ 中的深度。

同理,右子树 $T(k+1,j)$ 的平均比较次数为:

$$C'(k+1,j) = \sum_{m=k+1}^{j} \overline{p_m}(c''_m+1) + \sum_{t=k}^{j} \overline{q_t}d''_t \qquad (4-15)$$

其中,c''_m 表示实节点 s_m 在 $T(k+1,j)$ 中的深度;d''_t 表示虚节点 e_t 在 $T(k+1,j)$ 中的深度。

如果将 $T(i,k-1)$ 和 $T(k+1,j)$ 看作 $T(i,j)$ 的左右子树,那么左右子树中各节点的深度增加 1,即

$$c_m = c'_m+1 \quad (i \leqslant m \leqslant k-1), \quad c_m = c''_m+1 \quad (k+1 \leqslant m \leqslant j)$$
$$d_t = d'_t+1 \quad (i-1 \leqslant t \leqslant k-1), \quad d_t = d''_t+1 \quad (k \leqslant t \leqslant j)$$

那么,子树 $T(i,k-1)$ 和 $T(k+1,j)$ 的平均比较次数和 $T(i,j)$ 的平均比较次数有什么关系呢? 为了找出其中的关系,将式(4-13)两边同乘以 w_{ij}、式(4-14)两边同乘以 $w_{i(k-1)}$ 和式(4-15)两边同乘以 $w_{(k+1)j}$ 得式(4-16)、式(4-17)和式(4-18):

$$w_{ij}C'(i,j) = p_k + \sum_{m=i}^{k-1} p_m(c'_m+1+1) + \sum_{t=i-1}^{k-1} q_t(d'_t+1) +$$

$$\sum_{m=k+1}^{j} p_m(c''_m+1+1) + \sum_{t=k}^{j} q_t(d''_t+1)$$

$$= p_k + \sum_{m=i}^{k-1} p_m(c'_m+1) + \sum_{m=i}^{k-1} p_m + \sum_{t=i-1}^{k-1} q_t d'_t + \sum_{t=i-1}^{k-1} q_t +$$

$$\sum_{m=k+1}^{j} p_m(c''_m+1) + \sum_{m=k+1}^{j} p_m + \sum_{t=k}^{j} q_t d''_t + \sum_{t=k}^{j} q_t$$

$$= \sum_{m=i}^{k-1} p_m(c'_m+1) + \sum_{t=i-1}^{k-1} q_t d'_t + \sum_{m=k+1}^{j} p_m(c''_m+1) +$$

$$\sum_{t=k}^{j} q_t d''_t + \sum_{m=i}^{j} p_m + \sum_{t=i-1}^{j} q_t \qquad (4-16)$$

$$w_{i(k-1)}C'(i,k-1) = \sum_{m=i}^{k-1} p_m(c'_m+1) + \sum_{t=i-1}^{k-1} q_t d'_t \qquad (4-17)$$

$$w_{(k+1)j}C'(k+1,j) = \sum_{m=k+1}^{j} p_m(c''_m+1) + \sum_{t=k}^{j} q_t d''_t \qquad (4\text{-}18)$$

由式(4-16)~式(4-18)可得：

$$w_{ij}C'(i,j) = w_{i(k-1)}C'(i,k-1) + w_{(k+1)j}C'(k+1,j) + w_{ij} \qquad (4\text{-}19)$$

令

$$C(i,j) = w_{ij}C'(i,j)$$

则式(4-19)改写为

$$C(i,j) = C(i,k-1) + C(k+1,j) + w_{ij} \qquad (4\text{-}20)$$

当 $i \leqslant j$ 时,式(4-20)中的 k 在整数 $i, i+1, i+2, \cdots, j$ 中是最优的值,即

$$C(i,j) = w_{ij} + \min_{i \leqslant k \leqslant j}\{C(i,k-1) + C(k+1,j)\} \qquad (4\text{-}21)$$

其中

$$w_{ij} = w_{i(j-1)} + p_j + q_j \qquad (4\text{-}22)$$

初始时,

$$C(i,i-1) = 0; w_{i(i-1)} = q_{i-1} \quad (1 \leqslant i \leqslant n) \qquad (4\text{-}23)$$

式(4-21)和式(4-23)即为建立的最优值递归定义式。

4.7.2 算法设计

算法的求解步骤设计如下:

第一步,设计合适的数据结构。设有序序列 $S = \{s_1, \cdots, s_n\}$,数组 $s[n]$ 存储序列 S 中的元素;数组 $p[n]$ 存储序列 S 中相应元素的查找概率;二维数组 $C[n+1][n+1]$ 中的 $C[i][j]$ 表示二叉查找树 $T(i,j)$ 的平均比较次数;二维数组 $R[n+1][n+1]$ 中的 $R[i][j]$ 表示二叉查找树 $T(i,j)$ 中作为根节点的元素在序列 S 中的位置。数组 $q[n]$ 存储虚节点 $e_0, e_1, \cdots, e_n$ 的查找概率。为了提高效率,不是每次计算 $C(i,j)$ 时都计算 w_{ij} 的值,而是把这些值存储在二维数组 $W[i][j]$ 中。

第二步,初始化。设置 $C[i][i-1] = 0$; $W[i][i-1] = q_{i-1}$,其中 $1 \leqslant i \leqslant n+1$。

第三步,循环阶段。采用自底向上的方式逐步计算最优值,记录最优决策。

(1) 字符集规模为1的时候,即 $S_{ij} = \{s_i\}$, $i = 1,2,\cdots,n$ 且 $j = i$,显然这种规模的子问题有 n 个,即首先要构造出 n 棵最优二叉查找树 $T(1,1), T(2,2), \cdots, T(n,n)$。依据式(4-20)~式(4-22),很容易求得 $W[i][i]$ 和 $C[i][i]$。同时,对于所构造的 n 棵最优二叉查找树,它们的根分别记为 $R[1][1] = 1, R[2][2] = 2, \cdots, R[n][n] = n$。

(2) 字符集规模为2的时候,即 $S_{ij} = \{s_i, s_j\}$, $i = 1,2,\cdots,n-1$ 且 $j = i+1$,显然这种规模的子问题有 $n-1$ 个,即要构造出 $n-1$ 棵最优二叉查找树 $T(1,2), T(2,3), \cdots, T(n-1,n)$。依据式(4-21),求得 $W[i][j]$,然后依据式(4-20),分别在整数 $i, i+1, i+2, \cdots, j$ 中选择适当的 k 值,使得 $C(i,j)$ 最小,树的根记为 $R[i][j] = k$。

以此类推,构造出字符集 S_{ij} 中含3个字符的最优二叉查找树、含4个字符的最优二叉查找树,直到字符集规模为 n 的时候,即 $S_{1n} = \{s_1, s_2, \cdots, s_n\}$,显然这种规模的子问题有1个,即要构造出1棵最优二叉查找树 $T(1,n)$。依据式(4-21),求得 $W[i][j]$,然后在整数 $1, 2, \cdots, n$ 中选择适当的 k 值,使得 $C(i,j)$ 最小。同时,记录该树的根 $R[1][n] = k$。

第四步,最优解的构造。

从 $R[i][j]$ 中保存的最优二叉查找子树 $T(i,j)$ 的根节点信息,可构造出问题的最优解。当 $R[1][n]=k$ 时,元素 s_k 即为所求的最优二叉查找树的根节点。此时,需要计算两个子问题:求左子树 $T(1,k-1)$ 和右子树 $T(k+1,n)$ 的根节点信息。若 $R[1][k-1]=i$,则元素 s_i 即为 $T(1,k-1)$ 的根节点元素。以此类推,将很容易由 R 中记录的信息构造出问题的最优解。

自底向上求解最优值的伪码描述如下:

```
算法:optimal_bst(p,q,n)
输入:实节点的查找概率 p、虚节点的查找概率 q 和问题的规模 n
输出:最优值 c 和相关决策信息 root
    for i←0 to n+1 do
        c[i][i-1]←q[i-1]
        w[i][i-1]←q[i-1]
    for l ←1 to n do
        for i ←1to n-l+1 do
            j←i+l-1
            c[i][j]←float("inf")
            w[i][j]←w[i][j-1]+p[j]+q[j]
            for r in range(i,j+1):
                t←c[i][r-1]+c[r+1][j]+w[i][j]
                if t<c[i][j]:
                    c[i][j]←t
                    root[i][j]←r
    return c,root
```

根据 root 构造最优解的伪码描述如下:

```
算法:BestSolution(root,i,j,s)
输入:决策信息 root,子问题 si…sj 及有序序列 s
    if(i≤j) then
        print("s" + str(i) + ":s" + str(j) + "的根为:" + s[root[i][j]-1])
        BestSolution(root,i, root[i][j]-1,s)
        BestSolution(root,root[i][j]+1,j,s)
```

4.7.3 实例构造

设 5 个有序元素的集合为 $\{s_1,s_2,s_3,s_4,s_5\}$,查找概率 $p=<p_1,p_2,p_3,p_4,p_5>=<0.15,0.1,0.05,0.1,0.2>$;叶节点元素 $\{e_0,e_1,e_2,e_3,e_4,e_5\}$,查找概率 $q=<q_0,q_1,q_2,q_3,q_4,q_5>=<0.05,0.1,0.05,0.05,0.05,0.1>$。试构造 5 个有序元素的最优二叉查找树。

(1) 初始化。令 $C[i][i-1]=0$; $W[i][i-1]=q_{i-1}$; $1\leqslant i\leqslant 5$。如表 4-18 所示。

(2) 字符集规模为 1 的时候,即构造 5 棵二叉查找树 $T(i,j)$,此时 $1\leqslant i\leqslant 5$ 且 $i=j$。

当 $i=1$ 时,$W[1][1]=W[1][0]+p_1+q_1=0.3$; $C[1][1]=W[1][1]+C[1][0]+C[2][1]=0.3$; $R[1][1]=1$;同理,可求出 i 取值为 $2,3,4,5$ 时的 $W[i][i]$、$C[i][i]$ 和 $R[i][i]$。结果如表 4-19 所示。

表 4-18 $W[i][i-1]$ 和 $C[i][i-1]$ 的初始值

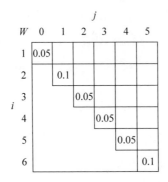 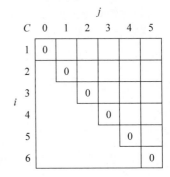

W	0	1	2	3	4	5
1	0.05					
2		0.1				
3			0.05			
4				0.05		
5					0.05	
6						0.1

C	0	1	2	3	4	5
1	0					
2		0				
3			0			
4				0		
5					0	
6						0

表 4-19 i 取值为 $1,2,3,4,5$ 时 $W[i][i]$、$C[i][i]$ 和 $R[i][i]$ 的值

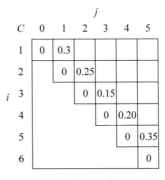

W	0	1	2	3	4	5
1	0.05	0.3				
2		0.1	0.25			
3			0.05	0.15		
4				0.05	0.20	
5					0.05	0.35
6						0.1

C	0	1	2	3	4	5
1	0	0.3				
2		0	0.25			
3			0	0.15		
4				0	0.20	
5					0	0.35
6						0

R	0	1	2	3	4	5
1		1				
2			2			
3				3		
4					4	
5						5

(3) 字符集规模为 2 的时候,即构造 4 棵二叉查找树 $T(i,j)$,此时 $1 \leqslant i \leqslant 4$ 且 $j-i=1$。

当 $i=1$ 时,此时 $j=2$,且 $1 \leqslant k \leqslant 2$。$W[1][2]=W[1][1]+p_2+q_2=0.3+0.1+0.05=0.45$;

当 $k=1$ 时,$C[1][2]=W[1][2]+C[1][0]+C[2][2]=0.7$;

当 $k=2$ 时,$C[1][2]=W[1][2]+C[1][1]+C[3][2]=0.75$。

由此可得,$C[1][2]=0.7$,$R[1][2]=1$。同理可求得 i 取值分别为 $2,3,4$ 时的 $W[i][j]$、$C[i][j]$ 和 $R[i][j]$。结果如表 4-20 所示。

表 4-20 i 取值分别为 $1,2,3,4$ 时 $W[i][j]$、$C[i][j]$ 和 $R[i][j]$ 的值

W	0	1	2	3	4	5
1	0.05	0.3	0.45			
2		0.1	0.25	0.35		
3			0.05	0.15	0.3	
4				0.05	0.20	0.5
5					0.05	0.35
6						0.1

C	0	1	2	3	4	5
1	0	0.3	0.7			
2		0	0.25	0.5		
3			0	0.15	0.45	
4				0	0.20	0.7
5					0	0.35
6						0

R	0	1	2	3	4	5
1		1	1			
2			2	2		
3				3	4	
4					4	5
5						5

（4）字符集规模为 3 的时候，即构造 3 棵二叉查找树 $T(i,j)$，此时 $1 \leqslant i \leqslant 3$ 且 $j - i = 2$。

当 $i = 1$ 时，此时 $j = 3$，且 $1 \leqslant k \leqslant 3$。$W[1][3] = W[1][2] + p_3 + q_3 = 0.45 + 0.05 + 0.05 = 0.55$；

当 $k = 1$ 时，$C[1][3] = W[1][3] + C[1][0] + C[2][3] = 0.55 + 0 + 0.5 = 1.05$；

当 $k = 2$ 时，$C[1][3] = W[1][3] + C[1][1] + C[3][3] = 0.55 + 0.3 + 0.15 = 1.0$；

当 $k = 3$ 时，$C[1][3] = W[1][3] + C[1][2] + C[4][3] = 0.55 + 0.7 + 0 = 1.25$。

由此可得，$C[1][3] = 1.0$，$R[1][3] = 2$。同理，i 取值分别为 2，3 时的 $W[i][j]$、$C[i][j]$ 和 $R[i][j]$。结果如表 4-21 所示。

表 4-21　i 取值分别为 1，2，3 时 $W[i][j]$、$C[i][j]$ 和 $R[i][j]$ 的值

W	0	1	2	3	4	5
1	0.05	0.3	0.45	0.55		
2		0.1	0.25	0.35	0.5	
3			0.05	0.15	0.3	0.6
4				0.05	0.20	0.5
5					0.05	0.35
6						0.1

C	0	1	2	3	4	5
1	0	0.3	0.7	1.0		
2		0	0.25	0.5	0.95	
3			0	0.15	0.45	1.05
4				0	0.20	0.7
5					0	0.35
6						0

R	0	1	2	3	4	5
1		1	1	2		
2			2	2	2	
3				3	4	5
4					4	5
5						5

（5）字符集规模为 4 的时候，即构造两棵二叉查找树 $T(i,j)$，此时 $1 \leqslant i \leqslant 2$ 且 $j - i = 3$。

当 $i = 1$ 时，此时 $j = 4$，且 $1 \leqslant k \leqslant 4$。$W[1][4] = W[1][3] + p_4 + q_4 = 0.55 + 0.1 + 0.05 = 0.7$；

当 $k = 1$ 时，$C[1][4] = W[1][4] + C[1][0] + C[2][4] = 0.7 + 0 + 0.95 = 1.65$；

当 $k = 2$ 时，$C[1][4] = W[1][4] + C[1][1] + C[3][4] = 0.7 + 0.3 + 0.45 = 1.45$；

当 $k = 3$ 时，$C[1][4] = W[1][4] + C[1][2] + C[4][4] = 0.7 + 0.7 + 0.45 = 1.85$；

当 $k = 4$ 时，$C[1][4] = W[1][4] + C[1][3] + C[5][4] = 0.7 + 1.0 + 0 = 1.7$。

由此可得，$C[1][4] = 1.45$，$R[1][4] = 2$。同理，i 取值为 2 时 $W[2][5]$、$C[2][5]$ 和 $R[2][5]$。结果如表 4-22 所示。

表 4-22　i 取值分别为 1，2 时 $W[i][j]$、$C[i][j]$ 和 $R[i][j]$ 的值

W	0	1	2	3	4	5
1	0.05	0.3	0.45	0.55	0.7	
2		0.1	0.25	0.35	0.5	0.8
3			0.05	0.15	0.3	0.6
4				0.05	0.20	0.5
5					0.05	0.35
6						0.1

C	0	1	2	3	4	5
1	0	0.3	0.7	1.0	1.45	
2		0	0.25	0.5	0.95	1.65
3			0	0.15	0.45	1.05
4				0	0.20	0.7
5					0	0.35
6						0

R	0	1	2	3	4	5
1		1	1	2	2	
2			2	2	2	4
3				3	4	5
4					4	5
5						5

(6) 字符集规模为 5 的时候,即构造一棵二叉查找树 $T(1,5)$,此时 $i=1$ 且 $j-i=4$。

此时 $i=1$,则 $j=5,1\leqslant k\leqslant 5$。$W[1][5]=W[1][4]+p_5+q_5=0.7+0.2+0.1=1.0$;

当 $k=1$ 时,$C[1][5]=W[1][5]+C[1][0]+C[2][5]=1.0+0+1.65=2.65$;

当 $k=2$ 时,$C[1][5]=W[1][5]+C[1][1]+C[3][5]=1.0+0.3+1.05=2.35$;

当 $k=3$ 时,$C[1][5]=W[1][5]+C[1][2]+C[4][5]=1.0+0.7+0.7=2.4$;

当 $k=4$ 时,$C[1][5]=W[1][5]+C[1][3]+C[5][5]=1.0+1.0+0.35=2.35$;

当 $k=5$ 时,$C[1][5]=W[1][5]+C[1][4]+C[6][5]=1.0+1.45+0=2.45$。

由此可得,$C[1][5]=2.35$,$R[1][5]=2$。结果如表 4-23 所示。

表 4-23　i 取值为 1 时 $W[i][j]$、$C[i][j]$ 和 $R[i][j]$ 的值

W	0	1	2	3	4	5
1	0.05	0.3	0.45	0.55	0.7	1.0
2		0.1	0.25	0.35	0.5	0.8
3			0.05	0.15	0.3	0.6
4				0.05	0.20	0.5
5					0.05	0.35
6						0.1

C	0	1	2	3	4	5
1	0	0.3	0.7	1.0	1.45	2.35
2		0	0.25	0.5	0.95	1.65
3			0	0.15	0.45	1.05
4				0	0.20	0.7
5					0	0.35
6						0

R	0	1	2	3	4	5
1		1	1	2	2	2
2			2	2	2	4
3				3	4	5
4					4	5
5						5

至此,求出了构造 5 个有序元素的最优二叉查找树的最优值,即 2.35。

(7) 根据 R 中的信息构造最优解。

第一步,由于 $R[1][5]=2$,即 $k=2$,最优二叉查找树 $T(1,5)$ 的根节点为 s_2。

第二步,求出 $T(1,5)$ 的左子树 $T(1,k-1)=T(1,1)$ 的根节点。

由于 $R[1][1]=1$,则左子树 $T(1,1)$ 的根节点为 s_1。

第三步,求出 $T(1,5)$ 的右子树 $T(k+1,5)=T(3,5)$ 的根节点。

由于 $R[3][5]=5$,则子树 $T(3,5)$ 的根节点为 s_5。

第四步,求出子树 $T(3,5)$ 的左子树 $T(3,4)$ 的根节点。

由于 $R[3][4]=4$,故 $T(3,4)$ 的根节点为 s_4;则 s_3 为 s_4 的左孩子。

由此构造出如图 4-11 所示的最优二叉查找树。

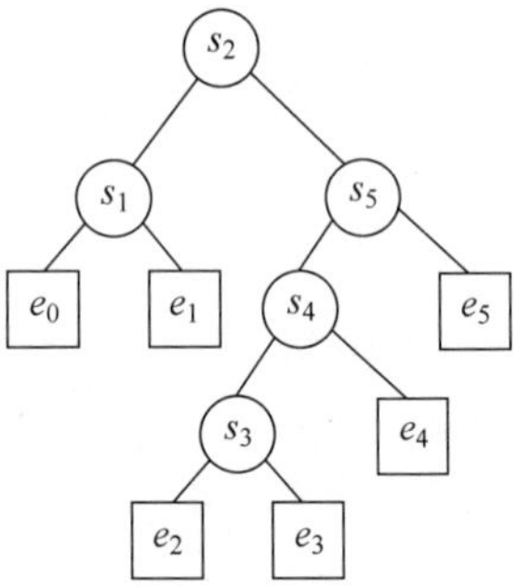

图 4-11　包含 $\{s_1,s_2,s_3,s_4,s_5\}$ 和 $\{e_0,e_1,e_2,e_3,e_4,e_5\}$ 的最优二叉查找树

4.7.4　算法分析

1. 时间复杂度分析

从算法 optimal_bst 描述中很容易看出:循环变量 l 和 i 控制 c、w、root 上三角,共

$n^2/2$ 个元素，每个元素的确定通过最内侧的 for 循环找最小，故确定每一个元素值最坏耗时 $O(n)$，所以算法 optimal_bst 的时间复杂度分为 $O(n^3)$。

构造最优解算法耗时主要由递归决定，在最好情况下，两个子问题的规模大致相等，递归深度为 $\log n$。在最坏情况下，一个子问题规模为 0，另一个子问题规模为 $n-1$，此时递归深度为 n。所以该算法耗时最坏为 $O(n)$。

由此，最优二叉查找树算法耗时为 $O(n^3)+O(n)=O(n^3)$。

2. 空间复杂度分析

由于算法 optimal_bst 中用到的辅助空间有二维数组 w、c 和 root，故该算法的空间复杂性为 $O(n^2)$。构造最优解算法最坏消耗栈空间为 n，空间复杂度为 $O(n)$。所以算法的空间复杂度为 $O(n^2)+O(n)=O(n^2)$。

4.7.5 Python 实战

1. 编码实现

定义一个 optimal_bst() 函数计算最优值 c。接收实节点概率 p、虚节点概率 q 和问题规模 n，输出最优值 c 和相关决策 root。其代码如下：

```
def optimal_bst(p,q,n):
    c = [[0 for j in range(n+1)]for i in range(n+2)]
    w = [[0 for j in range(n+1)]for i in range(n+2)]
    root = [[0 for j in range(n+1)]for i in range(n+1)]
    for i in range(n+2):
        c[i][i-1] = q[i-1]
        w[i][i-1] = q[i-1]
    for l in range(1,n+1):
        for i in range(1,n-l+2):
            j = i+l-1
            c[i][j] = float("inf")
            w[i][j] = w[i][j-1] + p[j] + q[j]
            for r in range(i,j+1):
                t = c[i][r-1] + c[r+1][j] + w[i][j]
                if t < c[i][j]:
                    c[i][j] = t
                    root[i][j] = r
    return c,root
```

定义 BestSolution() 函数构造最优解。接收相关决策 root、子问题 $s_i \cdots s_j$ 及有序序列 s，输出各级子问题的根。

```
def bestsolution(root,i,j,s):
    if(i <= j):
        print("s" + str(i) + ":s" + str(j) + "的根为:" + s[root[i][j]-1])
        BestSolution(root,i, root[i][j]-1,s)
        BestSolution(root,root[i][j]+1,j,s)
```

Python 程序入口——main() 函数，在 main() 函数中，给定规模为 5 的有序序列 s，实节点的查找概率 p，虚节点的查找概率 q，调用 optimal_bst() 函数得到该实例的最优值，

调用 bestsolution()函数构造最优解,并将结果打印输出到显示器上。其代码如下:

```
if __name__ == "__main__":
    p = [0,0.15,0.1,0.05,0.1,0.2]
    q = [0.05,0.1,0.05,0.05,0.05,0.1]
    s = "abcde"
    n = len(s)
    c,root = optimal_bst(p,q,n)
    bestsolution(root,1,n,s)
```

输出结果为

s1:s5 的根为:b

s1:s1 的根为:a

s3:s5 的根为:e

s3:s4 的根为:d

s3:s3 的根为:c

2. 算法的改进

事实上,在算法 optimal_bst 中可以证明:

$$\min_{i \leqslant k \leqslant j} \{C(i,k-1) + C(k+1,j)\} = \min_{R[i][j-1] \leqslant k \leqslant R[i+1][j]} \{C(i,k-1) + C(k+1,j)\}$$

改进后算法的时间复杂度为 $O(n^2)$,编码实现如下:

```
def optimal_bst(p,q,n):
    c = [[0 for j in range(n+1)]for i in range(n+2)]
    w = [[0 for j in range(n+1)]for i in range(n+2)]
    root = [[0 for j in range(n+1)]for i in range(n+1)]
    for i in range(n+2):
        c[i][i-1] = q[i-1]
        w[i][i-1] = q[i-1]
    for l in range(1,n+1):
        for i in range(1,n-l+2):
            j = i+l-1
            c[i][j] = float("inf")
            w[i][j] = w[i][j-1] + p[j] + q[j]
            if i < j:
                for r in range(root[i][j-1],root[i+1][j]+1):
                    t = c[i][r-1] + c[r+1][j] + w[i][j]
                    if t < c[i][j]:
                        c[i][j] = t
                        root[i][j] = r
            else:
                c[i][j] = c[i][j-1] + c[i+1][j] + w[i][j]
                root[i][j] = i

    return root
def bestsolution(root,i,j,s):
    if(i <= j):
        print("s" + str(i) + ":s" + str(j) + "的根为:" + s[root[i][j]-1])
        BestSolution(root,i, root[i][j]-1,s)
```

```
            BestSolution(root, root[i][j] + 1, j, s)
if __name__ == "__main__":
    p = [0, 0.15, 0.1, 0.05, 0.1, 0.2]
    q = [0.05, 0.1, 0.05, 0.05, 0.05, 0.1]
    s = "abcde"
    root = optimal_bst(p, q, 5)
    BestSolution(root, 1, 5, s)
```

第 **5** 章

回溯法——深度优先搜索

深度优先搜索是在明确给出了图中的各顶点及边(显式图)的情况下,按照深度优先搜索的思想对图中的每个顶点进行搜索,最终得出图的结构信息。回溯法是在仅给出初始节点、目标节点及产生子节点的条件(一般由问题题意隐含给出)的情况下,构造一个图(隐式图),然后按照深度优先搜索的思想,在有关条件的约束下扩展到目标节点,从而找出问题的解。换言之,回溯法从初始状态出发,在隐式图中以深度优先的方式搜索问题的解。当发现不满足求解条件时,就回溯,并尝试其他路径。通俗地讲,回溯法是一种"能进则进,进不了则换,换不了则退"的基本搜索方法。

5.1 概述

视频讲解

1. 回溯法的算法框架及思想

(1) 回溯法的算法框架。回溯法是一种搜索方法。用回溯法解决问题时,首先应明确搜索范围,即问题所有可能解组成的范围。这个范围越小越好,且至少包含问题的一个(最优)解。为了定义搜索范围,需要明确以下 4 个方面。

① 问题解的形式:回溯法希望问题的解能够表示成一个 n 元组$(x_1,x_2,\cdots,x_n)$的形式。

② 显约束:对分量 $x_i(i=1,2,\cdots,n)$的取值范围限定。

③ 隐约束:为满足问题的解而对不同分量之间施加的约束。

④ 解空间:对于问题的一个实例,解向量满足显约束的所有 n 元组构成了该实例的一个解空间。

注意:同一个问题的显约束可能有多种,相应解空间的大小就会不同,通常情况下,解空间越小,算法的搜索效率就越高。

【例 5-1】 n 皇后问题。在 $n\times n$ 格的棋盘上放置彼此不受攻击的 n 个皇后。按照国际象棋的规则,皇后可以攻击与之处在同一行或同一列或同一斜线上的棋子。换句话说,n 皇后问题等价于在 $n \times n$ 格的棋盘上放置 n 个皇后,任意两个皇后不同行、不同列、不同斜线。

问题分析:根据题意,首先考虑显约束为不同行的解空间。

① 问题解的形式:n 皇后问题的解表示成 n 元组 $(x_1, x_2, \cdots, x_n)$ 的形式,其中 $x_i(i=1,2,\cdots,n)$ 表示第 i 个皇后放置在第 i 行第 x_i 列的位置。

② 显约束:n 个皇后不同行。

③ 隐约束:n 个皇后不同列或不同斜线。

④ 解空间:根据显约束,第 $i(i=1,2,\cdots,n)$ 个皇后有 n 个位置可以选择,即第 i 行的 n 个列位置,即 $x_i \in \{1,2,\cdots,n\}$,显然满足显约束的 n 元组共有 n^n 种,它们构成了 n 皇后问题的解空间。

如果将显约束定义为不同行且不同列,则问题的隐约束为不同斜线,问题的解空间为第 i 个皇后不能放置在前 $i-1$ 个皇后所在的列,故第 i 个皇后有 $n-i+1$ 个位置可以选择,令 $S=\{1,2,3,\cdots,n\}$,则 $x_i \in S-\{x_1,x_2,\cdots,x_{i-1}\}$。因此,$n$ 皇后问题解空间由 $n!$ 个 n 元组组成。

显然,第二种表示方法使得问题的解空间明显变小,因此搜索效率更高。

其次,为了方便搜索,一般用树或图的形式将问题的解空间有效地组织起来。如例 5-1 的 n 皇后问题:显约束为不同行的解空间树($n=4$),如图 5-1 所示,显约束为不同行且不同列的解空间树($n=4$),如图 5-2 所示。树的节点代表状态,树根代表初始状态,树叶代表目标状态;从树根到树叶的路径代表放置方案;分支上的数据代表 x_i 的取值,也可以说是将第 i 个皇后放置在第 i 行,第 x_i 列的动作。

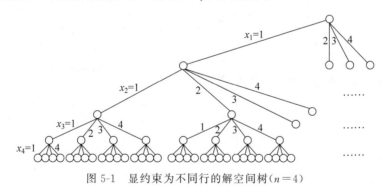

图 5-1　显约束为不同行的解空间树($n=4$)

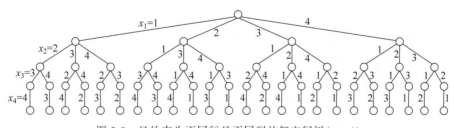

图 5-2　显约束为不同行且不同列的解空间树($n=4$)

最后,搜索问题的解空间树。在搜索的过程中,需要了解以下3个名词。

① 扩展节点:一个正在生成孩子的节点称为扩展节点。

② 活节点:一个自身已生成但其孩子还没有全部生成的节点称为活节点。

③ 死节点:一个所有孩子已经生成的节点称为死节点。

(2) 搜索思想。从根开始,以深度优先搜索的方式进行搜索。根节点是活节点并且是当前的扩展节点。在搜索过程中,当前的扩展节点沿纵深方向移向一个新节点,判断该新节点是否满足隐约束,如果满足,那么新节点成为活节点,并且成为当前的扩展节点,继续深一层的搜索;如果不满足,那么换到该新节点的兄弟节点(扩展节点的其他分支)继续搜索;如果新节点没有兄弟节点,或其兄弟节点已全部搜索完毕,那么扩展节点成为死节点,搜索回溯到其父节点处继续进行。搜索过程直到找到问题的解或根节点变成死节点为止。

从回溯法的搜索思想可知,搜索开始之前必须确定问题的隐约束。隐约束一般是考查解空间结构中的节点是否有可能得到问题的可行解或最优解。如果不可能得到问题的可行解或最优解,就不用沿着该节点的分支继续搜索了,需要换到该节点的兄弟节点或回到上一层节点。也就是说,在深度优先搜索的过程中,不满足隐约束的分支被剪掉,只沿着满足隐约束的分支搜索问题的解,从而避免了无效搜索,加快了搜索速度。因此,隐约束又称为剪枝函数。隐约束(剪枝函数)一般有两种:一是判断是否能够得到可行解的隐约束,称之为约束条件(约束函数);二是判断是否有可能得到最优解的隐约束,称之为限界条件(限界函数)。可见,回溯法是一种具有约束函数或限界函数的深度优先搜索方法。

总之,回溯法的算法框架主要包括以下3部分。

① 针对所给问题,定义问题的解空间。

② 确定易于搜索的解空间组织结构。

③ 以深度优先方式搜索解空间,并在搜索过程中用剪枝函数避免无效搜索。

2. 回溯法的构造实例

【例 5-2】 用回溯法解决 4 皇后问题。

其实,按照回溯法的搜索思想,首先确定根节点是活节点,并且是当前的扩展节点 R。它扩展生成一个新节点 C,若 C 不满足隐约束,则舍弃;若满足,则 C 成为活节点并成为当前的扩展节点,搜索继续向纵深处进行(此时节点 R 不再是扩展节点)。在完成对子树 C(以 C 为根的子树)的搜索之后,节点 C 变成了死节点。开始回溯到离死节点 C 最接近的活节点 R,节点 R 再次成为扩展节点。若扩展节点 R 还存在未搜索过的孩子节点,则继续沿 R 的下一个未搜索过的孩子节点进行搜索;直到找到问题的解或者根节点变成死节点为止。

用回溯法解决 4 皇后问题的求解过程设计如下:

第一步,定义问题的解空间。

设 4 皇后问题解的形式是 4 元组 (x_1, x_2, x_3, x_4),其中 $x_i (i=1,2,3,4)$ 代表第 i 个皇后放置在第 i 行第 x_i 列,x_i 的取值为 $1,2,3,4$。

第二步,确定解空间的组织结构。

确定显约束:第 i 个皇后和第 j 个皇后不同行,即 $i \neq j$,对应的解空间的组织结构如图 5-1 所示。

第三步,搜索解空间。

(1) 确定约束条件。第 i 个皇后和第 j 个皇后不同列且不同斜线,即 $x_i \neq x_j$ 并且 $|i-j| \neq |x_i - x_j|$。

(2) 确定限界条件。该问题不存在放置方案是否好坏的情况,所以不需要设置限界条件。

(3) 搜索过程。如图 5-3~图 5-8 所示:根节点 A 是活节点,也是当前的扩展节点,如图 5-3(a)所示。扩展节点 A 沿着 $x_1=1$ 的分支生成孩子节点 B,节点 B 满足隐约束,B 成为活节点,并成为当前的扩展节点,如图 5-3(b)所示。扩展节点 B 沿着 $x_2=1,2$ 和 $x_2=2$ 的分支生成的孩子节点不满足隐约束,舍弃;沿着 $x_2=3$ 的分支生成的孩子节点 C 满足隐约束,C 成为活节点,并成为当前的扩展节点,如图 5-3(c)所示。扩展节点 C 沿着所有分支生成的孩子节点均不满足隐约束,全部舍弃,活节点 C 变成死节点。开始回溯到离它最近的活节点 B,节点 B 再次成为扩展节点,如图 5-3(d)所示。

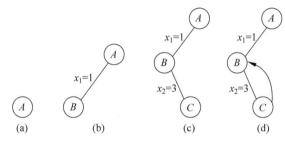

图 5-3 4 皇后问题的搜索过程(一)

扩展节点 B 沿着 $x_2=4$ 的分支继续生成的孩子节点 D 满足隐约束,D 成为活节点,并成为当前的扩展节点,如图 5-4(a)所示。扩展节点 D 沿着 $x_3=1$ 的分支生成的孩子节点不满足隐约束,舍弃;沿着 $x_3=2$ 的分支生成的孩子节点 E 满足隐约束,E 成为活节点,并成为当前的扩展节点,如图 5-4(b)所示。扩展节点 E 沿着所有分支生成的孩子节点均不满足隐约束,全部舍弃,活节点 E 变成死节点。开始回溯到最近的活节点 D,D 再次成为扩展节点,如图 5-4(c)所示。扩展节点 D 沿着 $x_3=3,4$ 的分支生成的孩子节点均不满足隐约束,舍弃,活节点 D 变成死节点。开始回溯到最近的活节点 B,B 再次成为

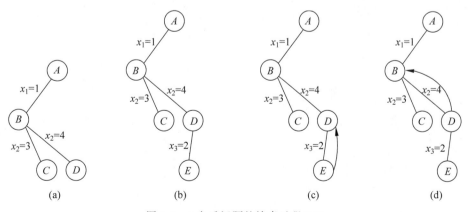

图 5-4 4 皇后问题的搜索过程(二)

扩展节点,如图 5-4(d)所示。

　　此时扩展节点 B 的孩子节点均搜索完毕,活节点 B 成为死节点。开始回溯到最近的活节点 A,节点 A 再次成为扩展节点,如图 5-5(a)所示。扩展节点 A 沿着 $x_1=2$ 的分支继续生成的孩子节点 F 满足隐约束,节点 F 成为活节点,并成为当前的扩展节点,如图 5-5(b)所示。扩展节点 F 沿着 $x_2=1,2,3$ 的分支生成的孩子节点均不满足隐约束,全部舍弃;继续沿着 $x_2=4$ 的分支生成的孩子节点 G 满足隐约束,节点 G 成为活节点,并成为当前的扩展节点,如图 5-5(c)所示。

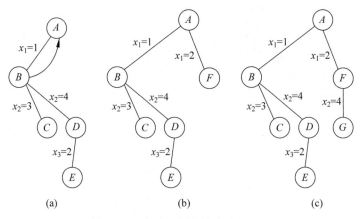

图 5-5　4 皇后问题的搜索过程(三)

　　扩展节点 G 沿着 $x_3=1$ 的分支生成的孩子节点 H 满足隐约束,节点 H 成为活节点,并成为当前的扩展节点,如图 5-6(a)所示。扩展节点 H 沿着 $x_4=1,2$ 的分支生成的孩子节点均不满足隐约束,舍弃;沿着 $x_4=3$ 的分支生成的孩子节点 I 满足隐约束。此时搜索过程搜索到了叶子节点,说明已经找到一种放置方案,即(2,4,1,3),如图 5-6(b)所示。继续搜索其他放置方案,从叶子节点 I 回溯到最近的活节点 H,H 又成为当前扩展节点,如图 5-6(c)所示。

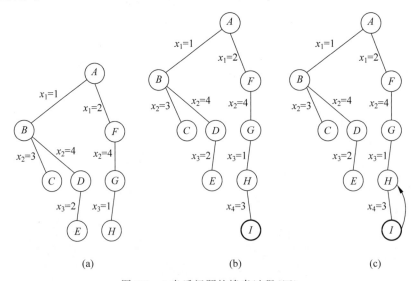

图 5-6　4 皇后问题的搜索过程(四)

扩展节点 H 继续沿着 $x_4=4$ 的分支生成的孩子节点不满足隐约束,舍弃;此时节点 H 的 4 个分支全部搜索完毕,H 成为死节点,回溯到活节点 G,如图 5-7(a)所示。节点 G 又成为当前的扩展节点,沿着 $x_3=2,3,4$ 的分支生成的孩子节点均不满足隐约束,舍弃;节点 G 成为死节点,回溯到活节点 F,如图 5-7(b)所示。节点 F 的 4 个分支均搜索完毕,继续回溯到活节点 A,节点 A 再次成为当前的扩展节点,如图 5-7(c)所示。

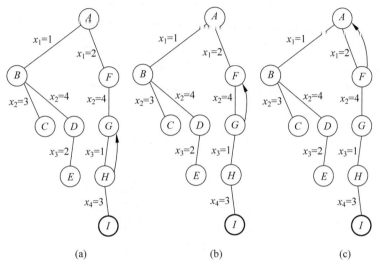

图 5-7 4 皇后问题的搜索过程(五)

扩展节点 A 沿着 $x_1=3,4$ 分支的扩展过程与沿着 $x_1=1,2$ 分支的扩展过程类似,这里不再详述。最终形成的树如图 5-8 所示。

通常将搜索过程中形成的树型结构称为问题的搜索树。在例 5-1 中的 4 皇后问题对应的搜索树如图 5-8 所示。简单地讲,搜索树上的节点全部是解空间树中满足隐约束的节点,而不满足隐约束的节点被全部剪掉。

对显约束为不同行且不同列的 4 皇后问题的解空间树(如图 5-2 所示)进行搜索的过程与上述搜索过程类似。二者最终形成的搜索树完全相同,只有搜索过程中检查的隐约束和分支数不同,留给读者练习。

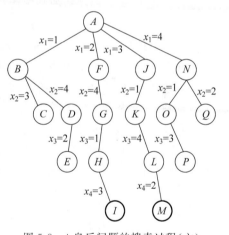

图 5-8 4 皇后问题的搜索过程(六)

3. 回溯法的算法描述模式

回溯法是一种带有约束函数或限界函数的深度优先搜索方法,搜索过程是在问题的解空间树中进行的。算法描述通常采用递归技术,也可以选用非递归技术。

(1)递归算法描述模式。递归算法描述如下:

```
def Backtrack (t):
```

```
    if (t > n):
        output(x)
    else:
        for i in range(s(n,t),e(n,t) + 1):
            x[t] = d(i)
            if (constraint(t) and bound(t)):
                Backtrack(t + 1)
```

这里,形参 t 代表当前扩展节点在解空间树中所处的层次。解空间树的根节点为第1层,根节点的孩子节点为第2层,以此类推,深度为 n 的解空间树的叶子节点为第 $n+1$ 层。注意:在解空间树中,节点所处的层次比该节点所在的深度大1。解空间树中节点的深度与层次之间的关系如图5-9所示。

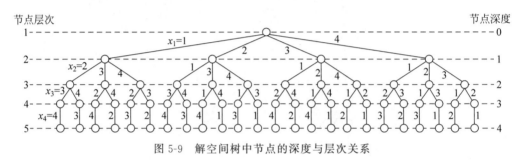

图 5-9　解空间树中节点的深度与层次关系

变量 n 代表问题的规模,同时也是解空间树的深度。注意区分树的深度和树中节点的深度两个概念,树的深度指的是树中深度最大的节点深度。$s(n,t)$ 代表当前扩展节点处未搜索的子树的起始编号。$e(n,t)$ 代表当前扩展节点处未搜索的子树的终止编号。$d(i)$ 代表当前扩展节点处可选的分支上的数据。x 是用来记录问题当前解的数组。constraint(t)代表当前扩展节点处的约束函数。bound(t)代表当前扩展节点处的限界函数。满足约束函数或限界函数则继续深一层次的搜索;否则,剪掉相应的子树。Backtrack(t)代表从第 t 层开始搜索问题的解。由于搜索是从解空间树的根节点开始,即从第1层开始搜索,因此函数调用为 Backtrack(1)。

(2) 非递归算法描述模式。非递归算法描述如下:

```
def NBacktrack ():
    t = 1
    while (t > 0):
        if (s(n,t) < = e(n,t)):              # 从起始分支 s(n,t)到结束分支 e(n,t)
            for i in range(s(n,t),e(n,t) + 1):
                x[t] = d(i)
                if (constraint(t) and bound(t)):
                    if (t > n):
                        output(x)
                    else:
                        t += 1               # 更深一层
        else:
            t -= 1                           # 回溯到上一层的活节点
```

这里出现的函数和变量均和递归算法描述模式中出现的含义相同。

5.2 典型的解空间结构

5.2.1 子集树

视频讲解

1. 概述

子集树是使用回溯法解题时经常遇到的一种典型的解空间树。当所给的问题是从 n 个元素组成的集合 S 中找出满足某种性质的一个子集时,相应的解空间树称为子集树。此类问题解的形式为 n 元组 $(x_1,x_2,\cdots,x_n)$,分量 $x_i(i=1,2,\cdots,n)$ 表示第 i 个元素是否在要找的子集中。x_i 的取值为 0 或 1,$x_i=0$ 表示第 i 个元素不在要找的子集中;$x_i=1$ 表示第 i 个元素在要找的子集中。如图 5-10 所示是 $n=3$ 时的子集树。

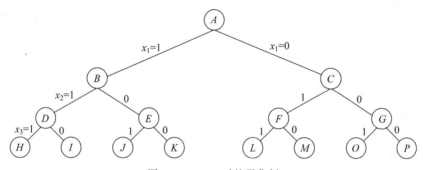

图 5-10　$n=3$ 时的子集树

子集树中所有非叶子节点均有左右两个分支,左分支为 1,右分支为 0,反之也可以。本书约定子集树的左分支为 1,右分支为 0。树中从根到叶子的路径描述了一个 n 元 0-1 向量,这个 n 元 0-1 向量表示集合 S 的一个子集,这个子集由对应分量为 1 的元素组成。如假定 3 个元素组成的集合 S 为 {1,2,3},从根节点 A 到叶节点 I 的路径描述的 n 元组为 (1,1,0),它表示 S 的一个子集 {1,2}。从根节点 A 到叶节点 M 的路径描述的 n 元组为 (0,1,0),它表示 S 的另一个子集 {2}。

在子集树中,树的根节点表示初始状态,中间节点表示某种情况下的中间状态,叶子节点表示结束状态。分支表示从一个状态过渡到另一个状态的行为。从根节点到叶子节点的路径表示一个可能的解。子集树的深度等于问题的规模。

解空间树为子集树的问题有很多,如:

(1)0-1 背包问题:从 n 个物品组成的集合 S 中找出一个子集,这个子集内所有物品的总重量不超过背包的容量,并且这些物品的总价值在 S 的所有不超过背包容量的子集中是最大的。显然,这个问题的解空间树是一棵子集树。

(2)子集和问题:给定 n 个整数和一个整数 C,要求找出 n 个数中哪些数相加的和等于 C。这个问题实质上是要求从 n 个数组成的集合 S 中找出一个子集,这个子集中所有数的和等于给定的 C。因此,子集和问题的解空间树也是一棵子集树。

(3)装载问题:n 个集装箱要装上两艘载重量分别为 c_1 和 c_2 的轮船,其中集装箱 i 的重量为 w_i,且 $\sum_{i=1}^{n} w_i \leqslant c_1+c_2$。装载问题要求确定是否有一个合理的装载方案可将这个集装箱装上这两艘轮船,如果有,找出一种装载方案。

这个问题如果有解,就采用下面的策略可得到最优装载方案。

① 首先将第一艘轮船尽可能装满。

② 将剩余的集装箱装上第二艘轮船。如果剩余的集装箱能够全部装上船,则找到一个合理的方案,如果不能全部装上船,则不存在装载方案。

将第一艘轮船尽可能装满等价于从 n 个集装箱组成的集合中选取一个子集,该子集中集装箱重量之和小于或等于第一艘船的载重量且最接近第一艘船的载重量。由此可知,装载问题的解空间树也是一棵子集树。

(4) 最大团问题:给定一个无向图,找出它的最大团。这个问题等价于从给定无向图的 n 个顶点组成的集合中找出一个顶点子集,这个子集中的任意两个顶点之间有边相连且包含的顶点个数是所有该类子集中包含顶点个数最多的。因此,这个问题也是从整体中取出一部分,这一部分构成整体的一个子集且满足一定的特性,它的解空间树是一棵子集树。

可见,对于要求从整体中取出一部分,这一部分需要满足一定的特性,整体与部分之间构成包含与被包含的关系,即子集关系的一类问题,均可采用子集树来描述它们的解空间树。这类问题在解题时可采用统一的算法设计模式。

2. 子集树的算法描述模式

子集树的算法描述如下:

```python
def Backtrack (t):
    if (t > n):
        output(x)
    if(constraint(t)):
        # 做相关标识
        Backtrack(t + 1)
        # 做相关标识的反操作
    if(bound(t)):
        # 做相关标识
        Backtrack(t + 1)
        # 做相关标识的反操作
```

这里,形式参数 t 表示扩展节点在解空间树中所处的层次;n 表示问题的规模,即解空间树的深度;x 是用来存放当前解的一维数组,初始化为 $x[i]=0(i=1,2,\cdots,n)$;constraint()函数为约束函数;bound()函数为限界函数。

5.2.2 排列树

1. 概述

排列树是用回溯法解题时经常遇到的第二种典型的解空间树。当所给的问题是从 n 个元素的排列中找出满足某种性质的一个排列时,相应的解空间树称为排列树。此类问题解的形式为 n 元组$(x_1,x_2,\cdots,x_n)$,分量 $x_i(i=1,2,\cdots,n)$ 表示第 i 个位置的元素是 x_i。n 个元素组成的集合为 $S=\{1,2,\cdots,n\}$,$x_i \in S-\{x_1,x_2,\cdots,x_{i-1}\}$,$i=1,2,\cdots,n$。

$n=3$ 时的排列树如图 5-11 所示。

在排列树中从根到叶子的路径描述了 n 个元素的一个排列。如 3 个元素的位置为 $\{1,2,3\}$，从根节点 A 到叶节点 L 的路径描述的一个排列为 $(1,3,2)$，即第 1 个位置的元素是 1，第 2 个位置的元素是 3，第 3 个位置的元素是 2；从根节点 A 到叶节点 M 的路径描述的一个排列为 $(2,1,3)$；从根节点 A 到叶节点 P 的路径描述的一个排列为 $(3,2,1)$。

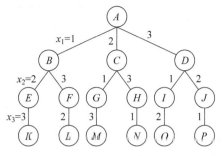

图 5-11　$n=3$ 的排列树

在排列树中，树的根节点表示初始状态(所有位置全部没有放置元素)；中间节点表示某种情况下的中间状态(中间节点之前的位置上已经确定了元素，中间节点之后的位置上还没有确定元素)；叶子节点表示结束状态(所有位置上的元素全部确定)；分支表示从一个状态过渡到另一个状态的行为(在特定位置上放置元素)；从根节点到叶子节点的路径表示一个可能的解(所有元素的一个排列)。排列树的深度等于问题的规模。

解空间树为排列树的问题有很多种，如下所述。

(1) n 皇后问题：满足显约束为不同行、不同列的解空间树。约定不同行的前提下，n 个皇后的列位置是 n 列的一个排列，这个排列必须满足 n 个皇后的位置不在一条斜线上。

(2) 旅行商问题：找出 n 个城市的一个排列，沿着这个排列的顺序遍历 n 个城市，最后回到出发城市，求长度最短的旅行路径。

(3) 批处理作业调度问题：给定 n 个作业的集合 $\{J_1, J_2, \cdots, J_n\}$，要求找出 n 个作业的一个排列，按照这个排列进行调度，使得完成时间和达到最小。

(4) 圆排列问题：给定 n 个大小不等的圆 $c_1, c_2, \cdots, c_n$，现要将这 n 个圆放入一个矩形框中，且要求各圆与矩形框的底边相切。圆排列问题要求从 n 个圆的所有排列中找出具有最小长度的圆排列。

(5) 电路板排列问题：将 n 块电路板以最佳排列方式插入带有 n 个插槽的机箱中。n 块电路板的不同排列方式对应于不同的电路板插入方案。设 $B=\{1,2,\cdots,n\}$ 是 n 块电路板的集合，$L=\{N_1, N_2, \cdots, N_m\}$ 是连接这 n 块电路板中若干电路板的 m 个连接块。N_i 是 B 的一个子集，且 N_i 中的电路板用同一条导线连接在一起。设 x 表示 n 块电路板的一个排列，即在机箱的第 i 个插槽中插入的电路板编号是 x_i。x 所确定的电路板排列 Density(x) 密度定义为：跨越相邻电路板插槽的最大连线数。在设计机箱时，插槽一侧的布线间隙由电路板排列的密度确定。因此，电路板排列问题要求对于给定的电路板连接条件，确定电路板的最佳排列，使其具有最小排列密度。

可见，对于要求从 n 个元素中找出它们的一个排列，该排列需要满足一定的特性这类问题，均可采用排列树来描述它们的解空间结构。这类问题在解题时可采用统一的算法设计模式。

2. 排列树的算法描述模式

排列树的算法描述如下：

```
def Backtrack (t):
    if (t > n):
        output(x)
    else:
        for i in range(t, n + 1):
            x[t], x[i]←x[i], x[t]       #x 初始化为 x[i]=i
            if (constraint(t) and bound(t)):
                Backtrack(t + 1)
            x[t], x[i]←x[i], x[t]
```

这里,形式参数 t 表示扩展节点在解空间树中所处的层次;n 表示问题的规模,即解空间树的深度;x 是用来存储当前解的数组,初始化 $x[i]=i(i=1,2,\cdots,n)$,constraint() 函数为约束函数;bound() 函数为限界函数;swap() 函数实现两个元素位置的交换。

5.2.3 满 m 叉树

1. 概述

满 m 叉树是用回溯法解题时经常遇到的第三种典型的解空间树,也可以称为组合树。当所给问题的 n 个元素中每一个元素均有 m 种选择,要求确定其中的一种选择,使得对这 n 个元素的选择结果组成的向量满足某种性质,即寻找满足某种特性的 n 个元素取值的一种组合。这类问题的解空间树称为满 m 叉树。此类问题解的形式为 n 元组(x_1, $x_2,\cdots,x_n$),分量 $x_i(i=1,2,\cdots,n)$ 表示第 i 个元素的选择为 x_i。$n=3$ 时的满 $m=3$ 叉树如图 5-12 所示。

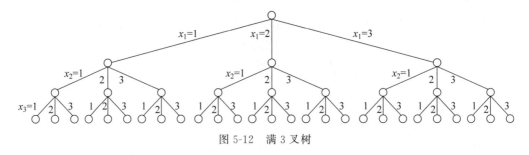

图 5-12　满 3 叉树

在满 m 叉树中从根到叶子的路径描述了 n 个元素的一种选择。树的根节点表示初始状态(任何一个元素都没有确定),中间节点表示某种情况下的中间状态(一些元素的选择已经确定,另一些元素的选择没有确定),叶子节点表示结束状态(所有元素的选择均已确定),分支表示从一个状态过渡到另一个状态的行为(特定元素做何种选择),从根节点到叶子节点的路径表示一个可能的解(所有元素的一个排列)。满 m 叉树的深度等于问题的规模 n。

解空间树为满 m 叉树的问题有很多种,如下所述。

(1) n 皇后问题:显约束为不同行的解空间树,在不同行的前提下,任何一个皇后的列位置都有 n 种选择。n 个列位置的一个组合必须满足 n 个皇后的位置不在同一列或不在同一条斜线上的性质。这个问题的解空间便是一棵满 $m(m=n)$ 叉树。

(2) 图的 m 着色问题:给定无向连通图 G 和 m 种不同的颜色。用这些颜色为图 G

的各顶点着色,每个顶点着一种颜色。如果有一种着色法使 G 中有边相连的两个顶点着不同颜色,则称这个图是 m 可着色的。图的 m 着色问题是对于给定图 G 和 m 种颜色,找出所有不同的着色法。这个问题实质上是用给定的 m 种颜色给无向连通图 G 的顶点着色。每一个顶点所着的颜色有 m 种选择,找出 n 个顶点着色的一个组合,使其满足有边相连的两个顶点之间所着颜色不相同。很明显,这是一棵满 m 叉树。

(3) 最小质量机器设计问题:可以看作给机器的 n 个部件找供应商,也可以看作 m 个供应商供应机器的哪个部件。如果看作给机器的 n 个部件找供应商,那么问题的实质为 n 个部件中的每一个部件均有 m 种选择,找出 n 个部件供应商的一个组合,使其满足 n 个部件的总价格不超过 c 且总重量是最小的。问题的解空间是一棵满 m 叉树。如果看作 m 个供应商供应机器的哪个部件,那么问题的解空间是一棵排列树,读者可以自己思考一下原因。

可见,对于要求找出 n 个元素的一个组合,该组合需要满足一定特性这类问题,均可采用满 m 叉树来描述它们的解空间结构。这类问题在解题时可采用统一的算法设计模式。

2. 满 m 叉树的算法描述模式

满 m 叉树的算法描述如下:

```
def Backtrack (t):
    if (t > n):
        output(x)
    else:
        for i in range(1, m + 1):
            if (constraint(t) and bound(t)):
                x[t] = i
                ♯ 做其他相关标识
                Backtrack(t + 1)
                ♯ 做其他相关标识的反操作
```

这里,形式参数 t 表示扩展节点在解空间树中所处的层次;n 表示问题的规模,即解空间树的深度;m 表示每一个元素可选择的种数;x 是用来存放解的一维数组,初始化为 $x[i] = 0 (i = 1, 2, \cdots, n)$;constraint() 函数为约束函数;bound() 函数为限界函数。

5.3 0-1 背包问题——子集树

给定 n 种物品和一背包。物品 i 的重量是 w_i,其价值为 v_i,背包的容量为 W。一种物品要么全部装入背包,要么全部不装入背包,不允许部分装入。装入背包的物品的总重量不超过背包的容量。问应如何选择装入背包的物品,使得装入背包中的物品总价值最大?

5.3.1 问题分析——解空间及搜索条件

根据问题描述可知,0-1 背包问题要求找出 n 种物品集合 $\{1, 2, \cdots, n\}$ 中的一部分物品,将这部分物品装入背包。装进去的物品总重量不超过背包的容量且价值之和最大,

视频讲解

即找到 n 种物品集合 $\{1,2,\cdots,n\}$ 的一个子集,这个子集中的物品总重量不超过背包的容量,且总价值是集合 $\{1,2,\cdots,n\}$ 的所有不超过背包容量的子集中物品总价值最大的。

按照回溯法的算法框架,首先需要定义问题的解空间,然后确定解空间的组织结构,最后进行搜索。搜索前要解决两个关键问题,一是确定问题是否需要约束条件(用于判断是否有可能产生可行解),如果需要,那么应如何设置? 二是确定问题是否需要限界条件(用于判断是否有可能产生最优解),如果需要,那么应如何设置?

1. 定义问题的解空间

0-1 背包问题是要将物品装入背包,并且物品有且只有两种状态。第 $i(i=1,2,\cdots,n)$ 种物品是装入背包能够达到目标要求,还是不装入背包能够达到目标要求呢? 很显然,目前还不确定。因此,可以用变量 x_i 表示第 i 种物品是否被装入背包的行为,如果用 "0"表示不被装入背包,用"1"表示装入背包,则 x_i 的取值为 0 或 1。该问题解的形式是一个 n 元组,且每个分量的取值为 0 或 1。由此可得,问题的解空间为: $(x_1,x_2,\cdots,x_n)$,其中 $x_i=0$ 或 $1,(i=1,2,\cdots,n)$。

2. 确定解空间的组织结构

问题的解空间描述了 2^n 种可能的解,也可以说是 n 个元素组成的集合的所有子集个数。可见,问题的解空间树为子集树。采用一棵满二叉树将解空间有效地组织起来,解空间树的深度为问题的规模 n。图 5-13 所示描述了 $n=4$ 时的解空间树。

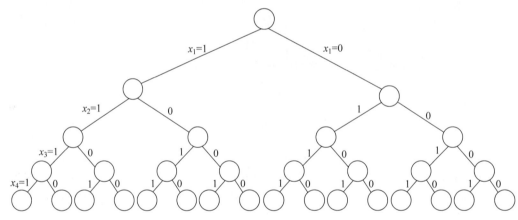

图 5-13 $n=4$ 时的解空间树

3. 搜索解空间

(1) 是否需要约束条件? 如果需要,那么应如何设置?

0-1 背包问题的解空间包含 2^n 个可能的解,是不是每一个可能的解描述的装入背包的物品的总重量都不超过背包的容量呢? 显然不是,这个问题存在某种或某些物品无法装入背包的情况。因此,需要设置约束条件来判断所有可能的解描述的装入背包的物品总重量是否超出背包的容量,如果超出,就为不可行解;否则,为可行解。搜索过程将不再搜索那些导致不可行解的节点及其节点。约束条件的形式化描述为

$$\sum_{i=1}^{n} w_i x_i \leqslant W \tag{5-1}$$

（2）是否需要限界条件？如果需要，那么应如何设置？

0-1背包问题的可行解可能不止一个，问题的目标是找一个所描述的装入背包的物品总价值最大的可行解，即最优解。因此，需要设置限界条件来加速找出该最优解的速度。

如何设置限界条件呢？根据解空间的组织结构可知，任何一个中间节点 z（中间状态）均表示从根节点到该中间节点的分支所代表的行为已经确定，从 z 到其子孙节点的分支的行为是不确定的。也就是说，如果 z 在解空间树中所处的层次是 t，从第1种物品到第 $t-1$ 种物品的状态已经确定，接下来要确定第 t 种物品的状态。无论沿着 z 的哪一个分支进行扩展，第 t 种物品的状态就确定了。那么，从第 $t+1$ 种物品到第 n 种物品的状态还不确定。这样，可以根据前 t 种物品的状态确定当前已装入背包的物品的总价值，用 cp 表示。第 $t+1$ 种物品到第 n 种物品的总价值用 rp 表示，则 cp+rp 是所有从根出发的路径中经过中间节点 z 的可行解的价值上界。如果价值上界小于或等于当前搜索到的最优解描述的装入背包的物品总价值（用 bestp 表示，初始值为 0），就说明从中间节点 z 继续向子孙节点搜索不可能得到一个比当前更优的可行解，没有继续搜索的必要；反之，则继续向 z 的子孙节点搜索。因此，限界条件可描述为

$$\text{cp} + \text{rp} > \text{bestp} \tag{5-2}$$

5.3.2　算法设计

从根节点开始，以深度优先的方式进行搜索。根节点首先成为活节点，也是当前的扩展节点。由于子集树中约定左分支上的值为"1"，因此沿着扩展节点的左分支扩展，则代表装入物品，此时，需要判断是否能够装入该物品，即判断约束条件成立与否，如果成立，就进入左孩子节点，左孩子节点成为活节点，并且是当前的扩展节点，继续向纵深节点扩展；如果不成立，就剪掉扩展节点的左分支，沿着其右分支扩展。右分支代表物品不装入背包，肯定有可能导致可行解。但是沿着右分支扩展有没有可能得到最优解呢？这一点需要由限界条件来判断。如果限界条件满足，说明有可能导致最优解，即进入右分支，右孩子节点成为活节点，并成为当前的扩展节点，继续向纵深节点扩展；如果不满足限界条件，则剪掉扩展节点的右分支，开始向最近的活节点回溯。搜索过程直到所有活节点变成死节点后结束。

算法伪码描述如下：

```
算法:backtrack(t)
输入:当前扩展节点的层次,根节点为0
    if t≥n then                      //搜索到叶子节点
        if bestp < cp then
            bestp ← cp               //记录当前最优值
            bestx ← x[:]             //记录当前最优解
    else
        if cw + w[t] ≤ W then        //判断左分支是否满足约束条件
            x[t] ←1
            cw ←cw + w[t]
            cp ←cp + v[t]
            rp ←rp - v[t]
            backtrack(t + 1)
```

```
            cw ← cw − w[t]
            cp ← cp − v[t]
            rp ← rp + v[t]
    if cp + rp > bestp then              //判断右分支是否满足限界条件
            x[t] ← 0
            backtrack(t + 1)
```

5.3.3 实例构造

令 $n = 4, W = 7, w = (3,5,2,1), v = (9,10,7,4)$。搜索过程如图 5-14～图 5-18 所示。(注:图中节点旁括号内的数据表示背包的剩余容量和已装入背包的物品价值。)

首先,搜索从根节点开始,即根节点是活节点,也是当前的扩展节点。它代表初始状态,即背包是空的,如图 5-14(a)所示。扩展节点 1 先沿着左分支扩展,此时需要判断式(5-1)约束条件,第一种物品的重量为 3,3<7,满足约束条件,因此节点 2 成为活节点,并成为当前的扩展节点。它代表第 1 种物品已装入背包,背包剩余容量为 4,背包内物品的总价值为 9,如图 5-14(b)所示。扩展节点 2 继续沿着左分支扩展,此时需要判断第 2 个物品能否装入背包,第 2 个物品的重量为 5,背包的剩余容量为 4。显然,该物品无法装入,故剪掉扩展节点 2 的左分支。此时,需要选择扩展节点 2 的右分支继续扩展,判断式(5-2)限界条件,cp=9,rp=11,bestp=0,cp+rp>bestp 限界条件成立,则节点 2 沿右分支扩展的节点 3 成为活节点,并成为当前的扩展节点。扩展节点 3 代表背包剩余容量为 4,背包内物品的总价值为 9,如图 5-14(c)所示。以此类推,扩展节点 3 沿着左分支扩展,第 3 种物品的重量是 2,背包的剩余容量为 4,满足约束条件,节点 4 成为活节点,并成为当前的扩展节点。节点 4 代表背包剩余容量为 2,背包内物品总价值为 16,如图 5-14(d)所示。

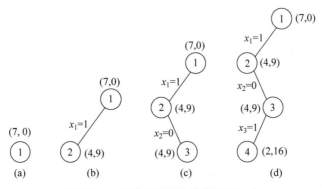

图 5-14　0-1 背包问题的搜索过程(一)

扩展节点 4 沿着左分支扩展,此时第 4 种物品的重量为 1,背包的剩余容量为 2,节点 5 满足约束条件。节点 5 已是叶子节点,故找到一个当前最优解,将其记录并修改 bestp 的值为当前最优解描述的装入背包的物品总价值 20,如图 5-15(a)所示。由于节点 5 已是叶子节点,不具备扩展能力,此时要回溯到离节点 5 最近的活节点 4,节点 4 再次成为扩展节点,如图 5-15(b)所示。扩展节点 4 沿着右分支继续扩展,此时要判断限界条件是否满足,cp=16,rp=0,bestp=20,cp+rp<bestp,限界条件不满足,故剪掉节点 4 的

右分支。扩展节点 4 的左右两个分支均搜索完毕,回溯到最近的活节点 3,节点 3 再次
成为扩展节点,如图 5-15(c)所示。扩展节点 3 沿着右分支继续扩展,此时要判断限界条
件是否满足,$cp=9$,$rp=4$,$bestp=20$,$cp+rp<bestp$,限界条件不满足,故剪掉节点 3 的
右分支。扩展节点 3 的左右两个分支均搜索完毕,回溯到最近的活节点 2,节点 2 再次成
为扩展节点。扩展节点 2 的两个分支均搜索完毕,故继续回溯到节点 1,如图 5-15(d)
所示。

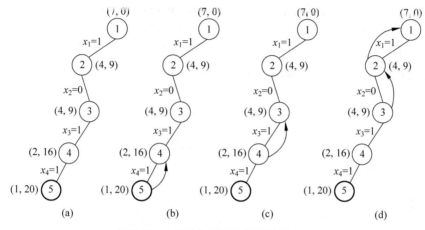

图 5-15　0-1 背包问题的搜索过程(二)

扩展节点 1 沿着右分支继续扩展,判断限界条件是否满足,$cp=0$,$rp=21$,$bestp=$
20,$cp+rp>bestp$,限界条件满足,则扩展的节点 6 成为活节点,并成为当前的扩展节点,
如图 5-16(a)所示。扩展节点 6 沿着左分支继续扩展,判断约束条件,当前背包剩余容量
为 7,第 2 种物品的重量为 5,$5<7$,满足约束条件,扩展生成的节点 7 成为活节点,并且是
当前的扩展节点。此时背包的剩余容量为 2,装进背包的物品总价值为 10,如图 5-16(b)
所示。扩展节点 7 沿着左分支继续扩展,判断约束条件,当前背包剩余容量为 2,第 3 种
物品的重量为 2,满足约束条件,扩展生成的节点 8 成为活节点,并且是当前的扩展节点。
此时背包的剩余容量为 0,装入背包的物品总价值为 17,如图 5-16(c)所示。

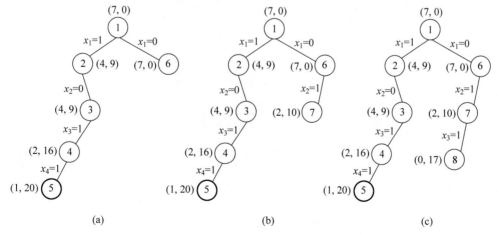

图 5-16　0-1 背包问题的搜索过程(三)

扩展节点 8 沿着左分支继续扩展,判断约束条件,当前背包剩余容量为 0,第 4 种物品的重量为 1,0<1,不满足约束条件,扩展生成的节点被剪掉。接下来沿着扩展节点 8 的右分支进行扩展,判断限界条件,cp=17,rp=0,bestp=20,cp+rp<bestp,不满足限界条件,沿右分支扩展生成的节点也被剪掉。扩展节点 8 的所有分支均搜索完毕,回溯到最近的活节点 7,节点 7 又成为扩展节点,如图 5-17(a)所示。扩展节点 7 沿着右分支继续扩展,判断限界条件,当前 cp=10,rp=4,bestp=20,cp+rp<bestp,限界条件不满足,扩展生成的节点被剪掉。扩展节点 7 的所有分支均搜索完毕,回溯到活节点 6,节点 6 又成为扩展节点,如图 5-17(b)所示。扩展节点 6 沿着右分支继续扩展,判断限界条件,当前 cp=0,rp=11,bestp=20,cp+rp<bestp,限界条件不满足,扩展生成的节点被剪掉。扩展节点 6 的所有分支均搜索完毕,回溯到活节点 1,节点 1 又成为扩展节点,如图 5-17(c)所示。

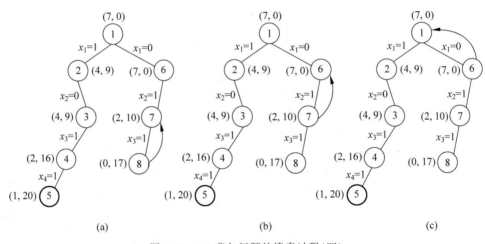

图 5-17 0-1 背包问题的搜索过程(四)

扩展节点 1 的两个分支均搜索完毕,它成为死节点,搜索过程结束,找到的问题的解为从根节点 1 到叶子节点 5 的路径(1,0,1,1),即将第 1,3,4 三种物品装入背包,装进去物品总价值为 20,如图 5-18 所示。

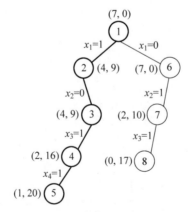

图 5-18 0-1 背包问题的搜索过程(五)

5.3.4 算法的改进

在上述限界条件中,rp 表示第 $t+1$ 种物品到第 n 种物品的总价值。事实上,背包的剩余容量不一定能够容纳从第 $t+1$ 种物品到第 n 种物品的全部物品,那么剩余容量所能容纳的从第 $t+1$ 种物品到第 n 种物品的最优值(用 brp 表示)肯定小于或等于 rp,用 brp 取代 rp,则式(5-2)改写为

$$cp + brp > bestp \tag{5-3}$$

0-1 背包问题最终不一定能够将背包装满,因此,cp＋brp 同样是所有路径经过中间节点 z 的可行解的价值上界,且这个价值上界小于或等于 cp＋rp。因此,表达式 cp＋brp＞bestp 成立的可能性比 cp＋rp＞bestp 成立的可能性要小。用 cp＋brp＞bestp 作为限界条件,从中间节点 z 沿右分支继续向纵深搜索的可能性就小。也就是说,中间节点 z 的右分支剪枝的可能性就越大,搜索速度也会加快。

以式(5-3)作为限界条件的搜索过程与以式(5-2)作为限界条件的搜索过程只有在搜索右分支时进行的判断不同。在以式(5-3)作为限界条件的搜索过程中,需要求出 brp 的值,为方便起见,事先计算出所给物品单位重量的价值 $\left(\dfrac{9}{3}, \dfrac{10}{5}, \dfrac{7}{2}, \dfrac{4}{1}\right)$。针对剩余的物品,单位重量价值大的物品优先装入背包,将背包剩余容量装满所得的价值即为 brp 的值。在图 5-14(b)中,扩展节点 2 沿右分支扩展,判断限界条件,当前 cp＝9,剩余的不确定状态的物品为第 3、4 种物品,背包剩余容量为 4,将背包装满装入的最优值为第 3、4 种物品的价值之和,即 brp＝11,bestp＝0,cp＋brp＞bestp,限界条件成立,扩展的节点 3 成为活节点,并成为当前的扩展节点,继续向纵深处扩展。式(5-3)限界条件的搜索与式(5-2)限界条件的搜索直到图 5-15(b)(找到一个当前最优解后回溯到最近的活节点 4)均相同,其后在式(5-3)限界条件下的搜索过程如图 5-19 所示。

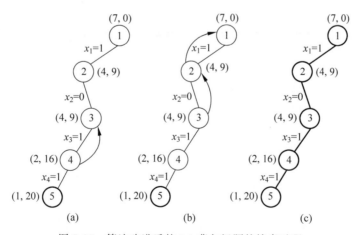

图 5-19 算法改进后的 0-1 背包问题的搜索过程

扩展节点 4 沿右分支扩展,判断限界条件,cp＝16,背包的剩余容量为 2,没有剩余物品,故 brp＝0,bestp＝20,cp＋brp＜bestp,限界条件不满足,扩展生成的节点被剪掉。此时,左右分支均检查完毕,开始回溯到活节点 3,节点 3 又成为扩展节点,如图 5-19(a)所

示。扩展节点 3 沿右分支扩展,判断限界条件,cp=9,剩余容量为 4,剩余物品为第 4 种物品,其重量为 1,能够全部装入,故 brp=4。bestp=20,cp+brp<bestp,限界条件不满足,扩展生成的节点被剪掉。此时,节点 3 的左右分支均搜索完毕,回溯到活节点 2。节点 2 的两个分支已搜索完毕,继续回溯到活节点 1,活节点 1 再次成为扩展节点,如图 5-19(b)所示。扩展节点 1 继续沿右分支扩展,判断限界条件,cp=0,剩余容量为 7,剩余物品为第 2、3、4 种物品,按照单位重量的价值大的物品优先的原则,将第 3、4 种物品全部装入背包。此时,背包剩余容量为 4,第 2 种物品的重量为 5,无法全部装入,只需装入第 2 种物品的 $\frac{4}{5}$,那么装进去的价值为 $10 \times \frac{4}{5} = 8$,故 brp=7+4+8=19,cp+brp=19<besp(20),限界条件不满足,扩展生成的节点被剪掉。此时,左右分支均搜索完毕,搜索过程结束,找到的当前最优解为(1,0,1,1),最优值为 20,如图 5-19(c)所示。

5.3.5 算法分析

判断约束函数需 $O(1)$,在最坏情况下有 $2^n - 1$ 个左孩子,约束函数耗时最坏为 $O(2^n)$。计算上界限界函数需要 $O(n)$ 时间,在最坏情况下有 $2^n - 1$ 个右孩子需要计算上界,限界函数耗时最坏为 $O(n2^n)$。0-1 背包问题的回溯算法所需的计算时间为 $O(2^n) + O(n2^n) = O(n2^n)$。

5.3.6 Python 实战

1. 改进前的算法编码实现

首先定义一个 backtrack()递归函数,用于深度优先搜索问题的解,接收当前扩展节点在子集树中所处的层次 t,根节点所处的层次为 0(考虑到数组下标从 0 开始,这里将根节点的层次记为 0)。搜索过程中记录最优解 bestp 和最优值 bestx。

改进前的算法描述如下:

```python
def backtrack(t):
    global bestp,cw,cp,x,bestx,rp
    if t >= n:
        if bestp < cp:
            bestp = cp
            bestx = x[:]
    else:
        if cw + w[t] <= W:
            x[t] = 1
            cw += w[t]
            cp += v[t]
            rp -= v[t]
            backtrack(t + 1)
            cw -= w[t]
            cp -= v[t]
            rp += v[t]
        if cp + rp > bestp:
            x[t] = 0
            backtrack(t + 1)
```

Python 的入口——main()函数,在 main()函数中,提供物品的重量 w、物品的价值 v 和背包的容量 W,并做初始化工作,调用 backtrack()函数,最后将结果打印输出到显示器上。其代码如下:

```python
if __name__ == "__main__":
    bestp = 0                       # 当前最优值
    cw = 0                          # 当前装入背包的重量
    cp = 0                          # 当前装入背包的价值
    bestx = None                    # 记录当前最优解
    n = 5                           # 物品个数
    W = 10                          # 背包容量
    w = [2,2,6,5,4]                 # 物品重量
    v = [6,3,5,4,6]                 # 物品价值
    x = [0 for i in range(n)]       # 当前可行解
    rp = 0                          # 剩余物品的价值
    for i in range(len(v)):
        rp += v[i]
    backtrack(0)                    # 从根节点开始搜索
    print("最优值为:",bestp)
    print("最优解为:",bestx)
```

输出结果为

最优值为:15

最优解为:[1,1,0,0,1]

2. 改进后算法编码实现

由于要将物品按照单位重量的价值非升序排列,排序后,数组下标不能表示物品编号了,所以采用三元组(物品编号、物品重量和物品价值)数组表示物品,Python 中用 list 列表 goods 存储所有物品的三元组。

首先定义一个计算价值上界的 bound()函数,接收当前剩余的起始物品位置,返回当前节点的价值上界。其代码如下:

```python
def bound(i):
    global c,cw,goods,cp,n
    Wleft = c - cw
    b = cp
    while(i <= n and goods[i][1] <= Wleft):
        Wleft -= goods[i][1]
        b += goods[i][2]
        i += 1
    if(i <= n):
        b += goods[i][2]/goods[i][1] * Wleft;
    return b
```

定义一个 backtrack()递归函数,用于深度优先搜索问题的解,接收当前扩展节点的在子集树中所处的层次 t,根节点所处的层次为 0(考虑到数组下标从 0 开始,这里将根节点的层次记为 0)。搜索过程中记录最优值 bestp 和最优解 bestx。其代码如下:

```
def backtrack(t):
    global bestp,c,cw,cp,x,bestx,n,goods
    if t >= n:
        if bestp < cp:
            bestp = cp
            bestx = x[:]
    else:
        if cw + goods[t][1] <= c:        #左分支判断约束条件
            x[goods[t][0]] = 1
            cw += goods[t][1]
            cp += goods[t][2]
            backtrack(t + 1)
            cw -= goods[t][1]
            cp -= goods[t][2]
        if bound(t) > bestp:             #计算价值上界,并判断限界条件
            x[goods[t][0]] = 0
            backtrack(t + 1)
```

Python 的入口——main()函数,在 main()函数中,goods 用于存储物品的三元组(物品编号、物品重量和物品价值),W 为背包的容量,初始化求解中用到的其他变量,调用 backtrack()重量,最后将结果打印输出到显示器上。其代码如下:

```
if __name__ == "__main__":
    bestp = 0                                    #当前最优值
    cw = 0                                       #当前重量
    cp = 0                                       #当前价值
    bestx = None                                 #最优解
    n = 5                                        #问题规模
    c = 10                                       #背包容量
    goods = [(0,2,6),(1,2,3),(2,6,5),(3,5,4),(4,4,6)]    #记录物品的编号、重量、价值
    x = [0 for i in range(n)]                    #当前解
    goods.sort(key = lambda x:x[2]/x[1],reverse = True)  #按照物品的单位重量的价值由
                                                 #大到小排序

    backtrack(0)
    print("最优值为:",bestp)
    print("最优解为:",bestx)
```

输出结果为

最优值为: 15

最优解为: [1, 1, 0, 0, 1]

视频讲解

5.4 最大团问题——子集树

给定无向图 $G=(V,E)$。如果 $U \subseteq V$,且对任意 $u,v \in U$,有 $(u,v) \in E$,则称 U 是 G 的完全子图。G 的完全子图 U 是 G 的团当且仅当 U 不包含在 G 的更大的完全子图中。G 的最大团是指 G 中所含顶点数最多的团。最大团问题就是要求找出无向图 G 的包含顶点个数最多的团。

5.4.1 问题分析——解空间及搜索条件

根据问题描述可知,最大团问题就是要求找出无向图 $G = (V, E)$ 的 n 个顶点集合 $\{1, 2, 3, \cdots, n\}$ 的一部分顶点 V',即 n 个顶点集合 $\{1, 2, 3, \cdots, n\}$ 的一个子集,这个子集中的任意两个顶点在无向图 G 中都有边相连,且包含顶点个数是 n 个顶点集合 $\{1, 2, 3, \cdots, n\}$ 所有同类子集中包含顶点个数最多的。显然,问题的解空间是一棵子集树,解决方法与解决 0-1 背包问题类似。

1. 定义问题的解空间

问题解的形式为 n 元组,每一个分量的取值为 0 或 1,即问题的解是一个 n 元 0-1 向量。具体形式为 $(x_1, x_2, \cdots, x_n)$,其中 $x_i = 0$ 或 1,$i = 1, 2, \cdots, n$。$x_i = 1$ 表示图 G 中第 i 个顶点在团里,$x_i = 0$ 表示图 G 中第 i 个顶点不在团里。

2. 确定解空间的组织结构

解空间是一棵子集树,树的深度为 n。

3. 搜索解空间

(1) 确定是否需要约束条件? 如果需要,那么应如何设置?

最大团问题的解空间包含 2^n 个子集,这些子集中存在集合中的某两个顶点没边相连的情况。显然,这种情况下的可能解不是问题的可行解。故需要设置约束条件来判断是否有可能导致问题的可行解。

假设当前扩展节点处于解空间树的第 t 层,那么从第 1 个顶点到第 $t-1$ 个顶点的状态(有没有在团里)已经确定。接下来沿着扩展节点的左分支进行扩展,此时需要判断是否将第 t 个顶点放入团里。只要第 t 个顶点与第 $t-1$ 个顶点中的在团里的顶点有边相连,就能放入团中;否则,就不能放入团中。因此,约束函数描述如下:

```python
def place(t):
    global x
    global a
    OK = True
    for j in range(t):
        if x[j] and a[t][j] == 0:
            OK = False
            break
    return OK
```

其中,形式参数 t 表示第 t 个顶点;place(t) 用来判断第 t 个顶点能否放入团里;二维数组 a 是图 G 的邻接矩阵;一维数组 x 记录当前解。搜索到第 t 层时,从第 1 个顶点到第 $t-1$ 个顶点的状态存放在 $x[1:t-1]$ 中。

(2) 确定是否需要限界条件? 如果需要,那么应如何设置?

最大团问题的可行解可能不止一个,问题的目标是找一个包含的顶点个数最多的可行解,即最优解。因此,需要设置限界条件来加速寻找该最优解的速度。

如何设置限界条件呢? 与 0-1 背包问题类似。假设当前的扩展节点为 z,如果 z 处于第 t 层,从第 1 个顶点到第 $t-1$ 个顶点的状态已经确定,接下来要确定第 t 个顶点的状态,无论沿着 z 的哪一个分支进行扩展,第 t 个顶点的状态就确定了。那么,从第 $t+1$ 个顶点到第 n 个顶点的状态还不确定。这样,可以根据前 t 个顶点的状态确定当前已放入团内的顶点个数(用 cn 表示),假想从第 $t+1$ 个顶点到第 n 个顶点全部放入团内,放入的顶点个数(用 fn 表示)fn$=n-t$,则 cn$+$fn 是所有从根出发的路径中经过中间节点 z 的可行解所包含顶点个数的上界。如果 cn$+$fn 小于或等于当前最优解包含的顶点个数(用 bestn 表示,初始值为 0),就说明从中间节点 z 继续向子孙节点搜索不可能得到一个比当前更优的可行解,没有继续搜索的必要;反之,则继续向 z 的子孙节点搜索。因此,限界条件可描述为 cn$+$fn$>$bestn。

5.4.2 算法设计

最大团问题的搜索和 0-1 背包问题的搜索相似,只是进行判断的约束条件和限界条件不同而已。

算法伪码描述如下:

```
算法:backtrack(t)
输入:根节点的层次 t
输出:全局变量 bestx, bestn 记录最优解和最优值
    if (t > n) then
        bestx ← x[:]              //记录当前最优解
        bestn←cn                  //记录当前最优值
        return
    if place(t - 1) then         //判断 t-1 号点是否能放到当前表示团的点集,即约
                                 //束条件
        x[t - 1]←1
        cn ← cn + 1
        backtrack(t + 1)
        cn ← cn - 1
    if (cn + n - t > bestn) then //判断当前节点有没有可能导致最优解,即限界条件
        x[t - 1]←0
        Backtrack(t + 1)
```

5.4.3 实例构造

以图 5-20 所示的给定的无向图为例,最大团问题的搜索过程如图 5-21～图 5-27 所示。

首先,搜索从根节点开始,即根节点是活节点,也是当前的扩展节点。它代表初始状态,即最大团集合当前是空集,如图 5-21(a)所示。扩展节点 A 先沿着左分支扩展,此时需要判断约束条件,即 1 号点能不能放入最大团集合。由于当前集合为空集,满足约束条件,因此节点 B 成为活节点,并成为当前的扩展节点,它代表 1 号顶点已经加入最大团集

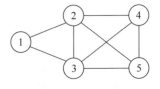

图 5-20 无向图

合,如图 5-21(b)所示。扩展节点 B 继续沿着左分支扩展,此时需要判断 2 号点能否加入最大团集合,2 号点和最大团集合中的 1 号点有边相连,满足约束条件,因此节点 C 成为活节点,并成为当前的扩展节点,代表将 2 号点加入最大团集合,如图 5-21(c)所示。扩展节点 C 沿着左分支扩展,3 号点与最大团集合中的 1、2 号点都有边相连,满足约束条

件,因此节点 D 成为活节点,并成为当前的扩展节点,节点 D 代表 3 号点加入最大团集合,如图 5-21(d)所示。

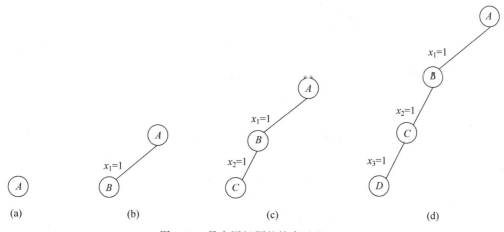

图 5-21　最大团问题的搜索过程(一)

扩展节点 D 沿着左分支扩展,4 号点与最大团集合中的 1 号点没有边相连,不满足约束条件,D 的左孩子被剪掉。沿着 D 右分支扩展,判断是否满足限界条件,当前最大团集合已经 3 个点,D 的右分支代表 4 号点不加入最大团集合,剩余没判断是否加入最大团集合的只有 5 号点,$cn(3)+rn(1)>bestn(0)$,满足限界条件,因此节点 D 的右孩子节点 E 成为活节点,并成为当前的扩展节点,节点 E 代表 4 号点不加入最大团集合,如图 5-22(a)所示。

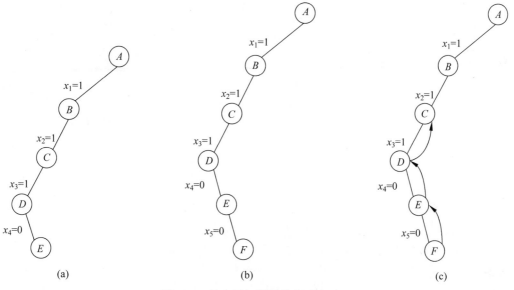

图 5-22　最大团问题的搜索过程(二)

扩展节点 E 沿着左分支扩展,5 号点与最大团集合中的 1 号点没有边相连,不满足约束条件,E 的左孩子被剪掉。E 的右孩子判断限界条件,当前最大团集合已经 3 个点,E 的右分支代表 5 号点不加入最大团集合,剩余没判断是否加入最大团集合的点不存在,cn(3)+rn(0)>bestn(0),满足限界条件,因此节点 E 的右孩子节点 F 成为活节点,并成为当前的扩展节点。由于节点 E 已经是叶子节点,故找到了当前最优解,集合中含有 1、2、3 节点的团,bestn=3,如图 5-22(b)所示。

开始回溯,节点 F 回溯到节点 E,E 的两个分支扩展完毕,E 成为死节点。节点 E 回溯到节点 D,D 的两个分支扩展完毕,D 成为死节点。继续回溯,节点 D 回溯到节点 C,如图 5-22(c)所示。

节点 C 的右分支还没有扩展,开始扩展 C 的右分支,判断限界条件:cn(2)+rn(2)>bestn(3),满足限界条件,节点 G 成为活节点,并成为当前的扩展节点,如图 5-23(a)所示。开始扩展 G 的左分支,判断约束条件,4 号点与最大团集合中的 1 号点没有边相连,不满足约束条件,G 的左孩子被剪掉。扩展 G 的右分支,判断限界条件:cn(2)+rn(1)=bestn(3),不满足限界条件,G 的右孩子也被剪掉,节点 G 成为死节点。算法开始回溯节点 C,C 的两个分支扩展完毕,C 成为死节点,继续回溯到节点 B,如图 5-23(b)所示。沿着节点 B 的右分支扩展,判断限界条件:cn(1)+rn(3)>bestn(3),满足限界条件,节点 H 成为活节点,并成为当前的扩展节点,如图 5-23(c)所示。

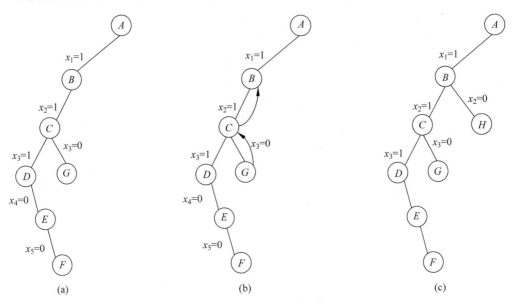

图 5-23　最大团问题的搜索过程(三)

开始扩展 H 的左分支,判断约束条件,3 号点与最大团集合中的 1 号点有边相连,满足约束条件,H 的左孩子节点 I 成为活节点,并成为当前的扩展节点,如图 5-24(a)所示。扩展 I 的左分支,判断约束条件,4 号点与最大团集合中的 1 号点没有边相连,不满足约束条件,I 的左孩子被剪掉。扩展 I 的右分支,判断限界条件 cn(2)+rn(1)=bestn(3),不满足限界条件,I 的右孩子也被剪掉,节点 I 成为死节点。算法开始回溯节点 H,如图 5-24(b)所示。扩展 H 的右分支,判断限界条件:cn(1)+rn(2)=bestn(3),不满足限界条件,H 的右分支被剪掉。算法开始回溯节点 B,节点 B 的两个分支都扩展完毕,成为死节点,继续回溯到节点 A,如图 5-24(c)所示。

开始扩展 A 的右分支,判断限界条件 cn(0)+rn(4)>bestn(3),满足限界条件,A 的

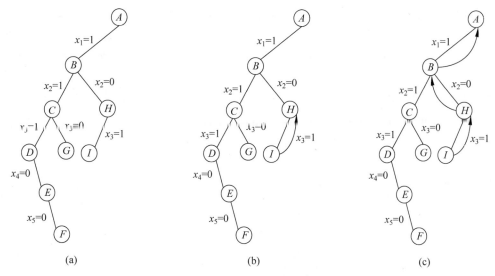

图 5-24 最大团问题的搜索过程(四)

右孩子 J 成为活节点,并成为当前的扩展节点,如图 5-25(a)所示。扩展 J 的左分支,判断约束条件,当前最大团集合是空集,满足约束条件,J 的左孩子节点 K 成为活节点,并成为当前的扩展节点,2 号点加入最大团集合,如图 5-25(b)所示。扩展 K 的左分支,判断约束条件,3 号点与最大团集合中的 2 号点有边相连,满足约束条件,K 的左孩子节点 L 成为活节点,并成为当前的扩展节点,3 号点加入最大团集合,如图 5-25(c)所示。

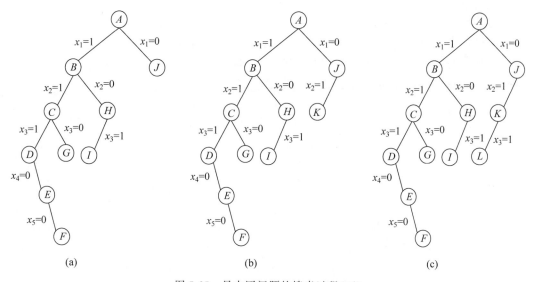

图 5-25 最大团问题的搜索过程(五)

扩展 L 的左分支,判断约束条件,4 号点与最大团集合中的 2、3 号点有边相连,满足约束条件,L 的左孩子节点 M 成为活节点,并成为当前的扩展节点,4 号点加入最大团集合,如图 5-26(a)所示。扩展 M 的左分支,判断约束条件,5 号点与最大团集合中的 2、3、4 号点有边相连,满足约束条件,M 的左孩子节点 N 成为活节点,并成为当前的扩展节点,5 号点加入最大团集合,如图 5-26(b)所示。开始回溯,节点 N 回溯到 M,扩展 M 的右分支,判断限界条件：cn(3)+rn(0)<bestn(4),不满足限界条件,M 的右分支被剪掉。继续回溯到节点 L,扩展 L 的右分支,判断限界条件：cn(2)+rn(1)<bestn(4),不满足限界条件,L 的右分支被剪掉。继续回溯到节点 K,扩展 K 的右分支,判断限界条件：cn(1)+rn(2)<bestn(4),不满足限界条件,K 的右分支被剪掉。继续回溯到节点 J,扩展 J 的右分支,判断限界条件：cn(0)+rn(3)<bestn(4),不满足限界条件,J 的右分支被剪掉。继续回溯到节点 A,如图 5-26(c)所示。

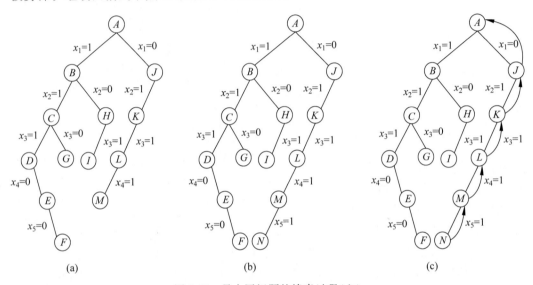

图 5-26　最大团问题的搜索过程(六)

A 的两个分支都搜索完毕,算法结束,形成的搜索树如图 5-27 所示。

找到问题的解是从根节点 A 到叶子节点 N 的路径(0,1,1,1,1)已在图 5-27 所示中用粗实线画出,求得的最大团如图 5-28 所示。

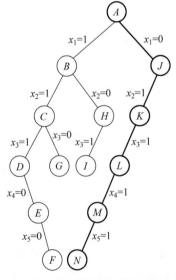

图 5-27　最大团问题的搜索树

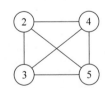

图 5-28　求得的最大团

5.4.4　算法分析

判断约束函数需耗时 $O(n)$，在最坏情况下有 2^n-1 个左孩子，耗时最坏为 $O(n2^n)$。判断限界函数需要 $O(1)$ 时间，在最坏情况下有 2^n-1 个右孩子节点需要判断限界函数，耗时最坏为 $O(2^n)$。因此，最大团问题的回溯算法所需的计算时间为 $O(2^n)+O(n2^n)=O(n2^n)$。

5.4.5　Python 实战

首先定义一个 place() 函数，用于判断指定的点是否能加入到最大团集合中。该函数接收待判定的点，返回 True 或 False，True 表示指定点能放入最大团集合，False 表示指定点不能放入最大团集合。其代码如下：

```python
def place(t):
    global x
    global a
    OK = True
    for j in range(t):
        if x[j] and a[t][j] == 0:
            OK = False
            break
    return OK
```

定义一个递归深度优先搜索的 backtrack() 函数，搜索最优解。代码如下：

```python
def backtrack(t):
    global cn, bestn, n, bestx, x
    if (t > n):
        bestx = x[:]
        bestn = cn
        return
    if place(t - 1):
        x[t - 1] = 1
        cn += 1
        backtrack(t + 1)
        cn -= 1
    if (cn + n - t > bestn):
        x[t - 1] = 0
        backtrack(t + 1)
```

Python 的入口——main() 函数，在 main() 函数中，用邻接矩阵存储给定的图 G，调用 backtrack() 函数，求最优解和最优值，最后将结果打印输出到显示器上。其代码如下：

```python
if __name__ == "__main__":
    a = [[0,1,1,0,0],[1,0,1,1,1],[1,1,0,1,1],[0,1,1,0,1],[0,1,1,1,0]]
    n = len(a)
    x = [i for i in range(n)]
    bestx = None
    bestn = cn = 0
```

```
backtrack(1)                    # 根节点的层次为1
print("最大团点个数:", bestn)
print("最大团为:", bestx)
```

输出结果为

最大团点个数：4

最大团为：$[0,1,1,1,1]$

视频讲解

5.5　批处理作业调度问题——排列树

给定 n 个作业的集合 $\{J_1, J_2, \cdots, J_n\}$。每个作业必须先由机器 1 处理,再由机器 2 处理。作业 J_i 需要机器 j 的处理时间为 t_{ji}。对于一个确定的作业调度,设 F_{ji} 是作业 J_i 在机器 j 上完成处理的时间。所有作业在机器 2 上完成处理的时间和称为该作业调度的完成时间和。批处理作业调度问题要求对于给定的 n 个作业,制订出最佳作业调度方案,使其完成时间和达到最小。

5.5.1　问题分析——解空间及搜索条件

根据问题描述可知,批处理作业调度问题要求找出 n 个作业 $\{J_1, J_2, \cdots, J_n\}$ 的一个排列,按照这个排列的顺序进行调度,使得完成 n 个作业的完成时间和最小。按照回溯法的算法框架,首先需要定义问题的解空间,然后确定解空间的组织结构,最后进行搜索。搜索前要解决两个关键问题,一是确定问题是否需要约束条件(判断是否有可能产生可行解的条件),如果需要,那么如何设置。由于作业的任何一种调度次序不存在无法调度的情况,均是合法的。因此,任何一个排列都表示问题的一个可行解。故不需要约束条件;二是确定问题是否需要限界条件,如果需要,那么如何设置。在 n 个作业的 $n!$ 种调度方案(排列)中,存在完成时间和多与少的情况,该问题要求找出完成时间和最少的调度方案。因此,需要设置限界条件。

1. 确定问题的解空间

批处理作业调度问题解的形式为 $(x_1, x_2, \cdots, x_n)$,分量 $x_i(i=1,2,\cdots,n)$ 表示第 i 个要调度的作业编号。设 n 个作业组成的集合为 $S=\{1,2,\cdots,n\}, x_i \in S - \{x_1, x_2, \cdots, x_{i-1}\}, i=1,2,\cdots,n$。

2. 解空间的组织结构

解空间的组织结构是一棵排列树,树的深度为 n。

3. 搜索解空间

(1)由于不需要约束条件,故无须设置。

(2) 设置限界条件。

用 cf 表示当前已完成调度的作业所用的时间和,用 bestf 表示当前找到的最优调度方案的完成时间和。显然,继续向纵深处搜索时,cf 不会减少,只会增加。因此当 cf≥bestf 时,没有继续向纵深处搜索的必要。限界条件可描述为 cf＜bestf,cf 的初始值为 0,

bestf 的初始值为 $+\infty$。

5.5.2　算法设计

扩展节点沿着某个分支扩展时需要判断限界条件，如果满足，就进入深一层继续搜索；如果不满足，就将扩展生成的节点剪掉。搜索到叶子节点时，即找到当前最优解。搜索过程直到全部活节点变成死节点为止。

算法伪码描述如下：

```
算法:backtrack(t)
输入:扩展节点的层次 i,根节点层次为 1
输出:最优解 bestx 和最优值 bestf
    if (t ≥ n):
        bestx ← x[:]
        bestf ← f
    else:
        for j ← t to n − 1:
            f1 ← f1 + M[x[j]][1]
            k ← t − 1
            f2[t] ← max(f2[k],f1) + M[x[j]][2]
            f ← f + f2[t]
            if (f < bestf):
                x[t]↔x[j]
                Backtrack(t + 1)
                x[t]↔x[j]
            f1 ← f1 − M[x[j]][1]
            f ← f − f2[t]
```

5.5.3　实例构造

考虑 $n=3$ 的实例，每个作业在两台机器上的处理时间如表 5-1 所示。

表 5-1　作业在两台机器上的处理时间

作　　业	机　器　1	机　器　2
J_1	2	1
J_2	3	1
J_3	2	3

注：行分别表示作业 J_1、J_2 和 J_3；列分别表示机器 1 和机器 2。表中数据表示 t_{ji}，即作业 J_i 需要机器 j 的处理时间。

搜索过程如图 5-29～图 5-35 所示。从根节点 A 开始，节点 A 成为活节点，并且是当前的扩展节点，如图 5-29(a)所示。扩展节点 A 沿着 $x_1=1$ 的分支扩展，$F_{11}=2$，$F_{21}=3$，故 $cf=3$，$bestf=+\infty$，$cf<bestf$，限界条件满足，扩展生成的节点 B 成为活节点，并且成为当前的扩展节点，如图 5-29(b)所示。扩展节点 B 沿着 $x_2=2$ 的分支扩展，$F_{12}=5$，$F_{22}=6$，故 $cf=F_{21}+F_{22}=9$，$bestf=+\infty$，$cf<bestf$，限界条件满足，扩展生成的节点 E 成为活节点，并且成为当前的扩展节点，如图 5-29(c)所示。扩展节点 E 沿着 $x_3=3$ 的分支扩展，$F_{13}=7$，$F_{23}=10$，故 $cf=F_{21}+F_{22}+F_{23}=19$，$bestf=+\infty$，$cf<bestf$，限界条件满足，扩

展生成的节点 K 是叶子节点。此时,找到当前最优的一种调度方案(1,2,3),同时修改 bestf=19,如图 5-29(d)所示。

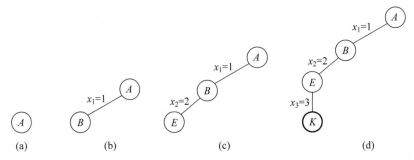

图 5-29 批处理作业调度问题的搜索过程(一)

叶子节点 K 不具备扩展能力,开始回溯到活节点 E。节点 E 只有一个分支,且已搜索完毕,因此节点 E 成为死节点,继续回溯到活节点 B,节点 B 再次成为扩展节点,如图 5-30(a)所示。扩展节点 B 沿着 $x_2=3$ 的分支扩展,cf=10,bestf=19,cf<bestf,限界条件满足,扩展生成的节点 F 成为活节点,并且成为当前的扩展节点,如图 5-30(b)所示。扩展节点 F 沿着 $x_3=2$ 的分支扩展,cf=18,bestf=19,cf<bestf,限界条件满足,扩展生成的节点 L 是叶子节点。此时,找到比先前更优的一种调度方案(1,3,2),修改 bestf=18,如图 5-30(c)所示。从叶子节点 L 开始回溯到活节点 F。节点 F 的一个分支已搜索完毕,节点 F 成为死节点,回溯到活节点 B。节点 B 的两个分支已搜索完毕,回溯到活节点 A,节点 A 再次成为扩展节点,如图 5-30(d)所示。

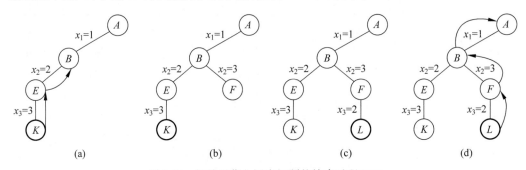

图 5-30 批处理作业调度问题的搜索过程(二)

扩展节点 A 沿着 $x_1=2$ 的分支扩展,cf=4,bestf=18,cf<bestf,限界条件满足,扩展生成的节点 C 成为活节点,并且成为当前的扩展节点,如图 5-31(a)所示。扩展节点 C 沿着 $x_2=1$ 的分支扩展,cf=10,bestf=18,cf<bestf,限界条件满足,扩展生成的节点 G 成为活节点,并且成为当前的扩展节点,如图 5-31(b)所示。扩展节点 G 沿着 $x_3=3$ 的分支扩展,cf=20,bestf=18,cf>bestf,限界条件不满足,扩展生成的节点被剪掉,如图 5-31(c)所示。

节点 G 的一个分支搜索完毕,节点 G 成为死节点,继续回溯到活节点 C,如图 5-32(a)所示。扩展节点 C 沿着 $x_2=3$ 的分支扩展,cf=12,bestf=18,cf<bestf,限界条件满足,扩展生成的节点 H 成为活节点,并且成为当前的扩展节点,如图 5-32(b)所示。扩展节

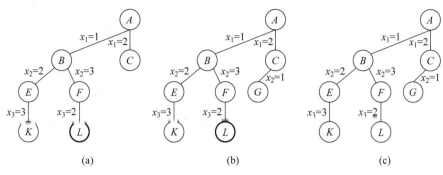

图 5-31 批处理作业调度问题的搜索过程(三)

点 H 沿着 $x_3=1$ 的分支扩展，cf$=21$，bestf$=18$，cf$>$bestf，限界条件不满足，扩展生成的节点被剪掉。节点 H 的一个分支搜索完毕，开始回溯到活节点 C。此时，节点 C 的两个分支已搜索完毕，继续回溯到活节点 A，节点 A 再次成为当前的扩展节点，如图 5-32(c) 所示。

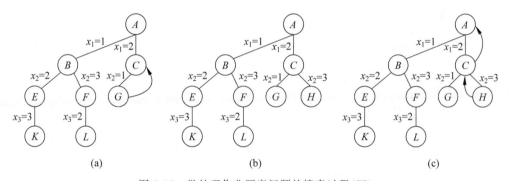

图 5-32 批处理作业调度问题的搜索过程(四)

扩展节点 A 沿着 $x_1=3$ 的分支扩展，cf$=5$，bestf$=18$，cf$<$bestf，限界条件满足，扩展生成的节点 D 成为活节点，并且成为当前的扩展节点，如图 5-33(a)所示。扩展节点 D 沿着 $x_2=1$ 的分支扩展，cf$=11$，bestf$=18$，cf$<$bestf，限界条件满足，扩展生成的节点 I 成为活节点，并且成为当前的扩展节点，如图 5-33(b)所示。

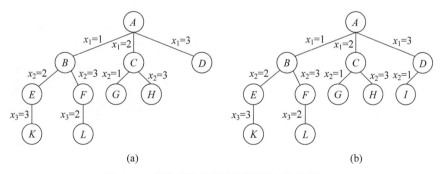

图 5-33 批处理作业调度问题的搜索过程(五)

扩展节点 I 沿着 $x_3 = 2$ 的分支扩展，cf$=19$，bestf$=18$，cf$>$bestf，限界条件不满足，扩展生成的节点被剪掉，开始回溯到活节点 D，节点 D 再次成为当前的扩展节点，如图 5-34(a)所示。扩展节点 D 沿着 $x_2 = 2$ 的分支扩展，cf$=11$，bestf$=18$，cf$<$bestf，限界条件满足，扩展生成的节点 J 成为活节点，并且成为当前的扩展节点，如图 5-34(b)所示。

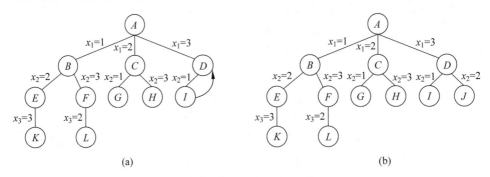

图 5-34　批处理作业调度问题的搜索过程(六)

扩展节点 J 沿着 $x_3 = 1$ 的分支扩展，cf$=19$，bestf$=18$，cf$>$bestf，限界条件不满足，扩展生成的节点被剪掉，开始回溯到活节点 D，节点 D 的两个分支搜索完毕，继续回溯到活节点 A，如图 5-35(a)所示。活节点 A 的三个分支也已搜索完毕，节点 A 变成死节点，搜索结束。至此，找到的最优的调度方案为从根节点 A 到叶子节点 L 的路径(1, 3, 2)，如图 5-35(b)所示。

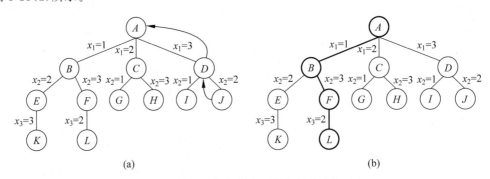

图 5-35　批处理作业调度问题的搜索过程(七)

5.5.4　算法分析

计算限界函数需要 $O(1)$ 时间，需要判断限界函数的节点在最坏情况下有 $1+n+n(n-1)+n(n-1)(n-2)+\cdots+n(n-1)+\cdots+2 \leqslant nn!$ 个，故耗时 $O(nn!)$；在叶子节点处记录当前最优解需要耗时 $O(n)$，在最坏情况下会搜索到每一个叶子节点，叶子节点有 $n!$ 个，故耗时为 $O(nn!)$。因此，批处理作业调度问题的回溯算法所需的计算时间为 $O(nn!)+O(nn!)=O(nn!)$。

5.5.5　Python 实战

定义一个深度优先搜索的 backtrack() 函数，搜索最优解。其代码如下：

```python
def backtrack(t):
    global f1,f2,f,x,M,bestf,bestx,n
    if (t >= n):                              # 搜索到叶子节点
        bestx = x[:]                          # 记录当前最优解
        bestf = f                             # 记录当前最优值
    else:
        for j in range(t,n):
            f1 += M[x[j]][1]                  # 计算第一台机器上的完成时间
            k = t-1                           # t 号作业的前一个作业
            f2[t] = max(f2[k],f1) + M[x[j]][2]  # 计算第二台机器上的完成时间
            f += f2[t]                        # 计算第二台机器上的完成时间和
            if (f < bestf):                   # 判断限界条件
                x[t],x[j] = x[j],x[t]
                backtrack(t + 1)              # 递归搜索
                x[t],x[j] = x[j],x[t]
            f1 -= M[x[j]][1]
            f -= f2[t]
```

Python 的入口——main()函数,在 main()函数中,给定各个作业在两台机器上的处理时间 M,初始化相关辅助变量,调用 backtrack()函数,求最优解和最优值,最后将结果打印输出到显示器上。其代码如下:

```python
if __name__ == "__main__":
    import sys
    M = [[0,0,0],[0,2,1],[0,3,1],[0,2,3]]    # 牺牲第 0 行第 0 列,从下标 1 开始有效
    f = 0                                     # 记录完成时间和
    f1 = 0                                    # 记录第一台机器的完成时间和
    n = len(M)
    f2 = [i for i in range(n)]                # 记录各作业在第二台机器上的完成时间和
    x = [i for i in range(n)]
    bestf = sys.maxsize                       # 记录最优值,初始化为无穷大
    bestx = None                              # 记录最优解
    backtrack(1)
    print("最优解为:",bestx)
    print("最优值为:", bestf)
```

输出结果为

最优解为:$[0, 1, 3, 2]$

最优值为:18

5.6 旅行商问题——排列树

视频讲解

设有 n 个城市组成的交通图,一个售货员从住地城市出发,到其他城市各一次去推销货物,最后回到住地城市。假定任意两个城市 i,j 之间的距离 $d_{ij}(d_{ij}=d_{ji})$ 是已知的,问应该怎样选择一条最短的路线?

5.6.1 问题分析——解空间及搜索条件

旅行商问题给定 n 个城市组成的无向带权图 $G=(V,E)$,顶点代表城市,权值代表

城市之间的路径长度。要求找出以住地城市开始的一个排列,按照这个排列的顺序推销货物,所经路径长度是最短的。问题的解空间是一棵排列树。显然,对于任意给定的一个无向带权图,存在某两个城市(顶点)之间没有直接路径(边)的情况。也就是说,并不是任何一个以住地城市开始的排列都是一条可行路径(问题的可行解),因此需要设置约束条件,判断排列中相邻两个城市之间是否有边相连,有边相连则能走通;反之,不是可行路径。另外,在所有可行路径中,要找一条最短的路线,因此需要设置限界条件。

1. 定义问题的解空间

旅行商问题的解空间形式为 n 元组$(x_1, x_2, \cdots, x_n)$,分量 $x_i (i=1,2,\cdots,n)$ 表示第 i 个去推销货物的城市号。假设住地城市编号为城市 1,其他城市顺次编号为 $2,3,\cdots,n$。n 个城市组成的集合为 $S=\{1,2,\cdots,n\}$。由于住地城市是确定的,因此 x_1 的取值只能是住地城市,即 $x_1=1, x_i \in S-\{x_1, x_2, \cdots, x_{i-1}\}, i=2,\cdots,n$。

2. 确定解空间的组织结构

该问题的解空间是一棵排列树,树的深度为 n。$n=4$ 的旅行商问题的解空间树如图 5-36 所示。

3. 搜索解空间

(1) 设置约束条件。

用二维数组 $g[\ ][\ ]$存储无向带权图的邻接矩阵,如果 $g[i][j] \neq \infty$ 表示城市 i 和城市 j 有边相连,能走通。

(2) 设置限界条件。

用 cl 表示当前已走过的城市所用的路径长度,用 bestl 表示当前找到的最短路径的路径长度。显然,继续向纵深处搜索时,cl 不会减少,只会增加。因此当 cl≥bestl 时,没有继续向纵深处搜索的必要。限界条件可描述为 cl<bestl,cl 的初始值为 0,bestl 的初始值为 +∞。

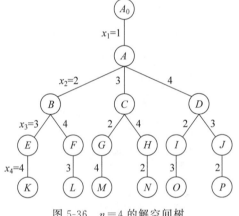

图 5-36　$n=4$ 的解空间树

5.6.2 算法设计

扩展节点沿着某个分支扩展时需要判断约束条件和限界条件,如果两者都满足,就进入深一层继续搜索。反之,剪掉扩展生成的节点。搜索到叶子节点时,找到当前最优解。搜索过程直到全部活节点变成死节点。

算法伪码描述如下:

```
算法:backtrack(t):
输入:节点所处的层次,根节点层次为 1
输出:最优解和最优值
    g_n ← n-1
    if (t == g_n) then                          //g_n 是问题的规模
```

```
        if (a[x[g_n-1]][x[g_n]] != NoEdge and a[x[g_n]][1] != NoEdge and (cc + a[x[g_n-
1]][x[g_n]] + a[x[g_n]][1] < bestc or bestc == NoEdge)) then    //判断约束条件和限界条件
            bestx ← x[:]                                        //记录当前最优解
            bestc← cc + a[x[g_n-1]][x[g_n]] + a[x[g_n]][1]//记录当前最优值
    else
        for j←i to n-1 do                                      //控制搜索扩展节点的所有
                                                               //分支
            if (a[x[i-1]][x[j]] != NoEdge and (cc + a[x[i-1]][x[i]] < bestc or bestc
== NoEdge)) then                                               //判断约束条件和限界条件
                x[i]↔x[j]
                cc←cc + a[x[i-1]][x[i]]
                backtrack(i+1)
                cc←cc - a[x[i-1]][x[i]]
                x[i]↔x[j]
```

5.6.3 实例构造

考虑 $n=5$ 的无向带权图,如图 5-37 所示。

搜索过程如图 5-38～图 5-42 所示。由于排列的第一个元素已经确定,即推销员的住地城市 1,搜索从根节点 A_0 的孩子节点 A 开始,节点 A 是活节点,并且成为当前的扩展节点,如图 5-38(a)所示。扩展节点 A 沿着 $x_2=2$ 的分支扩展,城市 1 和城市 2 有边相连,约束条件满足;$cl=10$,$bestl=\infty$,$cl<bestl$,限界条件满足,扩展生成的节点 B 成为活节点,并且成

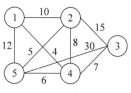

图 5-37 无向带权图

为当前的扩展节点,如图 5-38(b)所示。扩展节点 B 沿着 $x_3=3$ 的分支扩展,城市 2 和城市 3 有边相连,约束条件满足;$cl=25$,$bestl=\infty$,$cl<bestl$,限界条件满足,扩展生成的节点 C 成为活节点,并且成为当前的扩展节点,如图 5-38(c)所示。扩展节点 C 沿着 $x_4=4$ 的分支扩展,城市 3 和城市 4 有边相连,约束条件满足;$cl=32$,$bestl=\infty$,$cl<bestl$,限界条件满足,扩展生成的节点 D 成为活节点,并且成为当前的扩展节点,如图 5-38(d)所示。

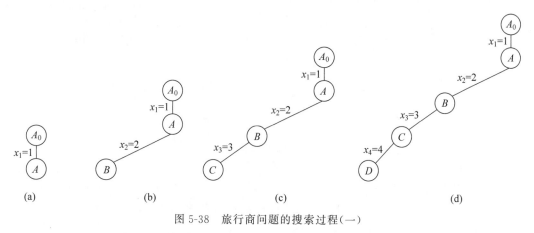

图 5-38 旅行商问题的搜索过程(一)

扩展节点 D 沿着 $x_5=5$ 的分支扩展,城市 4 和城市 5 有边相连,约束条件满足;$cl=38$,$bestl=\infty$,$cl<bestl$,限界条件满足,扩展生成的节点 E 是叶子节点。由于城市 5 与

住地城市 1 有边相连,故找到一条当前最优路径(1,2,3,4,5),其长度为 50,修改 bestl=50,如图 5-39(a)所示。接下来开始回溯到节点 D,再回溯到节点 C,C 成为当前的扩展节点,如图 5-39(b)所示。

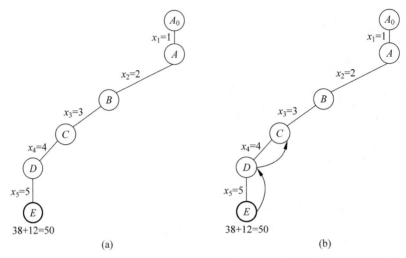

图 5-39　旅行商问题的搜索过程(二)

以此类推,第一次回溯到第二层的节点 A 时的搜索树如图 5-40 所示。节点旁边的"×"表示不能从推销货物的最后一个城市回到住地城市。

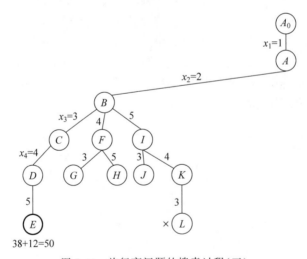

图 5-40　旅行商问题的搜索过程(三)

第二层的节点 A 再次成为扩展节点,开始沿着 $x_2=3$ 的分支扩展,城市 1 和城市 3 之间没有边相连,不满足约束条件,扩展生成的节点被剪掉。沿着 $x_2=4$ 的分支扩展,满足约束条件和限界条件,进入其扩展的孩子节点继续搜索。搜索过程略。此时,找到当前最优解(1,4,3,2,5),路径长度为 43。直到第二次回溯到第二层的节点 A 时所形成的搜索树如图 5-41 所示。

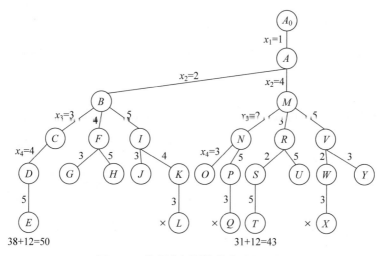

图 5-41 旅行商问题的搜索过程(四)

节点 A 沿着 $x_2=5$ 的分支扩展,满足约束条件和限界条件,进入其扩展的孩子节点继续搜索,搜索过程略。直到第三次回溯到第二层的节点 A 时所形成的搜索树如图 5-42 所示。此时,搜索过程结束,找到的最优解为图 5-42 中粗线条描述的路径 $(1,4,3,2,5)$,路径长度为 43。

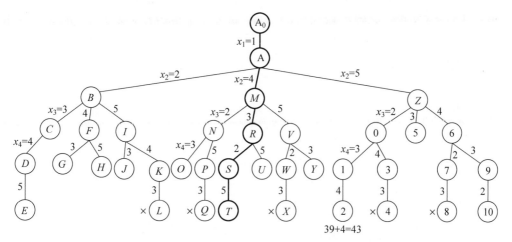

图 5-42 旅行商问题的搜索过程(五)

5.6.4 算法分析

判断限界函数需要 $O(1)$ 时间,在最坏情况下有 $1+(n-1)+[(n-1)(n-2)]+\cdots+[(n-1)(n-2)\cdot\cdots\cdot2]\leqslant n(n-1)!$ 个节点需要判断限界函数,故耗时 $O(n!)$;在叶子节点处记录当前最优解需要耗时 $O(n)$,在最坏情况下会搜索到每一个叶子节点,叶子节点有 $(n-1)!$ 个,故耗时为 $O(n!)$。因此,旅行售货员问题的回溯算法所需的计算时间为 $O(n!)+O(n!)=O(n!)$。

5.6.5 Python 实战

定义一个深度优先搜索的 backtrack() 函数,搜索最优解。其代码如下:

```python
def backtrack(t):
    global n,a,x,bestc,NoEdge,cc,bestx
    g_n = n-1
    if (t == g_n):                              #g_n 是问题的规模
        if (a[x[g_n-1]][x[g_n]] != NoEdge and a[x[g_n]][1] != NoEdge and (cc + a[x[g_n-
1]][x[g_n]] + a[x[g_n]][1] < bestc or bestc == NoEdge)):
            bestx = x[:]
            bestc = cc + a[x[g_n-1]][x[g_n]] + a[x[g_n]][1]
    else:
        for j in range(t,n):
            if (a[x[t-1]][x[j]] != NoEdge and (cc + a[x[t-1]][x[t]] < bestc or bestc
== NoEdge)):
                x[t], x[j] = x[j], x[t]
                cc += a[x[t-1]][x[t]]
                backtrack(t+1)
                cc -= a[x[t-1]][x[t]]
                x[t], x[j] = x[j], x[t]
```

Python 的入口——main() 函数,在 main() 函数中,用邻接矩阵 a 存储无向带权图,牺牲 0 行 0 列位置的存储单元,下标从 1 开始有效。初始化相关辅助变量,调用 backtrack() 函数,求最优解和最优值,最后将结果打印输出到显示器上,最优解数组 bestx 的 0 号单元舍弃,下标也从 1 开始有效。其代码如下:

```python
if __name__ == "__main__":
    import sys
    NoEdge = sys.maxsize
    a = [[0,0,0,0,0,0],[0,NoEdge,10,NoEdge,4,12],[0,10,NoEdge,15,8,5],[0,NoEdge,15,
NoEdge,7,30],[0,4,8,7,NoEdge,6],[0,12,5,30,6,NoEdge]]
    n = len(a)
    x = [i for i in range(n)]
    bestx = None
    bestc = NoEdge
    cc = 0
    backtrack(2)                                #第一个城市固定,所以从第二层开始搜索
    print("最短路径长度为:", bestc)
    print("最短路径为:", bestx)
```

输出结果为

最短路径长度为:43

最短路径为:[0, 1, 4, 3, 2, 5]

视频讲解

5.7 图的 m 着色问题——满 m 叉树

给定无向连通图 $G=(V,E)$ 和 m 种不同的颜色。用这些颜色为图 G 的各顶点着色,每个顶点着一种颜色。如果有一种着色法使 G 中有边相连的两个顶点着不同颜色,

则称这个图是 m 可着色的。图的 m 着色问题是对于给定图 G 和 m 种颜色,找出所有不同的着色方法。

5.7.1 问题分析——解空间及搜索条件

该问题中每个顶点所着的颜色均有 m 种选择,n 个顶点所着颜色的一个组合是一个可能的解。根据回溯法的算法框架,定义问题的解空间及其组织结构是很容易的。需不需要设置约束条件和限界条件呢?从给定的已知条件来看,无向连通图 G 中假设有 n 个顶点,它肯定至少有 $n-1$ 条边,有边相连的两个顶点所着颜色不相同,n 个顶点所着颜色的所有组合中必然存在不是问题着色方案的组合,因此需要设置约束条件;而针对所有可行解(组合),不存在可行解优劣的问题。所以,不需要设置限界条件。

1. 定义问题的解空间

图的 m 着色问题的解空间形式为 $(x_1, x_2, \cdots, x_n)$,分量 $x_i (i=1,2,\cdots,n)$ 表示第 i 个顶点着第 x_i 号颜色。m 种颜色的色号组成的集合为 $S=\{1,2,\cdots,m\}$,$x_i \in S$,$i=1, 2, \cdots, n$。

2. 确定解空间的组织结构

问题的解空间组织结构是一棵满 m 叉树,树的深度为 n。

3. 搜索解空间

(1)设置约束条件。当前顶点要和前面已确定颜色且有边相连的顶点所着颜色不相同。假设当前扩展节点所在的层次为 t,则下一步扩展就是要判断第 t 个顶点着什么颜色,第 t 个顶点所着的颜色要与已经确定所着颜色的第 $1 \sim (t-1)$ 个顶点中与其有边相连的颜色不相同。

约束函数代码描述如下:

```
def Ok(k):
    for j in range(1,k):
        if ((a[k][j] == 1) and (x[j] == x[k])):
            return False
    return True
```

(2)无须设置限界条件。

5.7.2 算法设计

扩展节点沿着某个分支扩展时需要判断约束条件,如果满足,就进入深一层继续搜索;如果不满足,就扩展生成的节点被剪掉。搜索到叶子节点时,找到一种着色方案。搜索过程直到全部活节点变成死节点为止。

算法伪码描述如下:

```
算法:backtrack(t)
输入:扩展节点的层次,根节点层次为1
```

输出:最优解和最优值
```
if (t>n) then
    sum1 ← sum+1                    //着色方案数
    用colors记录着色方案
else
    for i←1 to m do                 //循环 m 种颜色
        x[t]←i
        if (Ok(t)) then             //判断约束条件
            backtrack(t+1)
```

5.7.3 实例构造

给定如图 5-43 所示的无向连通图和 $m=3$。

图的 m 着色问题的搜索过程如图 5-44～图 5-49 所示。从根节点 A 开始,节点 A 是当前的活节点,也是当前的扩展节点,它代表的状态是给定无向连通图中任何一个顶点还没有着色,如图 5-44(a)所示。沿着 $x_1=1$ 分支扩展,满足约束条件,生成的节点 B 成为活节点,并且成为当前的扩展节点,如图 5-44(b)所示。扩展节点 B 沿着 $x_2=1$ 分支扩展,不满足约束条件,生成的节点被剪掉。然后沿着 $x_2=2$ 分支扩展,满足约束条件,生成的节点 C 成为活节点,并且成为当前的扩展节点,如图 5-44(c)所示。扩

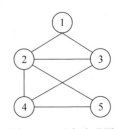

图 5-43 无向连通图

展节点 C 沿着 $x_3=1,2$ 分支扩展,均不满足约束条件,生成的节点被剪掉。然后沿着 $x_3=3$ 分支扩展,满足约束条件,生成的节点 D 成为活节点,并且成为当前的扩展节点,如图 5-44(d)所示。

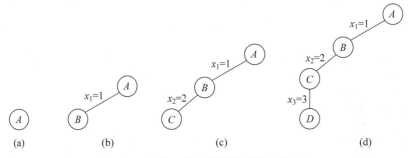

图 5-44 图的 m 着色问题的搜索过程(一)

扩展节点 D 沿着 $x_4=1$ 分支扩展,满足约束条件,生成的节点 E 成为活节点,并且成为当前的扩展节点,如图 5-45(a)所示。扩展节点 E 沿着 $x_5=1,2$ 分支扩展,均不满足约束条件,生成的节点被剪掉。然后沿着 $x_5=3$ 分支扩展,满足约束条件,生成的节点 F 是叶子节点。此时,找到了一种着色方案,如图 5-45(b)所示。从叶子节点 F 回溯到活节点 E,节点 E 的所有孩子节点已搜索完毕,因此它成为死节点。继续回溯到活节点 D,节点 D 再次成为扩展节点,如图 5-45(c)所示。

扩展节点 D 沿着 $x_4=2$ 和 $x_4=3$ 分支扩展,均不满足约束条件,生成的节点被剪掉。再回溯到活节点 C。节点 C 的所有孩子节点搜索完毕,它成为死节点,继续回溯到

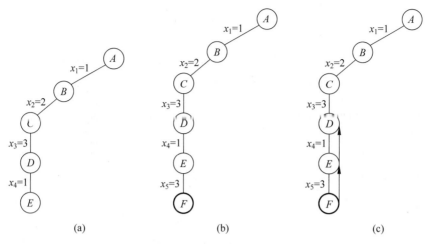

图 5-45　图的 m 着色问题的搜索过程(二)

活节点 B,节点 B 再次成为扩展节点,如图 5-46(a)所示。扩展节点 B 沿着 $x_2=3$ 分支继续扩展,满足约束条件,生成的节点 G 成为活节点,并且成为当前的扩展节点,如图 5-46(b)所示。扩展节点 G 沿着 $x_3=1$ 分支扩展,不满足约束条件,生成的节点被剪掉;然后沿着 $x_3=2$ 分支扩展,满足约束条件,生成的节点 H 成为活节点,并且成为当前的扩展节点,如图 5-46(c)所示。

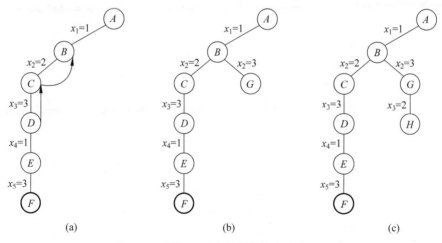

图 5-46　图的 m 着色问题的搜索过程(三)

扩展节点 H 沿着 $x_4=1$ 分支扩展,满足约束条件,生成的节点 I 成为活节点,并且成为当前的扩展节点,如图 5-47(a)所示。扩展节点 I 沿着 $x_5=1$ 分支扩展,不满足约束条件,生成的节点被剪掉;然后沿着 $x_5=2$ 分支扩展,满足约束条件,J 已经是叶子节点,找到第 2 种着色方案,如图 5-47(b)所示。从叶子节点 J 回溯到活节点 I,节点 I 再次成为扩展节点,如图 5-47(c)所示。

沿着节点 I 的 $x_5=3$ 分支扩展的节点不满足约束条件,被剪掉。此时节点 I 成为死节点。继续回溯到活节点 H,节点 H 再次成为扩展节点,如图 5-48(a)所示。沿着节点

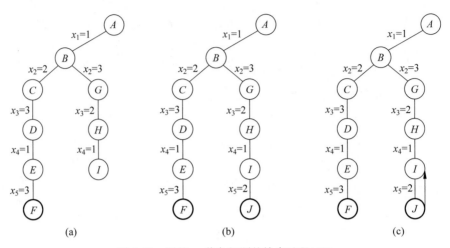

图 5-47 图的 m 着色问题的搜索过程(四)

H 的 $x_4=2,3$ 分支扩展的节点不满足约束条件,被剪掉。此时节点 H 成为死节点。继续回溯到活节点 G,节点 G 再次成为扩展节点,如图 5-48(b)所示。沿着节点 G 的 $x_3=3$ 分支扩展的节点不满足约束条件,被剪掉。此时节点 G 成为死节点。继续回溯到活节点 B,节点 B 的孩子节点已搜索完毕,继续回溯到节点 A,如图 5-48(c)所示。

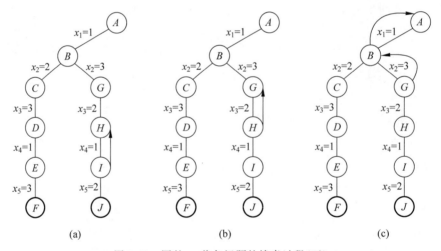

图 5-48 图的 m 着色问题的搜索过程(五)

以此类推,扩展节点 A 沿着 $x_1=2,3$ 分支扩展的情况如图 5-49 所示。

最终找到 6 种着色方案,分别为根节点 A 到如图 5-49(b)所示的叶子节点 F、J、O、S、X、I 的路径,即 $(1,2,3,1,3)$、$(1,3,2,1,2)$、$(2,1,3,2,3)$、$(2,3,1,2,1)$、$(3,1,2,3,2)$ 和 $(3,2,1,3,1)$。

5.7.4 算法分析

计算限界函数需要 $O(n)$ 时间,需要判断限界函数的节点在最坏情况下有 $1+m+m^2+m^3+\cdots+m^{n-1}=(m^n-1)/(m-1)$ 个,故耗时 $O(nm^n)$;在叶子节点处输出着色

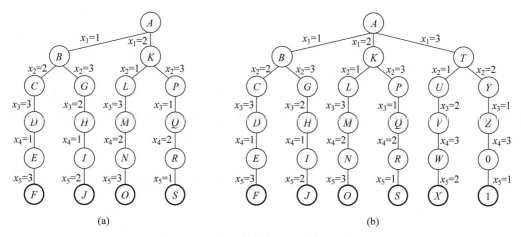

图 5-49 图的 m 着色问题的搜索过程(六)

方案需要耗时 $O(n)$,在最坏情况下会搜索到每一个叶子节点,叶子节点有 m^n 个,故耗时为 $O(nm^n)$。图的 m 着色问题的回溯算法所需的计算时间为 $O(nm^n)+O(nm^n)=O(nm^n)$。

5.7.5 Python 实战

1. 数据结构选择

选用邻接矩阵 a 存储图 G,用二维列表存储所有的着色方案,用一维列表存储当前着色方案。

2. 编码实现

首先定义 ok()函数,接收待着色的第 k 号顶点编号,输出是否都能为该点着相应的颜色 $x[k]$。True 表示 k 号顶点能着 $x[k]$ 号色;False 表示 k 号顶点不能着 $x[k]$ 号色。其代码如下:

```
# 牺牲下标为 0 的单元
def ok(k):
    for j in range(1,k):
        if ((a[k][j] == 1) and (x[j] == x[k])):
            return False
    return True
```

定义一个深度优先搜索的 backtrack()函数,搜索所有可能的着色方案,并统计着色方案数。其代码如下:

```
def backtrack(t):
    global colors,x,sum1,n,m,a
    if (t > n):                        # 搜索到叶子节点
        sum1 += 1
        colors.append(x[:])
    else:
        for i in range(1,m+1):         # 搜索中间节点的每一个分支,即尝试着任何一种颜色
```

```
        x[t] = i
        if (Ok(t)):
            backtrack(t + 1)
```

Python 的入口——main()函数,在 main()函数中,用邻接矩阵 *a* 存储无向图,牺牲 0 行 0 列位置的存储单元,下标从 1 开始有效。初始化相关辅助变量,调用 backtrack() 函数,求所有可能的着色方案,最后将结果打印输出到显示器上。输出结果中,0 号存储 单元数据无效,从下标 1 开始有效。其代码如下:

```
if __name__ == "__main__":
    a = [[0,0,0,0,0,0],[0,0,1,1,0,0],[0,1,0,1,1,1],[0,1,1,0,1,0],[0,0,1,1,0,1],[0,0,
1,0,1,0]]
    n = len(a) - 1
    m = 3
    sum1 = 0
    colors = []
    x = [0 for i in range(n + 1)]
    backtrack(1)
    for i in range(len(colors)):
        print(colors[i])
    print("共有:" + str(sum1) + "种着色方案")
```

输出结果为

[0, 1, 2, 3, 1, 3]

[0, 1, 3, 2, 1, 2]

[0, 2, 1, 3, 2, 3]

[0, 2, 3, 1, 2, 1]

[0, 3, 1, 2, 3, 2]

[0, 3, 2, 1, 3, 1]

共有:6 种着色方案

视频讲解

5.8　最小质量机器设计问题——满 *m* 叉树

设某一机器由 n 个部件组成,每一个部件可以从 m 个不同的供应商处购得。设 w_{ij} 是从供应商 j 处购得的部件 i 的质量,c_{ij} 是相应的价格。试设计一个算法,给出总价格 不超过 c 的最小质量机器设计。

5.8.1　问题分析——解空间及搜索条件

该问题实质上是为机器部件选供应商。机器由 n 个部件组成,每个部件有 m 个供应 商可以选择,要求找出 n 个部件供应商的一个组合,使其满足 n 个部件总价格不超过 c 且总重量是最小的。显然,这个问题存在 n 个部件供应商的组合不满足总价格不超过 c 的条件,因此需要设置约束条件;在 n 个部件供应商的组合满足总价格不超过 c 的 前提下,哪个组合的总重量最小呢? 问题要求找出总重量最小的组合,故需要设置限 界条件。

1. 定义问题的解空间

该问题的解空间形式为$(x_1, x_2, \cdots, x_n)$，分量$x_i(i=1,2,\cdots,n)$表示第i个部件从第x_i个供应商处购买。m个供应商的集合为$S=\{1,2,\cdots,m\}$，$x_i \in S, i=1,2,\cdots,n$。

2. 确定解空间的组织结构

问题解空间的组织结构是一棵满m叉树，树的深度为n。

3. 搜索解空间

(1) 设置约束条件。约束条件设置为$\sum_{i=1}^{n} c_{ix_i} \leqslant c$。

(2) 设置限界条件。假设当前扩展节点所在的层次为t，则下一步扩展就是要判断第t个零件从哪个供应商处购买。如果第$1 \sim t$个部件的重量之和大于或等于当前最优值，就没有继续深入搜索的必要。因为，再继续深入搜索也不会得到比当前最优解更优的一个解。令第$1 \sim t$个部件的重量之和用$cw = \sum_{i=1}^{t} w_{ix_i}$表示，价格之和用cc表示，二者初始值均为0。当前最优值用bestw表示，初始值为$+\infty$，限界条件可描述为cw$<$bestw。

5.8.2 算法设计

与图的m着色问题相同。

算法伪码描述如下：

```
算法:backtrack(t)
输入:扩展节点所处从层次,根节点层次为1
输出:最小质量机器设计问题最优方案 bestx 及最优值 bestw
    if(t>n) then                                    //搜索到解空间树的叶子节点
        bestw ← cw
        bestx ← x[:]
        return
    for j←1 to m do                                 //循环 m 个供应商
        x[t]←j                                      //第 t 个部件从 j 供应商处购买
        if(cc + c[t][j]≤COST and cw + w[t][j]< bestw) then  //判断约束条件和限界条件
            cc←cc + c[t][j]
            cw←cw + w[t][j]
            backtrack(t + 1)
            cc←cc - c[t][j]
            cw←cw - w[t][j]
```

5.8.3 实例构造

考虑$n=3, m=3, c=7$的实例。部件的质量如表 5-2 所示、价格如表 5-3 所示。

最小质量机器设计问题的搜索过程如图 5-50～图 5-55 所示(注:图中节点旁括号内的数据为已选择部件的重量之和、价格之和)。

表 5-2　部件的质量表

	供应商 1	供应商 2	供应商 3
部件 1	1	2	3
部件 2	3	2	1
部件 3	2	3	2

表 5-3　部件的价格表

C_{ij}	供应商 1	供应商 2	供应商 3
部件 1	1	2	3
部件 2	5	4	2
部件 3	2	1	2

注：行分别表示部件 1、2 和 3；列分别表示供应商 1、2 和 3；表中数据表示 w_{ij}：从供应商 j 处购得的部件 i 的质量；c_{ij} 表示从供应商 j 处购得的部件 i 的价格。

从根节点 A 开始进行搜索，A 是活节点且是当前的扩展节点，如图 5-50(a)所示。扩展节点 A 沿 $x_1=1$ 分支扩展，cc=1≤c，满足约束条件；cw=1，bestw=∞，cw<bestw，满足限界条件。扩展生成的节点 B 成为活节点，并且成为当前的扩展节点，如图 5-50(b)所示。扩展节点 B 沿 $x_2=1$ 分支扩展，cc=6≤c，满足约束条件；cw=4，bestw=∞，cw<bestw，满足限界条件。扩展生成的节点 C 成为活节点，并且成为当前的扩展节点，如图 5-50(c)所示。扩展节点 C 沿 $x_3=1$ 分支扩展，cc=8>c，不满足约束条件，扩展生成的节点被剪掉。然后沿 $x_3=2$ 分支扩展，cc=7≤c，满足约束条件；cw=7，bestw=∞，cw<bestw，满足限界条件。扩展生成的节点 D 已经是叶子节点，找到了当前最优解，最优值为 7，将 bestw 修改为 7，如图 5-50(d)所示。

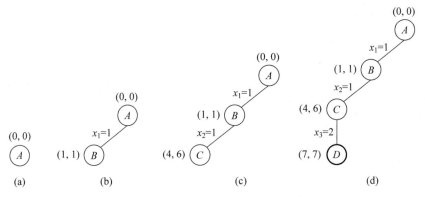

图 5-50　最小质量机器设计问题的搜索过程(一)

从叶子节点 D 回溯到活节点 C，活节点 C 再次成为当前的扩展节点。沿着它的 $x_3=3$ 分支扩展，不满足约束条件，扩展生成的节点被剪掉。继续回溯到活节点 B，节点 B 成为当前的扩展节点，如图 5-51(a)所示。扩展节点 B 沿 $x_2=2$ 分支扩展，cc=5≤c，满足约束条件；cw=3，bestw=7，cw<bestw，满足限界条件。扩展生成的节点 E 成为活节点，并且成为当前的扩展节点，如图 5-51(b)所示。扩展节点 E 沿 $x_3=1$ 分支扩展，cc=7≤c，满足约束条件；cw=5，bestw=7，cw<bestw，满足限界条件。扩展生成的节点 F 已经是叶子节点，找到了当前最优解，最优值为 5，将 bestw 修改为 5，如图 5-51(c)所示。

从叶子节点 F 回溯到活节点 E，沿着它的 $x_3=2,3$ 分支扩展，均不满足限界条件，扩展生成的节点被剪掉。继续回溯到活节点 B，节点 B 成为当前的扩展节点，如图 5-52(a)所示。扩展节点 B 沿 $x_2=3$ 分支扩展，cc=3≤c，满足约束条件；cw=2，bestw=5，cw<

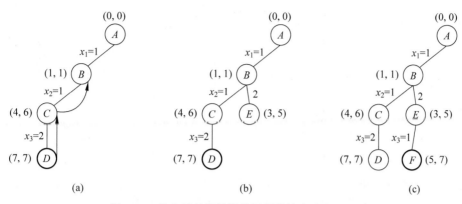

图 5-51　最小质量机器设计问题的搜索过程(二)

bestw,满足限界条件。扩展生成的节点 G 成为活节点,并且成为当前的扩展节点,如图 5-52(b)所示。扩展节点 G 沿 $x_3=1$ 分支扩展,cc$=5\leqslant c$,满足约束条件;cw$=4$,bestw$=5$,cw$<$bestw,满足限界条件。扩展生成的节点 H 已经是叶子节点,找到了当前最优解,其质量为 4,bestw 修改为 4,如图 5-52(c)所示。

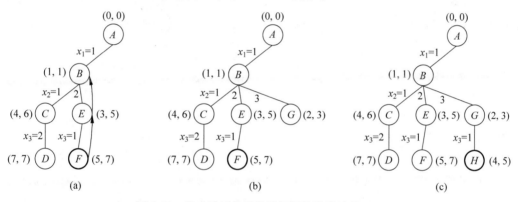

图 5-52　最小质量机器设计问题的搜索过程(三)

　　从叶子节点 H 回溯到活节点 G,沿着它的 $x_3=2,3$ 分支扩展,均不满足限界条件,扩展生成的节点被剪掉。继续回溯到活节点 B,节点 B 的三个分支均搜索完毕,继续回溯到活节点 A,节点 A 成为当前的扩展节点,如图 5-53(a)所示。扩展节点 A 沿 $x_1=2$ 分支扩展,cc$=2\leqslant c$,满足约束条件;cw$=2$,bestw$=4$,cw$<$bestw,满足限界条件。扩展生成的节点 I 成为活节点,并且成为当前的扩展节点,如图 5-53(b)所示。

　　扩展节点 I 沿 $x_2=1,2$ 分支扩展,不满足限界条件,扩展生成的节点被剪掉。沿着 $x_2=3$ 分支扩展,cc$=4\leqslant c$,满足约束条件;cw$=3$,bestw$=4$,cw$<$bestw,满足限界条件。扩展生成的节点 J 成为活节点,并且成为当前的扩展节点,如图 5-54(a)所示。扩展节点 J 沿 $x_3=1,2,3$ 分支扩展,均不满足限界条件,扩展生成的节点被剪掉。开始回溯到活节点 I。节点 I 的三个分支已搜索完毕,继续回溯到活节点 A,节点 A 再次成为扩展节点,如图 5-54(b)所示。

　　扩展节点 A 沿 $x_1=3$ 分支扩展,cc$=3\leqslant c$,满足约束条件;cw$=3$,bestw$=4$,cw$<$

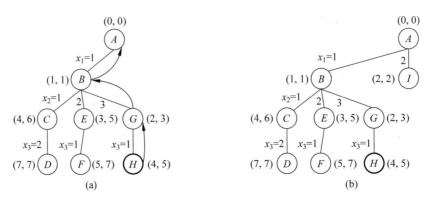

图 5-53　最小质量机器设计问题的搜索过程(四)

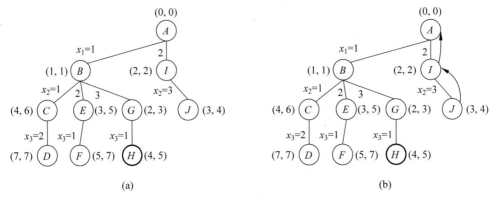

图 5-54　最小质量机器设计问题的搜索过程(五)

bestw,满足限界条件。扩展生成的节点 K 成为活节点,并且成为当前的扩展节点,如图 5-55(a)所示。扩展节点 K 沿 $x_2=1,2,3$ 分支扩展,均不满足限界条件,扩展生成的节点被剪掉。开始回溯到活节点 A。此时,节点 A 的三个分支均搜索完毕,搜索结束。找到了问题的最优解为从根节点 A 到叶子节点 H 的路径(1,3,1),最优值为 4,如图 5-55(b)所示。

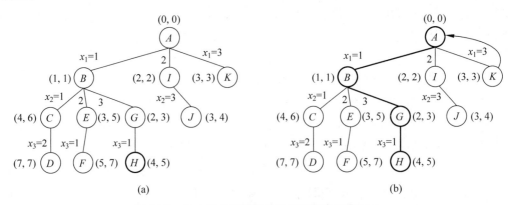

图 5-55　最小质量机器设计问题的搜索过程(六)

5.8.4　算法分析

计算约束函数和限界函数需要 $O(1)$ 时间，需要判断约束函数和限界函数的节点在最坏情况下有 $1+m+m^2+m^3+\cdots+m^{n-1}=(m^n-1)/(m-1)$ 个，故耗时 $O(m^{n-1})$；在叶子节点处记录当前最优方案需要耗时 $O(n)$，在最坏情况下会搜索到每一个叶子节点，叶子节点有 m^n 个，故耗时为 $O(nm^n)$。最小质量机器设计问题的回溯算法所需的计算时间为 $O(m^{n-1})+O(nm^n)=O(nm^n)$。

5.8.5　Python 实战

定义一个深度优先搜索的 backtrack() 函数，搜索最小质量机器设计方案，记录最优值及所需费用。其代码如下：

```python
def Backtrack(t):
    global bestw, cw, bestx, x, COST, cc, w, c, Total_cost
    if(t > n):
        Total_cost = cc
        bestw = cw
        bestx = x[:]
        return
    for j in range(1, m + 1):
        x[t] = j
        if(cc + c[t][j] <= COST and cw + w[t][j] < bestw):
            cc += c[t][j]
            cw += w[t][j]
            Backtrack(t + 1)
            cc -= c[t][j]
            cw -= w[t][j]
```

Python 的入口——main() 函数，在 main() 函数中，用二维列表 c 存储各供应商供应各部件的费用，二维列表 w 存储各供应商供应各部件的质量，牺牲 0 行 0 列位置的存储单元，下标从 1 开始有效。初始化相关辅助变量，调用 backtrack() 函数，求最小质量机器设计方案，最后将结果打印输出到显示器上。输出结果中，0 号存储单元数据无效，从下标 1 开始有效。其代码如下：

```python
if __name__ == "__main__":
    import sys
    COST = 7
    w = [[0,0,0,0],[0,1,2,3],[0,3,2,1],[0,2,3,2]]
    c = [[0,0,0,0],[0,1,2,3],[0,5,4,2],[0,3,1,2]]
    n = 3
    bestw = sys.maxsize
    cw = 0
    cc = 0
    Total_cost = 0
    m = 3
    bestx = [0 for i in range(n + 1)]
    x = [0 for i in range(n + 1)]
```

```
backtrack(1)
print("设计方案为:",bestx)
print("最优值为:",bestw)
print("所需费用为:",Total_cost)
```

输出结果为

设计方案为:$[0,1,3,1]$

最优值为:4

所需费用为:6

第 **6** 章

分支限界法——宽度优先或最小耗费(最大效益)优先搜索

6.1 分支限界法的基本思想

视频讲解

分支限界法类似于回溯法,也是一种在问题的解空间树中搜索问题解的算法,它常以宽度优先或以最小耗费(最大效益)优先的方式搜索问题的解空间树。分支限界法首先将根节点加入活节点表(用于存放活节点的数据结构),接着从活节点表中取出根节点,使其成为当前扩展节点,一次性生成其所有孩子节点,判断孩子节点是舍弃还是保留,舍弃那些导致不可行解或导致非最优解的孩子节点,其余的被保留在活节点表中。再从活节点表中取出一个活节点作为当前扩展节点,重复上述扩展过程,一直持续到找到所需的解或活节点表为空时为止。由此可见,每一个活节点最多只有一次机会成为扩展节点。

可见,分支限界法搜索过程的关键在于判断孩子节点是舍弃还是保留。因此,在搜索之前要设定孩子节点是舍弃还是保留的判断标准,这个判断标准与回溯法搜索过程中用到的约束条件和限界条件含义相同。活节点表的实现通常有两种方法:一是先进先出队列,二是优先级队列,它们对应的分支限界法分别称为队列式分支限界法和优先队列式分支限界法。

队列式分支限界法按照队列先进先出(FIFO)的原则选取下一个节点作为当前扩展节点。优先队列式分支限界法按照规定的优先级选取队列中优先级最高的节点作为当前扩展节点。优先队列一般用二叉堆来实现:最大堆实现最大优先队列,体现最大效益优先;最小堆实现最小优先队列,体现最小费用优先。

分支限界法的一般解题步骤如下:

第一步,定义问题的解空间。

第二步,确定问题的解空间组织结构(树或图)。

第三步,搜索解空间。搜索前要定义判断标准(约束函数或限界函数),如果选用优先队列式分支限界法,就必须确定优先级。

6.2　0-1 背包问题

分别用队列式分支限界法和优先队列式分支限界法解 0-1 背包问题: $n=4, w=[3,5,2,1], v=[9,10,7,4], C=7$。

1. 求解步骤

第一步,定义问题的解空间。

该实例的解空间为 (x_1, x_2, x_3, x_4), $x_i=0$ 或 $1(i=1,2,3,4)$。

第二步,确定问题的解空间组织结构。

该实例的解空间是一棵子集树,深度为 4。

第三步,搜索解空间。

根据采用不同的搜索方法定义合适的约束条件和限界条件,然后开始搜索。初始时将根节点放入活节点表中。从活节点表中取出一个活节点作为当前的扩展节点,一次性生成扩展节点的所有孩子节点,判断是否满足约束条件和限界条件,如果满足,就将其插入活节点表中;反之,舍弃。搜索过程直到找到问题的解或活节点表为空时为止。

2. 队列式分支限界法

(1) 算法设计。定义约束条件为 $\sum_{i=1}^{n} w_i x_i \leqslant C$,限界条件为 cp+r'p>bestp。其中,cp 表示当前已装入背包的物品总价值,初始值为 0;r'p 表示剩余物品装入剩余背包容量能够装入的最优值,初始值为所有物品的价值之和;bestp 表示当前最优解,初始值为 0,当 cp>bestp 时,更新 bestp 为 cp。

算法伪码描述如下:

```
算法:queue_branch(capacity)
输入:背包的容量
输出:最优值 bestp 及最优解叶子节点编号 best
    que←空队列
    node ← Node(0,0,1)                      #根节点,cw 为 0,cp 为 0,根节点编号为 1
    insert(que,node)                         //将 node 节点插入队列
    while(!que.empty()) do                   //当队列 que 非空时,就循环
        current_node←delete(que)             //从队列中取出队首元素
        depth ← current_node 节点的深度
        if depth == n then                   //叶子表示找到了一个比当前解更好的
                                             //一个解,记录之
            bestp ← current_node.cp
            best ← current_node.id
        else                                 //如果该扩展节点不是叶子节点
            if current_node.cw + goods[depth][1] ≤ capacity then
                                             //判断约束条件
                if(current_node.cp + goods[depth][2]> bestp) then
                    bestp ← current_node.cp + goods[depth][2]
```

```
                best ← current_node.id * 2    #记录当前最优的节点编号
         alive_node←Node(current_node.cp + goods[depth][2],current_node.cw +
goods[depth][1],current_node.id * 2)
                insert(que,alive_node)          //插入队列 que
          up ← bound(current_node)              //计算当前节点的价值上界
          if up > bestp then                    //判断限界条件
                alive_node ← Node(current_node.cp,current_node.cw,current_node.id * 2 + 1)
                insert(que,alive_node)          //插入队列 que
       return bestp,best
```

(2) 实例构造。实例的搜索过程如图 6-1～图 6-4 所示(注:图中深色节点表示死节点,已不在活节点表中;节点旁括号内的数据表示背包的剩余容量、已装入背包的物品价值)。

初始时,将根节点 A 插入活节点表中,节点 A 是唯一的活节点,如图 6-1(a)所示。从活节点表中取出 A,节点 A 是当前的扩展节点,一次性生成它的两个孩子节点 B 和 C,节点 B 满足约束条件,将 bestp 改写为节点 B 的 cp,即 bestp=9;对于节点 C,由于 cp=0,rp=21,bestp=9,满足限界条件,依次将 B 和 C 插入到活节点表中,如图 6-1(b)所示。再从活节点表中取出一个活节点 B 作为当前的扩展节点,一次性生成 B 的两个孩子节点,左孩子节点不满足约束条件,舍弃;对于右孩子节点 D,由于 cp=9,rp=11,bestp=9,满足限界条件,将节点 D 保存到活节点表中,如图 6-1(c)所示。

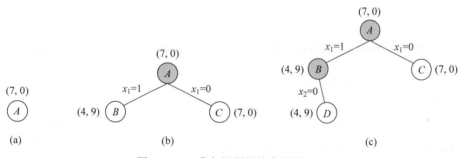

图 6-1 0-1 背包问题的搜索过程(一)

重复上述过程,从活节点表中取出 C,节点 C 是当前的扩展节点,一次性生成它的两个孩子节点 E 和 F,节点 E 满足约束条件,将 bestp 改写为节点 E 的 cp,bestp=10。由于 cp=0,rp=11,bestp=10,节点 F 满足限界条件。依次将 E 和 F 插入到活节点表中,如图 6-2(a)所示。从活节点表中取出 D,节点 D 是当前的扩展节点,一次性生成它的两个孩子节点 G 和 H,节点 G 满足约束条件,将 G 插入到活节点表中,bestp 改写为节点 G 的 cp,bestp=16。由于 cp=9,rp=4,bestp=16,节点 H 不满足限界条件,舍弃,如图 6-2(b)所示。

从活节点表中取出 E,节点 E 是当前的扩展节点,一次性生成它的两个孩子节点 I 和 J,节点 I 满足约束条件。将其插入到活节点表中,修改 bestp=17。对于节点 J,由于 cp=10,rp=4,bestp=17,不满足限界条件,舍弃,如图 6-3(a)所示。从活节点表中取出 F,节点 F 是当前的扩展节点,一次性生成它的两个孩子节点 K 和 L,节点 K 满足约束条件,插入到活节点表中。由于 cp=0,rp=4,bestp=17,节点 L 不满足限界条件,舍弃,如图 5-64(b)所示。

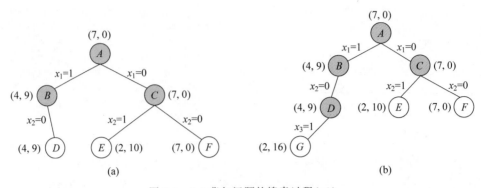

图 6-2　0-1 背包问题的搜索过程(二)

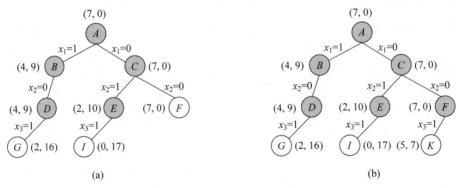

图 6-3　0-1 背包问题的搜索过程(三)

从活节点表中取出 G,节点 G 是当前的扩展节点,一次性生成它的两个孩子节点 M 和 N,左孩子节点 M 满足约束条件且已经是叶子节点,此时找到了当前最优解,将 M 暂存临时变量 best1 中,修改 bestp=20,右孩子节点 N 不满足限界条件,舍弃。如图 6-4(a)所示。从活节点表中取出活节点 I,它扩展生成的孩子节点不满足约束条件或限界条件,舍弃。再取一个活节点 K,它扩展生成的左孩子节点 O 满足约束条件且已是叶子节点,又找到了一个解,由于该解对应的 cp<bestp,故不保存;K 扩展生成的右孩子不满足限界

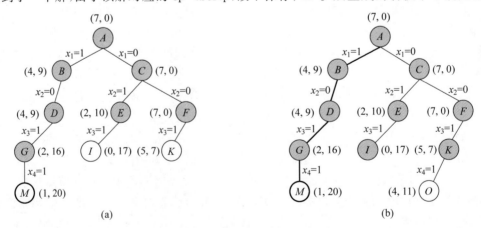

图 6-4　0-1 背包问题的搜索过程(四)

条件,舍弃。此时活节点表为空,算法结束,找到了问题的最优解,即从根节点 A 到叶子节点 M 的路径(粗线条表示的路径)(1,0,1,1),最优值为 20,如图 6-4(b)所示。

(3) Python 实战。首先导入程序需要的类包 math 和 queue。其代码如下:

```
import math
import queue
```

定义一个类 Node,用于描述树节点。该类有三个字段,分别是节点的价值 cp、质量 cw 和编号 id,其中编号 id 是指该节点在完全二叉解空间树中的编号,根节点编号为 1,它的左孩子节点为 2,右孩子节点为 3。以此类推,编号为 i 的节点,其左孩子节点编号为 $2i$,右孩子节点编号为 $2i+1$。其代码如下:

```
class Node:
    def __init__(self,cp,cw,myid):
        self.cp = cp
        self.cw = cw
        self.id = myid
```

定义一个 bound()函数,用于求当前节点的价值上界,即 $cp+r'p$,$r'p$ 为剩余物品装入剩余背包容量能装入的最优值。其代码如下:

```
def bound(node):
    global c,goods
    cleft = c - node.cw
    b = node.cp
    i = int(math.log2(node.id)) + 1    # round(math.log2(node.id))求出节点深度,节点深度
                                        # +1 为所处的层次数,剩余物品为层次数….n+1
    while(i < n and goods[i][1]< = cleft):
        cleft -= goods[i][1]
        b += goods[i][2]
        i += 1
    if(i < n):
        b += goods[i][2]/goods[i][1] * cleft;
    return b
```

定义一个 queue_branch()函数,用于搜索问题的最优值,并记录最优解叶子节点的编号。接收背包的容量 capacity,输出最优值 bestp 和最优解叶子节点编号 best。其代码如下:

```
def queue_branch(capacity):
    global goods,n
    bestp = 0
    best = 0
    que = queue.Queue()
    node = Node(0,0,1)              # 根节点,当前质量 cw 为 0,当前价
                                    # 值 cp 为 0,根节点编号 id 为 1
    que.put(node)
    while(not que.empty()):
        current_node = que.get()
```

```
            depth = int(math.log2(current_node.id))
            if depth == n:                         #叶子表示找到了一个比当前解更
                                                   #好的一个解,记录之
                bestp = current_node.cp
                best = current_node.id
            else:
                if current_node.cw + goods[depth][1] <= capacity:
                                                   #判断约束条件
                    if(current_node.cp + goods[depth][2]> bestp):
                        bestp = current_node.cp + goods[depth][2]
                        best = current_node.id * 2     #记录当前最优的节点编号
                    alive_node = Node(current_node.cp + goods[depth][2],current_node.cw +
    goods[depth][1],current_node.id * 2)
                    que.put(alive_node)
                up = bound(current_node)
                if up > bestp:                          #判断限界条件
                    alive_node = Node(current_node.cp,current_node.cw,current_node.id * 2 + 1)
                    que.put(alive_node)
    return bestp,best
```

定义一个 get_bestx() 函数构造最优解,从最优解叶子节点编号 best 出发,如果节点编号能整除 2,说明是左孩子节点,对应物品装入背包;否则是右孩子节点,对应物品不装如背包。一直从叶子节点回到根节点,就能构造出问题的最优解。其代码如下:

```
def get_bestx(best):
    global n,goods
    bestx = [0 for i in range(n)]
    i = best
    depth = int(math.log2(best))
    while i > 1:
        depth = int(math.log2(i))
        s,y = divmod(i,2)               #s为商,是父节点的编号,y为余数,余数是0,
                                        #则为左孩子,记录1,反之,记录0
        if y == 0:
            bestx[goods[depth - 1][0]] = 1
        else:
            bestx[goods[depth - 1][0]] = 0
        i = s
    return bestx
```

定义 Python 入口——main() 函数,其中,初始化 0-1 背包问题的一个实例,将物品按照单位重量的价值降序排列,然后调用 queue_branch() 函数和 get_bestx() 函数得到问题的最优解 bestx 和最优值 bestp。最后打印输出,将结果显示在显示器上。其代码如下:

```
if __name__ == '__main__':
    n = 5                          #问题规模
    c = 10                         #背包容量
    goods = [[0,2,6],[1,2,3],[2,6,5],[3,5,4],[4,4,6]]
    goods.sort(key = lambda x:x[2]/x[1],reverse = True)
    bestp,best = queue_branch(c)
```

```
bestx = get_bestx(best)
print("最优值为:", bestp)
print("最优解为:", bestx)
```

输出结果为

最优值为:15

最优解为:[1,1,0,0,1]

3. 优先队列式分支限界法

(1)算法设计。优先级定义为:活节点代表的部分解所描述的装入背包的物品价值上界,该价值上界越大,优先级越高。活节点的价值上界 up=活节点的 cp+剩余物品装满背包剩余容量的最优值 r'p。

约束条件:同(1)中队列式分支限界法相同。限界条件为 up=cp+r'p>bestp。

算法伪码描述如下:

```
算法:first_queue_branch(capacity)
输入:背包的容量 capacity
输出:问题的最优值 bestp 和最优解的叶子节点编号 best
    heap ← []                                    //初始化空堆
    node ← Node(0,0,1,0)                         ♯Node 为节点类,node 为根节点
    node.up ← bound(node)                        //bound 计算节点的价值上界
    insert(heap,node)                            //将根节点插入堆
    while(heap 非空) do
        current_node ← delete(heap)              //取堆顶元素
        depth ← 节点深度
        if depth == n then                       //叶子表示找到了一个比当前解更好的一个
                                                 //解,记录之
            bestp ← current_node.cp
            best ← current_node.id
        else
            if current_node.cw + goods[depth][1] ≤ capacity) then
                                                 //判断约束条件
                if(current_node.cp + goods[depth][2]> bestp) then
                    bestp ←current_node.cp + goods[depth][2]
                    best ← current_node.id * 2       ♯记录当前最优的节点编号
                alive_node ←Node(current_node.cp + goods[depth][2],current_node.cw +
goods[depth][1],current_node.id * 2,current_node.up)
                insert(heap,alive_node)          //将活节点插入堆
            up ←bound(current_node)              //计算节点的价值上界
            if up > bestp then                   //判断限界条件
                alive_node ← Node(current_node.cp,current_node.cw,current_node.id * 2
+ 1,up)
                insert(heap,alive_node)
    return bestp,best                            //返回最优值 bestp 和最优解的叶子节点
                                                 //的编号 best
```

(2)实例构造。采用优先队列式分支限界法对上述实例的搜索过程如图 6-5、图 6-6 所示。

初始时,将根节点 A 插入活节点表中,节点 A 是唯一的活节点,如图 6-5(a)所示。从活节点表中取出 A,节点 A 是当前的扩展节点,一次性生成它的两个孩子节点 B 和 C,节点 B 满足约束条件,将节点 B 插入到活节点表中,其 $up = 9 + 4 + 7 + \frac{1}{5} \times 10 = 22$,bestp $= cp = 9$;节点 C 的 $up = 0 + 4 + 7 + \frac{4}{5} \times 10 = 19$,满足限界条件,将 C 插入到活节点表中,如图 6-5(b)所示。从活节点表中取出一个优先级最高的活节点 B 作为当前的扩展节点,一次性生成 B 的两个孩子节点,左孩子节点不满足约束条件,舍弃;右孩子节点 D 的 $up = 9 + 4 + 7 = 20$,满足限界条件,将节点 D 保存到活节点表中,如图 6-5(c)所示。从活节点表中取出优先级最高的活节点 D,节点 D 是当前的扩展节点,一次性生成它的两个孩子节点 E 和 F,节点 E 满足约束条件,其 bestp $= 16$,$up = 16 + 4 = 20$,将 E 插入活节点表中;节点 F 的 $up = 9 + 4 = 11$,不满足限界条件,舍弃,如图 6-5(d)所示。

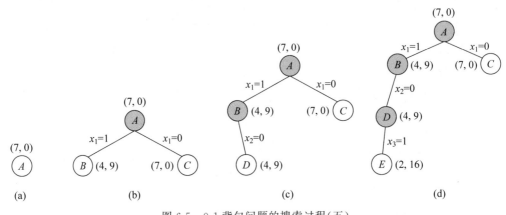

图 6-5 0-1 背包问题的搜索过程(五)

从活节点表中取出优先级最高的活节点 E,节点 E 是当前的扩展节点,一次性生成它的两个孩子节点,左孩子节点 G 满足约束条件且是叶子节点,其 bestp $= 20$,$up = 20$,将 G 插入活节点表;右孩子节点的 $up = 16$,不满足限界条件,舍弃,如图 6-6(a)所示。从活节点表取出优先级最高的活节点 G,由于 G 已经是叶子节点,搜索结束,找到了问题的最优解,即从根节点到叶节点的路径为 $(1, 0, 1, 1)$,bestp $= 20$。如图 6-6(b)中粗线条所示。

(3) Python 实战。首先导入程序需要的类包 math 和 heapq。其代码如下:

```
import math
import heapq
```

定义一个类 Node,用于描述树节点。该类有四个字段,分别是节点的价值上界 up、价值 cp、质量 cw 和编号 id,其中编号 id 是指该节点在完全二叉解空间树中的编号,根节点编号为1,它的左孩子节点为 2,右孩子节点为 3。以此类推,编号为 i 的节点,其左孩子节点编号为 $2i$,右孩子节点编号为 $2i+1$。类 Node 重载了大于方法__gt__和等于方法__eq__,定义类中参与比较的字段。

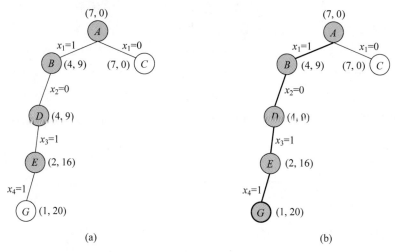

图 6-6　0-1 背包问题的搜索过程(六)

```
class Node:
    def __init__(self,cp,cw,myid,up):
        self.up = up                          #价值上界,按照价值上界构造极大堆
        self.cp = cp
        self.cw = cw
        self.id = myid
    def __gt__(self,other):
        return self.up > other.up
    def __eq__(self, other):
        if(other == None):
            return False
        if(not isinstance(other, HeapNode)):
            return False
        return self.up == other.up
```

定义一个 bound() 函数,用于求当前节点的价值上界,即 $cp+r'p$,$r'p$ 为剩余物品装入剩余背包容量能装入的最优值。其代码如下:

```
def bound(node):
    global c,goods
    cleft = c - node.cw
    b = node.cp
    i = int(math.log2(node.id)) + 1          #round(math.log2(node.id))求出节点深度,
                                             #节点深度+1为所处的层次数,剩余物品为
                                             #层次数…..n+1
    while(i < n and goods[i][1]<= cleft):
        cleft -= goods[i][1]
        b += goods[i][2]
        i += 1
    if(i < n):
        b += goods[i][2]/goods[i][1] * cleft;
    return b
```

定义一个 first_queue_branch() 函数,用于搜索问题的最优值,并记录最优解叶子节点的编号。接收背包的容量 capacity,输出最优值 bestp 和最优解叶子节点编号 best。其代码如下:

```
def first_queue_branch(capacity):
    global goods, n
    bestp = 0
    best = 0
    heap = []
    node = Node(0,0,1,0)        #根节点,当前质量 cw 为 0,当前价值 cp 为 0,根节点编号 id 为 1
    node.up = bound(node)
    heapq.heappush(heap, node)
    while(len(heap)> 0):
        current_node = heapq.heappop(heap)
        depth = int(math.log2(current_node.id))
        if depth == n:                         #叶子表示找到了一个比当前解更好的一个解,记录之
            bestp = current_node.cp
            best = current_node.id
        else:
            if current_node.cw + goods[depth][1] <= capacity:
                if(current_node.cp + goods[depth][2]> bestp):
                    bestp = current_node.cp + goods[depth][2]
                    best = current_node.id * 2    #记录当前最优的节点编号
                alive_node = Node(current_node.cp + goods[depth][2], current_node.cw +
goods[depth][1], current_node.id * 2, current_node.up)
                heapq.heappush(heap, alive_node)
            up = bound(current_node)
            if up > bestp:
                alive_node = Node(current_node.cp, current_node.cw, current_node.id * 2
+ 1, up)
                heapq.heappush(heap, alive_node)
    return bestp, best
```

定义一个 get_bestx() 函数构造最优解,从最优解叶子节点编号 best 出发,如果节点编号能整除 2,说明是左孩子节点,对应物品装入背包;否则是右孩子节点,对应物品不装入背包。一直从叶子节点回到根节点,就能构造出问题的最优解。其代码如下:

```
def get_bestx(best):
    global n, goods
    bestx = [0 for i in range(n)]
    i = best
    depth = int(math.log2(best))
    while i > 1:
        depth = int(math.log2(i))
        s, y = divmod(i, 2)                    #s 为商,是父节点的编号,y 为余数,余数是 0,
                                               #则为左孩子,记录 1,反之,记录 0
        if y == 0:
            bestx[goods[depth-1][0]] = 1
        else:
            bestx[goods[depth-1][0]] = 0
        i = s
    return bestx
```

定义 Python 入口——main()函数,其中,初始化 0-1 背包问题的一个实例,将物品按照单位重量的价值降序排列,然后调用 first_queue_branch()函数和 get_bestx()函数得到问题的最优解 bestx 和最优值 bestp。最后打印输出,将结果显示在显示器上。其代码如下:

```
if __name__ == '__main__':
    n = 5                                             # 问题规模
    c = 20                                            # 背包容量
    goods = [[0,5,7],[1,4,9],[2,8,15],[3,12,21],[4,13,24]]    # 物品编号,物品质量,物
                                                      # 品价值

    goods.sort(key = lambda x:x[2]/x[1],reverse = True)
    bestp,best = first_queue_branch(c)
    bestx = get_bestx(best)
    print("最优值为:",bestp)
    print("最优解为:",bestx)
```

输出结果为

最优值为:36

最优解为:$[0, 0, 1, 1, 0]$

6.3 旅行商问题

视频讲解

旅行商问题的解空间和解空间组织结构已在 5.5 节中详细分析过。在此基础上,讨论如何用分支限界法进行搜索。

考虑 $n=4$ 的实例,如图 6-7 所示,城市 1 为售货员所在的住地城市。

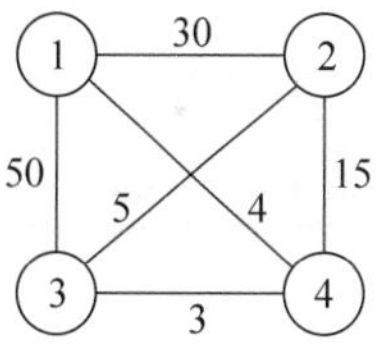

对于该实例,简单做如下分析:

(1) 问题的解空间 (x_1, x_2, x_3, x_4),其中令 $S=\{1,2,3,4\}$, $x_1=1, x_2 \in S-\{x_1\}, x_3 \in S-\{x_1, x_2\}, x_4 \in S-\{x_1, x_2, x_3\}$。

图 6-7 无向连通图

(2) 解空间的组织结构是一棵深度为 4 的排列树。

(3) 搜索:设置约束条件 $g[i][j]!=\infty$,其中 $1\leqslant i\leqslant 4, 1\leqslant j\leqslant 4$,$g$ 是该图的邻接矩阵;设置限界条件:$cl<bestl$,其中 cl 表示当前已经走的路径长度,初始值为 0;$bestl$ 表示当前最短路径长度,初始值为 ∞。

1. 队列式分支限界法

(1) 算法设计。用先进先出的队列存储活节点,当活节点表不空,循环做:从活节点表中取出一个活节点,一次性扩展它的所有孩子节点,判断约束条件和限界条件,若满足约束条件和限界条件,则将该孩子节点插入到活节点表中;否则,舍弃该孩子节点;直到活节点表为空或找到了所需要的解。

算法伪码描述如下:

算法:traveling(a,start,g_n)

输入:无向连通图 G 的临界矩阵 a,旅行商出发地 start,城市数量 g_n

输出:最短旅行路径和最短路径长度

```
que ←空队列
node ← 第二层的节点
将 node 节点插入到队列 que 中
while(que 非空) do                          //que 队列不空就循环
    current_node ←取出队首节点
    level←current_node 在解空间树中所处的层次
    cl ← current_node 的当前路径长度
    if level == g_n then                    //叶子节点的父节点,表示找到了一个
                                            //比当前解更好的一个解,记录之
        if (第 n-1 个城市到第 n 个城市能走通并且第 n 个城市到出发地城市能走通并且
走的总路径长度小于 bestl or bestl == NoEdge)) then //判断第约束条件和限界条件
            bestx←当前节点表示的解
            bestl ← 回到出发地的总路径长度
        else
            for j ←level to g_n then        //扩展当前节点的所有分支
                if 满足约束条件和限界条件
                记录分支上的数据
                插入孩子节点到队列 que
                将分支上的数据退回
```

(2) 搜索过程。队列式分支限界法对该实例的搜索过程如图 6-8～图 6-10 所示(注: 图中节点旁的数据为 cl 的值)。

由于 x_1 的取值是确定的,所以从根节点 A_0 的孩子节点 A 开始搜索即可。将节点 A 插入到活节点表中,节点 A 是活节点并且是当前的扩展节点,如图 6-8(a)所示。从活节点表中取出活节点 A 作为当前的扩展节点,一次性生成它的 3 个孩子节点 B、C、D,均满足约束条件和限界条件,依次插入到活节点表中,节点 A 变成了死节点,如图 6-8(b)所示。从活节点表中取出活节点 B 作为当前的扩展节点,一次性生成它的两个孩子节点 E、F,均满足约束条件和限界条件,依次插入到活节点表中,节点 B 变成了死节点,如图 6-8(c)所示。

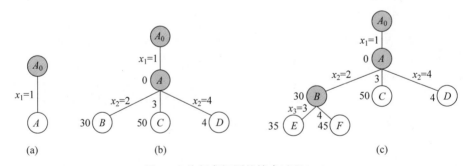

图 6-8 旅行商问题的搜索过程(一)

从活节点表中取出活节点 C 作为当前的扩展节点,一次性生成它的两个孩子节点 G、H,均满足约束条件和限界条件,依次插入到活节点表中,节点 C 变成了死节点,如图 6-9(a)所示。从活节点表中取出活节点 D 作为当前的扩展节点,一次性生成它的两个孩子节点 I、J,均满足约束条件和限界条件,依次插入到活节点表中,节点 D 变成了死节点,如图 6-9(b)所示。

从活节点表中取出活节点 E 作为当前的扩展节点,一次性生成它的一个孩子节点

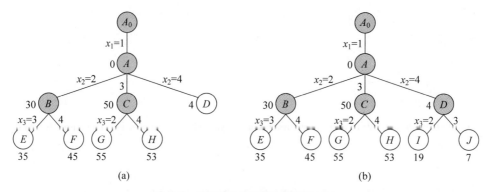

图 6-9 旅行商问题的搜索过程(二)

K,满足约束条件和限界条件,节点 K 已经是叶子节点,且顶点 4 与住地城市 1 有边相连,说明已找到一个当前最优解,记录该节点,最短路径长度为 42,修改 bestl = 42,如图 6-10(a)所示。从活节点表中依次取出活节点 F、G、H、I、J,一次性生成它们的孩子节点,均不满足限界条件,舍弃,它们变成了死节点。此时,活节点表为空,算法结束,找到的最优解是从根节点到叶子节点 K 的路径(1,2,3,4),路径长度为 42,如图 6-10(b)所示。

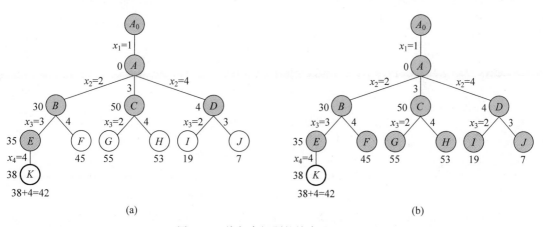

图 6-10 旅行商问题的搜索过程(三)

(3) Python 实战。首先导入程序需要的类包 math 和 queue。其代码如下:

```
import math
import queue
```

定义一个类 Node,用于描述树节点。该类有 3 个字段,分别是当前路径长度 cl,当前节点在解空间树中的层次 level 和当前节点代表的部分解 x。其代码如下:

```
class Node:
    def __init__(self,cl,level,x):      #cl:当前路径长度,level:当前节点层次,
                                        #g_n:问题规模
        self.cl = cl                    #当前路径长度
        self.level = level              #节点的层次
        self.x = x                      #部分解
```

定义一个 traveling() 函数,用于搜索最优旅行路线,并记录最短路径长度。该函数接收图的邻接矩阵 a,出发地 start 和城市数量 g_n,输出最优旅行路线和最短路径长度。其代码如下:

```python
def traveling(a, start, g_n):
    que = queue.Queue()
    node = Node(0, 2, [i for i in range(g_n + 1)])  #
    que.put(node)
    bestx = None                                    # 最优值
    bestl = NoEdge
    while(not que.empty()):
        current_node = que.get()
        level = current_node.level
        cl = current_node.cl
        if level == g_n:        # 叶子表示找到了一个比当前解更好的一个解,记录之
            if (a[current_node.x[g_n - 1]][current_node.x[g_n]] != NoEdge and a[current_
node.x[g_n]][1] != NoEdge and (cl + a[current_node.x[g_n - 1]][current_node.x[g_n]] +
a[current_node.x[g_n]][1] < bestl or bestl == NoEdge)):
                bestx = current_node.x[:]
                bestl = cl + a[current_node.x[g_n - 1]][current_node.x[g_n]] +
a[current_node.x[g_n]][1]
        else:
            for j in range(level, g_n + 1):
                if (a[current_node.x[level - 1]][current_node.x[j]] != NoEdge and (cl <
bestl or bestl == NoEdge)):
                    current_node.x[level], current_node.x[j] = current_node.x[j],
current_node.x[level]
                    que.put(Node(cl + a[current_node.x[level - 1]][current_node.
x[level]], level + 1, current_node.x[:]))
                    current_node.x[level], current_node.x[j] = current_node.x[j],
current_node.x[level]
    return bestx, bestl
```

定义 Python 入口——main() 函数,其中,初始化旅行商问题的一个实例,给定的图的邻接矩阵中,下标代表城市编号,从 1 开始,故 Python 二维列表 a 中的第 0 行第 0 列为无效数据。然后调用 traveling() 函数得到问题的最优解 bestx 和最优值 bestl,bestx 中的 0 号存储单元中的数据为无效数据。最后打印输出,将结果显示在显示器上。其代码如下:

```python
if __name__ == '__main__':
    import sys
    NoEdge = sys.maxsize                            # 无边代表无穷大
    a = [[NoEdge, NoEdge, NoEdge, NoEdge, NoEdge, NoEdge], [NoEdge, NoEdge, 10, NoEdge, 4, 12],
[NoEdge, 10, NoEdge, 15, 8, 5], [NoEdge, NoEdge, 15, NoEdge, 7, 30], [NoEdge, 4, 8, 7, NoEdge, 6],
[NoEdge, 12, 5, 30, 6, NoEdge]]
    g_n = len(a) - 1
    bestx, bestl = traveling(a, 1, g_n)
    print("最短路径长度为:", bestl)
    print("最优旅行路线为:", bestx)
```

输出结果为

最短路径长度为：43

最优旅行路线为：[0，1，4，3，2，5]

2. 优先队列式分支限界法

(1) 算法设计。用堆结构存储活节点,算法的优先级定义为当前节点的路径长度 cl,当前路径长度 cl 越短,优先级越高。当活节点表不空,循环做:从堆中取出一个活节点,一次性扩展它的所有孩子节点,判断约束条件和限界条件,若满足约束条件和限界条件,则将该孩子节点插入到活节点表中;否则,舍弃该孩子节点;直到活节点表为空或找到了所需要的解。

算法伪码描述如下:

```
算法:traveling(a,start,g_n)
输入:无向连通图 G 的临界矩阵 a,旅行商出发地 start,城市数量 g_n
输出:最短旅行路径和最短路径长度
    heap ←空队列
    node← 第二层的节点
    将 node 节点插入到堆 heap 中
    while(heap 非空) do                          //heap 队列不空就循环
        current_node ←取出队首节点
        level←current_node 在解空间树中所处的层次
        cl ← current_node 的当前路径长度
        if level == g_n then                     //叶子节点的父节点,表示找到了一
                                                 //个比当前解更好的一个解,记录之
                if (第 n-1 个城市到第 n 个城市能走通并且第 n 个城市到出发地城市能走通并且
        走的总路径长度小于 bestl or bestl == NoEdge)) then   //判断第约束条件和限界条件
                    bestx←当前节点表示的解
                    bestl← 回到出发地的总路径长度
        else
                for j ←level to g_n then         //扩展当前节点的所有分支
                    if 满足约束条件和限界条件
                        记录分支上的数据
                        插入孩子节点到堆 heap 中
                        将分支上的数据退回
```

(2) 搜索过程。优先队列式分支限界法对该实例的搜索过程如图 6-11～图 6-13 所示(注:节点旁的数据为 cl 的值)。

优先级定义为活节点所对应的已经走过的路径长度 cl,长度越短,优先级越高。

从节点 A 开始,节点 A 插入到活节点表中,节点 A 是活节点并且是当前的扩展节点,如图 6-11(a)所示。从活节点表中取出活节点 A 作为当前的扩展节点,一次性生成它的 3 个孩子节点 B、C、D,均满足约束条件和限界条件,依次插入到活节点表中,节点 A 变成了死节点,如图 6-11(b)所示。从活节点表中取出优先级最高的活节点 D 作为当前的扩展节点,一次性生成它的两个孩子节点 E、F,均满足约束条件和限界条件,依次插入到活节点表中,节点 D 变成了死节点,如图 6-11(c)所示。

从活节点表中取出优先级最高的活节点 F 作为当前的扩展节点,一次性生成它的一个孩子节点 G,满足约束条件和限界条件将 G 插入到活节点表中。由于节点 G 已经是叶

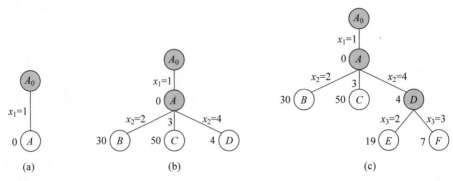

图 6-11　旅行商问题的搜索过程(四)

子节点,此时找到了当前最优解,最短路径长度为 42,修改 bestl=42,如图 6-12(a)所示。从活节点表中取出优先级最高的活节点 E 作为当前的扩展节点,一次性生成它的一个孩子节点,不满足限界条件,舍弃,节点 E 变成了死节点,如图 6-12(b)所示。

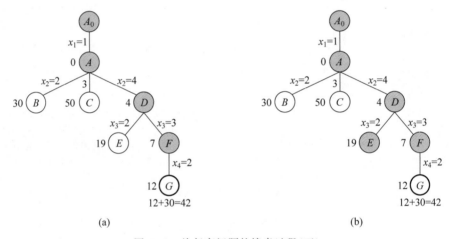

图 6-12　旅行商问题的搜索过程(五)

从活节点表中取出优先级最高的活节点 B 作为当前的扩展节点,一次性生成它的两个孩子节点 H、I,节点 H 满足约束条件和限界条件,将其插入到活节点表中;节点 I 不满足限界条件,舍弃。节点 B 变成了死节点,如图 6-13(a)所示。从活节点表中取出优先级最高的活节点 H 作为当前的扩展节点,生成的孩子节点不满足限界条件,舍弃,节点 H 变成了死节点。再从活节点表中取出优先级最高的活节点 G 作为当前的扩展节点,G 已经是叶子节点,此时已找到了问题的最优解,算法结束,找到问题的最优解是从根节点 A_0 到叶子节点 G 的最短路径(1,4,3,2),最短路径长度为 42,如图 6-13(b)中粗实线所示。

(3) Python 实战。首先导入程序需要的类包 math 和 queue。

```
import heapq
```

定义一个类 Node,用于描述树节点。该类有 3 个字段,分别是当前路径长度 cl,当前节点在解空间树中的层次 level 和当前节点代表的部分解 x。类 Node 重载了小于 __lt__()

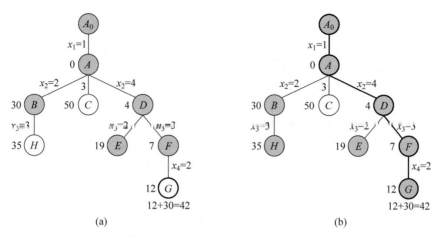

图 6-13　旅行商问题的搜索过程(六)

方法和等于__eq__()方法,定义参与比较的字段为 cl。其代码如下:

```python
class Node:
    def __init__(self,cl,level,x):      #cl:当前路径长度,level:当前节点层次,g_n:问题规模
        self.cl = cl                    #当前路径长度
        self.level = level              #节点的层次
        self.x = x                      #部分解
    def __lt__(self,other):
        return self.cl < other.cl
    def __eq__(self, other):
        if(other == None):
            return False
        if(not isinstance(other, HeapNode)):
            return False
        return self.cl == other.cl
```

定义一个 traveling()函数,用于搜索最优旅行路线,并记录最短路径长度。该函数接收图的邻接矩阵 *a*,出发地 start 和城市数量 g_n,输出最优旅行路线和最短路径长度。其代码如下:

```python
def traveling(a,start,g_n):
    heap = []
    bestx = None                        #最优值
    bestl = NoEdge
    node = Node(0,2,[i for i in range(g_n+1)]) #
    heapq.heappush(heap,node)
    while(len(heap)>0):
        current_node = heapq.heappop(heap)
        level = current_node.level
        cl = current_node.cl            #当前节点的路径长度
        if level == g_n:                #叶子表示找到了一个比当前解更好的一个解,记录之
            if (a[current_node.x[g_n-1]][current_node.x[g_n]] != NoEdge and a[current_
node.x[g_n]][1] != NoEdge and (cl + a[current_node.x[g_n-1]][current_node.x[g_n]] +
a[current_node.x[g_n]][1] < bestl or bestl == NoEdge)):
```

```
                    bestx = current_node.x[:]
                    bestl = cl + a[current_node.x[g_n - 1]][current_node.x[g_n]] +
a[current_node.x[g_n]][1]
            else:
                for j in range(level, g_n + 1):
                    if (a[current_node.x[level - 1]][current_node.x[j]] != NoEdge and (cl <
bestl or bestl == NoEdge)):
                        current_node.x[level], current_node.x[j] = current_node.x[j],
current_node.x[level]
                        heapq.heappush(heap, Node(cl + a[current_node.x[level - 1]][current
_node.x[level]], level + 1, current_node.x[:]))
                        current_node.x[level], current_node.x[j] = current_node.x[j],
current_node.x[level]
        return bestx, bestl
```

定义 Python 入口——main()函数,在 main()函数中,初始化旅行商问题的一个实例,给定的图的邻接矩阵中,下标代表城市编号,从 1 开始,故 Python 二维列表 a 中的第 0 行第 0 列为无效数据。然后调用 traveling()函数得到问题的最优解 bestx 和最优值 bestl,bestx 中的 0 号存储单元中的数据为无效数据。最后打印输出,将结果显示在显示器上。其代码如下:

```python
if __name__ == '__main__':
    import sys
    NoEdge = sys.maxsize
    a = [[NoEdge, NoEdge, NoEdge, NoEdge, NoEdge, NoEdge], [NoEdge, NoEdge, 10, NoEdge, 4, 12],
[NoEdge, 10, 15, 8, 5], [NoEdge, NoEdge, 15, NoEdge, 7, 30], [NoEdge, 4, 8, 7, NoEdge, 6],
[NoEdge, 12, 5, 30, 6, NoEdge]]
    g_n = len(a) - 1
    traveling(a, 1, g_n)
    print("最短路径长度为:", bestl)
    print("最优旅行路线为:", bestx)
```

输出结果为

最短路径长度为: 43

最优旅行路线为: [0, 1, 4, 3, 2, 5]

3. 算法优化

(1) 优化策略。根据题意,每个城市各去一次销售商品。因此,可以估计路径长度的下界(用 zl 表示),初始时,zl 等于图中每个顶点权最小的出边权之和。随着搜索的深入,可以估计剩余路径长度的下界(用 rl 表示)。故可以考虑用 zl(zl=当前路径长度 cl+剩余路径长度的下界 rl)作为活节点的优先级,同时将限界条件优化为 zl=cl+rl<bestl,cl 的初始值为 0,rl 初始值为每个顶点权最小的出边权之和。那么,依照该限界条件,队列式分支限界法和优先队列式分支限界法搜索过程形成的搜索树如图 6-14 所示。

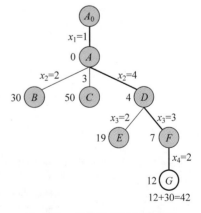

图 6-14　优化条件下的搜索树

（2）Python 实战——队列式分支限界法。首先导入程序需要的类包 math 和 queue。其代码如下：

```
import math
import queue
```

定义一个类 Node，用于描述树节点。该类有 3 个字段，分别是当前路径长度 cl、当前节点在解空间树中的层次 level 和当前节点代表的部分解 x。其代码如下：

```
class Node:
    def __init__(self,cl,level,x):      #cl:当前路径长度,level:当前节点层次,g_n:问题规模
        self.cl = cl                    #当前路径长度
        self.level = level              #节点的层次
        self.x = x                      #部分解
```

定义一个 lower_bound()函数，用于计算无向连通带权图 G 中每个城市的最小出边 Minout 及所有路径长度下界 rl。其代码如下：

```
def lower_bound(a):
    n = len(a)
    Minout = []
    rl = 0
    for i in range(1,n):                #计算最小出边及其路径长度和
        minout = min(a[i])
        rl += minout
        Minout.append(minout)
    return rl,Minout
```

定义一个 traveling()函数，用于搜索最优旅行路线，并记录最短路径长度。该函数接收图的邻接矩阵 a，出发地 start 和城市数量 g_n，输出最优旅行路线和最短路径长度。其代码如下：

```
def traveling(a,start,g_n):
    que = queue.Queue()
    bestx = None                        #最优值
    bestl = NoEdge
    node = Node(0,2,[i for i in range(g_n+1)])#
    que.put(node)
    rl,Minout = lower_bound(a)
    while(not que.empty()):
        current_node = que.get()
        level = current_node.level
        cl = current_node.cl
        if level == g_n:                #叶子表示找到了一个比当前解更好的一个解,记录之
            if (a[current_node.x[g_n-1]][current_node.x[g_n]] != NoEdge and a[current_
node.x[g_n]][1] != NoEdge and (cl + a[current_node.x[g_n-1]][current_node.x[g_n]] +
a[current_node.x[g_n]][1] < bestl or bestl == NoEdge)):
                bestx = current_node.x[:]
                bestl = cl + a[current_node.x[g_n-1]][current_node.x[g_n]] +
a[current_node.x[g_n]][1]
```

```
        else:
            rl -= Minout[level - 1]
            for j in range(level, g_n + 1):
                if (a[current_node.x[level - 1]][current_node.x[j]] != NoEdge and (cl +
rl < bestl or bestl == NoEdge)):
                    current_node.x[level], current_node.x[j] = current_node.x[j],
current_node.x[level]
                    que.put(Node(cl + a[current_node.x[level - 1]][current_node.x
[level]], level + 1, current_node.x[:]))
                    current_node.x[level], current_node.x[j] = current_node.x[j],
current_node.x[level]
    return bestx, bestl
```

定义 Python 入口——main()函数,在 main()函数中,初始化旅行商问题的一个实例,给定图的邻接矩阵中,下标代表城市编号,从 1 开始,故 Python 二维列表 a 中的第 0 行第 0 列为无效数据。然后调用 traveling()函数得到问题的最优解 bestx 和最优值 bestl,bestx 中的 0 号存储单元中的数据为无效数据。最后打印输出,将结果显示在显示器上。其代码如下:

```
if __name__ == '__main__':
    import sys
    NoEdge = sys.maxsize                          # 无边代表无穷大
    a = [[NoEdge, NoEdge, NoEdge, NoEdge, NoEdge, NoEdge], [NoEdge, NoEdge, 10, NoEdge, 4, 12],
[NoEdge, 10, NoEdge, 15, 8, 5], [NoEdge, NoEdge, 15, NoEdge, 7, 30], [NoEdge, 4, 8, 7, NoEdge, 6],
[NoEdge, 12, 5, 30, 6, NoEdge]]
    g_n = len(a) - 1
    bestx, bestl = traveling(a, 1, g_n)
    print("最短路径长度为:", bestl)
    print("最优旅行路线为:", bestx)
```

输出结果为

最短路径长度为:43

最优旅行路线为:[0, 1, 4, 3, 2, 5]

(3) Python 实战——优先队列式分支限界法。首先导入程序需要的类包 math 和 queue。

```
import heapq
```

定义一个类 Node,用于描述树节点。该类有 4 个字段,分别是当前路径长度 cl,当前节点在解空间树中的层次 level、路径长度下界 bl 和当前节点代表的部分解 x。其中,路径长度下界 bl 为优先级,路径长度下界 bl 越小,优先级越高。类 Node 重载了小于__lt__()方法和等于__eq__()方法,定义参与比较的字段为 bl。其代码如下:

```
class Node:
    def __init__(self, cl, level, rl, x):    # cl:当前路径长度, level:当前节点层次, g_n:问题规模
        self.cl = cl                          # 当前路径长度
        self.level = level                    # 节点的层次
        self.bl = self.cl + rl                # 路径长度下界,节点的优先级,值越小,优先级越高
```

```
        self.x = x                              #部分解
    def __lt__(self,other):
        return self.bl < other.bl
    def __eq__(self, other):
        if(other == None):
            return False
        if(not isinstance(other, HeapNode)):
            return False
        return self.bl == other.bl
```

定义一个 lower_bound() 函数,用于计算无向连通带权图 G 中每个城市的最小出边 Minout 及所有路径长度下界 rl。其代码如下:

```
def lower_bound(a):
    n = len(a)
    Minout = []
    rl = 0
    for i in range(1,n):                    #计算最小出边及其路径长度和
        minout = min(a[i])
        rl += minout
        Minout.append(minout)
    return rl,Minout
```

定义一个 traveling() 函数,用于搜索最优旅行路线,并记录最短路径长度。该函数接收图的邻接矩阵 a,出发地 start 和城市数量 g_n,输出最优旅行路线和最短路径长度。其代码如下:

```
def traveling(a,start,g_n):
    rl,Minout = lower_bound(a)
    heap = []
    bestx = None                             #最优值
    bestl = NoEdge
    node = Node(0,2,rl,[i for i in range(g_n + 1)]) #
    heapq.heappush(heap,node)
    while(len(heap)> 0):
        current_node = heapq.heappop(heap)
        level = current_node.level
        cl = current_node.cl
        rl = current_node.bl - cl
        if level == g_n:                     #叶子表示找到了一个比当前解更好的一个解,记录之
            if (a[current_node.x[g_n - 1]][current_node.x[g_n]] != NoEdge and a[current_
node.x[g_n]][1] != NoEdge and (cl + a[current_node.x[g_n - 1]][current_node.x[g_n]] +
a[current_node.x[g_n]][1] < bestl or bestl == NoEdge)):
                bestx = current_node.x[:]
                bestl = cl + a[current_node.x[g_n - 1]][current_node.x[g_n]] +
a[current_node.x[g_n]][1]
        else:
            rl -= Minout[level - 1]
            for j in range(level,g_n + 1):
                if (a[current_node.x[level - 1]][current_node.x[j]] != NoEdge and (cl +
rl < bestl or bestl == NoEdge)):
                    current_node.x[level], current_node.x[j] = current_node.x[j],
```

```
                  current_node.x[level]
                                heapq. heappush(heap, Node(cl + a[current_node. x[level - 1]][current_
node. x[level]], level + 1, rl, current_node. x[:]))
                                current_node. x[level], current_node. x[j] = current_node. x[j],
current_node. x[level]
        return bestx, bestl
```

定义 Python 入口——main()函数,在 main()函数中,初始化旅行商问题的一个实例,给定图的邻接矩阵中,下标代表城市编号,从 1 开始,故 Python 二维列表 a 中的第 0 行第 0 列为无效数据。然后调用 traveling()函数得到问题的最优解 bestx 和最优值 bestl,bestx 中的 0 号存储单元中的数据为无效数据。最后打印输出,将结果显示在显示器上。其代码如下:

```
if __name__ == '__main__':
    import sys
    NoEdge = sys.maxsize
    a = [[NoEdge, NoEdge, NoEdge, NoEdge, NoEdge, NoEdge], [NoEdge, NoEdge, 10, NoEdge, 4, 12],
[NoEdge, 10, NoEdge, 15, 8, 5], [NoEdge, NoEdge, 15, NoEdge, 7, 30], [NoEdge, 4, 8, 7, NoEdge, 6],
[NoEdge, 12, 5, 30, 6, NoEdge]]
    g_n = len(a) - 1
    bestx, bestl = traveling(a, 1, g_n)
    print("最短路径长度为:", bestl)
    print("最优旅行路线为:", bestx)
```

输出结果为

最短路径长度为:43

最优旅行路线为:[0,1,4,3,2,5]

视频讲解

6.4 布线问题

布线问题就是在 $N \times M$ 的方格阵列中,指定一个方格的中点为 a,另一个方格的中点为 b,如图 6-15 所示,问题要求找出 a 到 b 的最短布线方案(即最短路径)。布线时只能沿直线或直角,不能走斜线。黑色的单元格代表不可以通过的封锁方格。

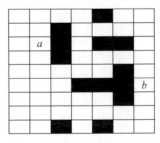

图 6-15 9×7 阵列

6.4.1 问题分析——解空间及搜索条件

将方格抽象为顶点,中心方格和相邻 4 个方向(上、下、左、右)能通过的方格用一条边连起来。这样,可以把问题的解空间定义为一个图。

该问题是特殊的最短路径问题,特殊之处在于用布线走过的方格数代表布线的长度,也就是说,布线时每布一个方格,布线长度累加 1。由问题可知,从 a 点开始布线,只能朝上、下、左、右 4 个方向进行布线,并且遇到以下几种情况均不能布线:封锁方格、超出方格阵列的边界、已布过线的方格,把能布线的方格插入活节点表,然后从活节点表中取出一个活节点作为当前扩展节点继续扩展,搜索过程直到找到问题的目标点或活节点表为空为止。采用队列式分支限界法。

搜索从起点 a 开始,到终点 b 结束。约束条件:有边相连且未曾布线。

6.4.2 算法设计

从 a 开始将其作为第一个扩展节点,沿 a 的上、下、左、右 4 个方向的相邻节点扩展。判断约束条件是否成立,如果成立,就放入活节点表中,并将这些方格标记为1。接着从活节点队列中取出队首节点作为下一个扩展节点,并将与当前扩展节点相邻且未标记过的方格记为2。以此类推,一直继续到算法搜索到目标方格或活节点表为空为止。目标方格里的数据表示布线长度。

算法中,不能布线的条件有:封锁的方格、超出方格阵列的边界、已布过线的方格。方格阵列用二维数组表示,不同类型的方格用不同的数字表示:封锁方格用 -2 表示,布过线的方格用大于或等于 0 的整数顺序表示,未曾布线的方格用 -1 表示,边界方格外围加了"一堵墙",墙上方格用数字 -2 表示,即边界不能布线。这样,约束条件可以轻松表示为 grid$[i][j]==-1$。

算法伪代码描述如下:

```
算法:findpath(start,finish)
输入:起点 start、终点 finish
输出:搜索过程形成的方格阵列 grid,最短布线长度
    que ←空队列
    insert(que,start)                    //起点入队列 que
    while(True) do                       //搜索不到终点就一直循环
        here←队列 que 中取出一个活节点
        for i←0 to 3 do                  //沿着扩展节点的右、下、左、上四个方向扩展
            nbr ←here 扩展的孩子节点
            if(nbr 方格中的数字 == -1) then   //判断约束条件
                nbr 方格中的数字← 当前扩展节点 here 方格中的数字 + 1
                if nbr 是终点 then
                    break                //如果到达终点结束
                insert(que,nbr)          //将 nbr 插入队列(活节点表)que←
        if nbr 是终点 then
            break                        //完成布线
        if que 为空队列 then
            return                       //返回,算法结束
```

构造最优解过程。从目标点开始,沿着上、下、左、右 4 个方向。判断如果某个方向方格里的数据比扩展节点方格里的数据小1,就进入该方向方格,使其成为当前的扩展节点。以此类推,搜索过程一直持续到起点。

构造最优解算法伪码描述如下：

```
算法:build_path(grid,start,finish)
输入:搜索过程中得到的方格阵列 grid,起点 start,终点 finish
输出:布线方案 path 及布线长度 pathlen
    pathlen←目标点中的数字
    path ←空队列                        //存放布线方案
    here←finish
    for j ←pathlen－1 to 0 do
        将 here 插入到 path 中
        for i ←0 to 3 do (4) do          //沿四个方向扩展
            nbr ←扩展的孩子节点
            if (nbr 方格中的数字 == j) then   //回到上一层
                break
            here←nbr                     //往回推进
    将 start 插入到 path 中
    return path ,pathlen
```

6.4.3 实例构造

如图 6-15 所示实例的搜索过程为节点 a 的扩展情况,如图 6-16(a)所示,方格为 1 的节点扩展情况如图 6-16(b)所示,以此类推,搜索到目标点时的情况如图 6-16(c)所示,构造最优解的过程(上、下、左、右)如图 6-16(d)所示。

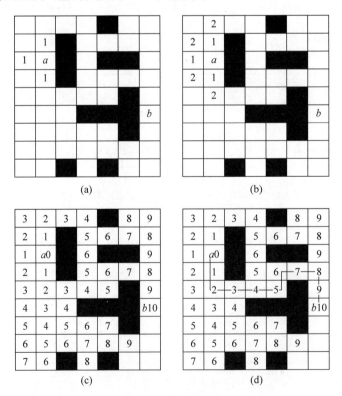

图 6-16 构造最优解

6.4.4　算法分析

1. 时间复杂度分析

在最坏情况下,从起点搜索到终点,方格阵列中的一共 $n \times m$ 个方格,每个方格搜索一遍,约束条件的判断耗时 $O(1)$,故算法 findpath 的时间复杂度为 $O(nm)$。

构造最优解从目标点回推到起点,一共回推布线长度 pathlen 次就可以回到起点,所以算法 build_path 的时间复杂度为 $O(\text{pathlen})$。

因此,布线问题的时间复杂度为 $O(nm)$。

2. 空间复杂度分析

算法需要借助于队列实现,队列用于存放搜索过程中生成的活节点,活节点个数最多有 $n \times m$ 个,所以空间复杂度为 $O(nm)$。

6.4.5　Python 实战

首先导入需要的类包 queue。其代码如下:

```
import queue
```

定义一个类 Node,类中定义方格的行、列两个字段表示方格的位置。其代码如下:

```
class Node:
    def __init__(self,row,col):
        self.row = row
        self.col = col
```

定义一个 findpath() 函数,用于搜索最短布线方案。接收搜索的起点 start 和终点 finish,记录搜索过程中方格阵列中元素的变化。其代码如下:

```
def findpath(start,finish):
    global grid,offset
    pathLen = 0
    if(start.row == finish.row) and (start.col == finish.col):    #起点与终点相同,不用布线
        pathLen = 0
    here = start
    grid[start.row][start.col] = 0
    que = queue.Queue()
    que.put(start)
    while(True):
        here = que.get()
        for i in range(4):                          #沿着扩展节点的右、下、左、上四个方向扩展
            nbr = Node(here.row + offset[i].row,here.col + offset[i].col)
            if(grid[nbr.row][nbr.col] == -1):    #如果这个方格还没有扩展
                grid[nbr.row][nbr.col] = grid[here.row][here.col] + 1
                if((nbr.row == finish.row) and (nbr.col == finish.col)):
                    break                         #如果到达终点结束
```

```
        que.put(nbr)                            #将此邻节点放入队列
    if((nbr.row == finish.row) and (nbr.col == finish.col)):
        break                                   #完成布线
if que.empty():
    return
```

定义一个 build_path()函数,用于构造最短布线方案。接收方格阵列、搜索的起点 start 和终点 finish,返回最短布线长度和最短布线方案。其代码如下:

```
def build_path(grid,start,finish):
    global offset
    pathlen = grid[finish.row][finish.col]
    path = []
    here = finish
    for j in range(pathlen - 1, - 1, - 1):
        path.insert(0,here)
        for i in range(4):                      #沿4个方向扩展
            nbr = Node(here.row + offset[i].row,here.col + offset[i].col)
            if (grid[nbr.row][nbr.col] == j):   //4个方向,无论是不是边界,均不影响
                                                //故不用区分边界
                break
        here = nbr                              #往回推进
    path.insert(0,start)
    return path ,pathlen
```

定义 Python 入口——main()函数,在 main()函数中,初始化一个 9×7 方格阵列,指定布线起点、布线终点及封锁方格。初始化搜索的 4 个方向为方格阵列周围添加"围墙",然后调用 findpath()函数和 build_path()函数得到最短布线方案 path 和最短布线长度 pathlen。最后打印输出,将结果显示在显示器上。其代码如下:

```
if __name__ == "__main__":
    n = 9                                       #行数
    m = 7                                       #列数
#方格阵列
    grid = [[ - 1 for j in range(m + 2)]for i in range(n + 2)]
    grid[1][5] = - 2
    grid[2][3] = - 2
    grid[3][3] = - 2
    grid[3][5] = - 2
    grid[3][6] = - 2
    grid[4][3] = - 2
    grid[5][6] = - 2
    grid[6][5] = - 2
    grid[6][4] = - 2
    grid[6][6] = - 2
    grid[7][6] = - 2
    grid[9][3] = - 2
    grid[9][5] = - 2
#搜索的四个方向
    offset = [Node(0,1),Node(1,0),Node(0, - 1),Node( - 1,0)]
#布线起点
    start = Node(3,2)
#布线终点
```

```
        finish = Node(6,7)
    #添加左右"围墙"
        for i in range(n + 2):                    #方格阵列的上下"围墙"
            grid[i][0] = -2
            grid[i][m + 1] = -2
    #添加上下"围墙"
        for i in range(m + 2):                    #方格阵列的左右"围墙"
            grid[0][i] = -2
            grid[n + 1][i] = -2
    findpath(start,finish)
    path,pathlen = build_path(grid,start,finish)
    print("布线长度为:", pathlen)
    print("布线方案为:")
    for i in range(len(path)):
        print("path[" + str(i) + "].row = " + str(path[i].row) + " path[" + str(i) + "].col = "
+ str(path[i].col))
```

输出结果为

布线长度为：10

布线方案为：

path[0].row＝3	path[0].col＝2
path[1].row＝4	path[1].col＝2
path[2].row＝5	path[2].col＝2
path[3].row＝5	path[3].col＝3
path[4].row＝5	path[4].col＝4
path[5].row＝5	path[5].col＝5
path[6].row＝4	path[6].col＝5
path[7].row＝4	path[7].col＝6
path[8].row＝4	path[8].col＝7
path[9].row＝5	path[9].col＝7
path[10].row＝6	path[10].col＝7

6.5 分支限界法与回溯法的比较

通过以上几小节的学习,容易得知分支限界法与回溯法类似。

1. 相同点

(1) 均需要先定义问题的解空间,确定的解空间组织结构一般都是树或图。

(2) 在问题的解空间树上搜索问题解。

(3) 搜索前均需确定判断条件,该判断条件用于判断扩展生成的节点是否为可行节点。

(4) 搜索过程中必须判断扩展生成的节点是否满足判断条件,如果满足,就保留该扩展生成的节点;否则,舍弃。

2. 不同点

(1) 在一般情况下,分支限界法与回溯法的求解目标不同。回溯法的求解目标是找出解空间树中满足约束条件的所有解,而分支限界法的求解目标则是找出满足约束条件的一个解。换言之,分支限界法是在满足约束条件的解中找出使某一目标函数值达到极大或极小的解,即在某种意义下的最优解。

(2) 由于求解目标不同,导致分支限界法与回溯法在解空间树上的搜索方式也不相同。回溯法以深度优先的方式搜索解空间树,而分支限界法则以宽度优先或以最小耗费(最大效益)优先的方式搜索解空间树。

(3) 由于搜索方式不同,直接导致当前扩展节点的扩展方式也不相同。在分支限界法中,当前扩展节点一次性生成所有的孩子节点,舍弃那些导致不可行解或导致非最优解的孩子节点,其余孩子节点被加入活节点表中,而后自己变成死节点。因此,每一个活节点最多只有一次机会成为扩展节点。在回溯法中,当前扩展节点选择其中某一个孩子节点进行扩展,如果扩展的孩子节点是可行节点,就进入该孩子节点继续搜索,等到以该孩子节点为根的子树搜索完毕,就回溯到最近的活节点继续搜索。因此,每一个活节点有可能多次成为扩展节点。

在解决实际问题时,有些问题用回溯法或分支限界法解决效率都比较高,但是有些用分支限界法解决比较好,而有些用回溯法解决比较好。如:

(1) 一个比较适合采用回溯法解决的问题——n 皇后问题。

n 皇后问题的解空间可以组织成一棵排列树,问题的解与解之间不存在优劣差异。直到搜索到叶节点时才能确定出一组解。如果用回溯法可以系统地搜索 n 皇后问题的全部解,而且由于解空间树是排列树的特性,代码的编写十分容易。在最坏的情况下,堆栈的深度不会超过 n。如果采取分支限界法,在解空间树的第一层就会产生 n 个活节点,如果不考虑剪枝,将在第二层产生 $n\times(n-1)$ 个活节点,如此下去,就对队列空间的要求太高。

另外,n 皇后问题不适合使用分支限界法处理的根源在于 n 皇后问题需要找出所有解的组合,而不是某种最优解(事实上也没有最优解可言)。

(2) 一个既可以采用回溯法也可以采用分支限界法解决的问题——0-1 背包问题。

0-1 背包问题的解空间树是一棵子集树,问题的解要求具有最优性质。如果采用回溯法解决这个问题,可采用如下的搜索策略:只要一个节点的左孩子节点是一个可行节点就搜索其左子树;而对于右子树,用贪心算法构造一个上界函数,这个函数表明这个节点的子树所能达到的最优值,只有在这个上界函数的值超过当前最优解时才进行搜索。随着搜索进程的推进,最优解不断得到加强,对搜索的限制就越来越严格。如果采用优先队列式分支限界法解决这个问题,同样需要用到贪心算法构造的上界函数。所不同的是,这个上界函数的作用不仅仅在于判断是否进入一个节点的子树继续搜索,还用做一个活节点的优先队列的优先级,这样一旦有一个叶节点成为扩展节点,就表明已经找到了最优解。

可以看出,用两种方法处理 0-1 背包问题都有一定的可行性。相比之下,回溯法的思路容易理解一些。但是这是一个寻找最优解的问题,由于采用了优先队列处理,不同的节点没有相互之间的牵制和联系,用分支限界法处理效果一样很好。

(3) 一个比较适合采用分支限界法解决的问题——布线问题。

布线问题的解空间是一个图,适合采用队列式分支限界法来解决。从起始位置 a 开始将它作为第一个扩展节点。与该节点相邻并且可达的方格被加入到活节点表中,并且将这些方格标记为1,表示它们到 a 的距离为1。接着从活节点队列中取出队首元素作为下一个扩展节点,并将与当前扩展节点相邻且未标记过的方格标记为2,并加入活节点表中。这个过程一直继续到算法搜索到目标方格 b 或活节点表为空时为止(表示没有通路)。如果采用回溯法,那么这个解空间需要搜索完毕才确定最短布线方案,效率很低。

请读者考虑一下,最大团问题、单源最短路径问题、符号三角形问题、图的 m 着色问题等适合采用回溯法还是分支限界法来求解。

第 **7** 章

线性规划问题与网络流

7.1 线性规划问题

在生产管理和经营活动中,经常会遇到两类问题:一类是如何合理地使用现有的劳动力、设备、资金等资源,以得到最大的效益——资源有限;另一类是为了达到一定的目标,应如何组织生产,或合理安排工艺流程,或调整产品的成分等,以使所消耗的资源(人力、设备、资金、原材料等)最少——目标一定。

例如,配载问题:某种交通工具(车、船、飞机等)的容积和载重量一定,运输若干种物资,这些物资有不同的体积和质量,如何装载可以使这种运输工具所装运的物资最多?物资调运问题:某种产品有几个产销地,物资部门应该如何合理组织调运,从而既满足销售地需要,又不使某个产地物资过分积压,同时还使运输费用最省?营养问题:由于各种食品所含营养成分不同,因此价格也不相等,食堂应该如何安排伙食才能既满足人体对各种营养成分的需要,同时又使消费者的经济负担最轻?此外,在地质勘探、环境保护等方面也都有与上述情况类似的问题。将这些约束条件及目标函数都是决策变量的线性函数的规划问题称为线性规划问题。

7.1.1 一般线性规划问题的描述

视频讲解

为了解决这类问题,首先需要确定问题的决策变量;然后确定问题的目标,并将目标表示为决策变量的线性函数;最后找出问题的所有约束条件,并将其表示为决策变量的线性方程或不等式。

假定线性规划问题中含 n 个决策变量,分别用 $x_j(j=1,2,\cdots,n)$ 表示。在目标函数中,x_j 的系数为 c_j。x_j 的取值受 m 项资源的限制,用 $b_i(i=1,2,\cdots,m)$ 表示第 i 种资源的数量,用 a_{ij} 表示决策变量 x_j 的取值为一个单位时所消耗或含有的第 i 种资源的数量。则线性规划问题可描述为目标函数： $\quad \max(\min)z = c_1 x_1 + c_2 x_2 + \cdots + c_n x_n = \sum\limits_{i=1}^{n} c_i x_i$

约束条件：$\begin{cases} a_{11}x_1 + a_{12}x_2 + \cdots + a_{1n}x_n \leqslant (=, \geqslant) b_1 \\ a_{21}x_1 + a_{22}x_2 + \cdots + a_{2n}x_n \leqslant (=, \geqslant) b_2 \\ \quad \vdots \\ a_{m1}x_1 + a_{m2}x_2 + \cdots + a_{mn}x_n \leqslant (=, \geqslant) b_m \\ x_j \geqslant 0 \quad (j = 1, 2, \cdots, n) \end{cases}$

其中，a_{ij} 可正可负，也可以是零（$i = 1, 2, \cdots, m$；$j = 1, 2, \cdots, n$）；b_i 约定为非负数（$i = 1, 2, \cdots, m$），这仅仅是一种约定，因为约束条件两边同乘以 -1 可将 b_i 转化为非负数。$x_j \geqslant 0$（$j = 1, 2, \cdots, n$）是线性规划决策变量的非负性约束。

决策变量满足约束条件的一组值称为线性规划问题的可行解，使目标函数达到极值的可行解称为最优解，目标函数的极值称为最优值。线性规划问题可能有唯一的最优解，也可能有无数多个最优解，也可能没有最优解（问题根本无解或者问题无界）。

7.1.2 标准型线性规划问题的描述

1. 描述方法

由于目标函数和约束条件在内容和形式上的差别，线性规划问题可以有很多种表达方式，为了便于讨论和制定统一的算法，规定标准型如下：

（1）目标函数统一为求极大值的目标函数，即 max。

（2）约束条件全部为等式约束，且右端常数项 $b_i \geqslant 0 (i = 1, 2, \cdots, m)$。

（3）决策变量全部为非负约束，即 $x_j \geqslant 0 (j = 1, 2, \cdots, n)$。

上述一般线性规划问题的标准型描述如下：

目标函数：$\max z = c_1 x_1 + c_2 x_2 + \cdots + c_n x_n$，用 $\sum$ 符号简写为 $\max z = \sum\limits_{j=1}^{n} c_j x_j$。

约 束 条 件：$\begin{cases} a_{11}x_1 + a_{12}x_2 + \cdots + a_{1n}x_n = b_1 \\ a_{21}x_1 + a_{22}x_2 + \cdots + a_{2n}x_n = b_2 \\ \quad \vdots \\ a_{m1}x_1 + a_{m2}x_2 + \cdots + a_{mn}x_n = b_m \\ \qquad x_j \geqslant 0 (j = 1, 2, \cdots, n) \end{cases}$，用 $\sum$ 符 号 简 写

为 $\begin{cases} \sum\limits_{j=1}^{n} a_{ij}x_j = b_i (i = 1, 2, \cdots, m) \\ x_j \geqslant 0 (j = 1, 2, \cdots, n) \end{cases}$。

2. 将一般线性规划形式转化为标准型的方法

（1）一般线性规划形式中目标函数如果是求极小值的，即 $\min z = \sum\limits_{j=1}^{n} c_j x_j$，那么，令 $z' = -z$，则 $\max z' = -\sum\limits_{j=1}^{n} c_j x_j$，$\min z = -\max z'$。

（2）右端常数项如果小于 0，就在不等式两边同乘以 -1，将其变成大于 0；同时改变

不等号的方向,保证恒等变形。如 $2x_1+x_2\geqslant-6,-2x_1-x_2\leqslant6$。

(3) 如果约束条件为大于或等于约束,就在不等式左边减去一个新的非负变量将不等式约束改为等式约束。如 $3x_1-2x_2\geqslant12,3x_1-2x_2-x_3=12,x_3\geqslant0$。

(4) 如果约束条件为小于或等于约束时,就在不等式左边加上一个新的非负变量将不等式约束改为等式约束,如 $x_1-2x_2\leqslant8,x_1-2x_2+x_3=8,x_3\geqslant0$。

(5) 对于无约束的决策变量 x,即可正可负的变量,可以引入两个新的非负变量 x' 和 x'',令 $x=x'-x''$,其中 $x'\geqslant0,x''\geqslant0$,将 $x=x'-x''$ 代入线性规划模型。

(6) 决策变量 $x\geqslant0$ 时,令 $x'=-x$,显然 $x'\geqslant0$,将 $x=-x'$ 代入线性规划模型。

在(3)~(6)中引入的新的非负变量称为松弛变量。

【例 7-1】 将一般线性规划

$$\min z=x_1+2x_2+3x_3$$
$$\begin{cases}2x_1-&x_2-&x_3\geqslant&-9\\-3x_1+&x_2+&2x_3\geqslant&4\\4x_1-&2x_2-&3x_3=&-6\\x_1\leqslant0&x_2\geqslant0&x_3\ 无约束\end{cases}$$

转化为标准型。

解:(1) 将变量 x_1 转化为非负约束,令 $x_4=-x_1$,则 $x_4\geqslant0$,将 $x_1=-x_4$ 代入线性规划模型得到

$$\min z=-x_4+2x_2+3x_3$$
$$\begin{cases}-2x_4-&x_2-&x_3\geqslant&-9\\3x_4+&x_2+&2x_3\geqslant&4\\-4x_4-&2x_2-&3x_3=&-6\\x_4\geqslant0&x_2\geqslant0&x_3\ 无约束\end{cases}\tag{7-1}$$

(2) 变量 x_3 无约束,令 $x_3=x_5-x_6,x_5\geqslant0,x_6\geqslant0$,将其代入式(7-1)得

$$\min z=-x_4+2x_2+3x_5-3x_6$$
$$\begin{cases}-2x_4-&x_2-&x_5+x_6\geqslant&-9\\3x_4+&x_2+&2x_5-2x_6\geqslant&4\\-4x_4-&2x_2-&3x_5+3x_6=&-6\\x_4\geqslant0&x_2\geqslant0&x_5\geqslant0,x_6\geqslant0\end{cases}\tag{7-2}$$

(3) 将式(7-2)中的目标函数极大化。令 $z'=-z$,则目标函数变为 $\max z'=x_4-2x_2-3x_5+3x_6$。

(4) 约束条件转化为等式约束且常数项大于或等于 0,得到

$$\begin{cases}2x_4+&x_2+&x_5-x_6+x_7=&9\\3x_4+&x_2+&2x_5-2x_6-x_8=&4\\4x_4+&2x_2+&3x_5-3x_6=&6\\x_4\geqslant0&x_2\geqslant0&x_5\geqslant0,x_6\geqslant0&x_7\geqslant0,x_8\geqslant0\end{cases}\tag{7-3}$$

转化后的线性规划问题标准型为

$$\max z' = x_4 - 2x_2 - 3x_5 + 3x_6$$

$$\begin{cases} 2x_4 + x_2 + x_5 - x_6 + x_7 = 9 \\ 3x_4 + x_2 + 2x_5 - 2x_6 - x_8 = 4 \\ 4x_4 + 2x_2 + 3x_5 - 3x_6 = 6 \\ x_4 \geqslant 0 \quad x_2 \geqslant 0 \quad x_5 \geqslant 0, x_6 \geqslant 0 \quad x_7 \geqslant 0, x_8 \geqslant 0 \end{cases}$$

7.1.3 标准型线性规划问题的单纯形算法

将一般线性规划模型转化为标准型后,便可使用单纯形算法求解。所谓单纯形法,是指 1947 年数学家 George Dantzing(乔治·丹捷格)发明的一种求解线性规划模型的一般性方法。这里只介绍该方法的基本思想和具体操作,不做理论探讨。

为了便于讨论,先考察一类特殊的标准形式的线性规划问题。在这类问题中,每个等式约束条件中均至少含有一个正系数的变量,且这个变量只出现在一个约束条件中。将每个约束条件中这样的变量作为非 0 变量来求解该约束方程。这类特殊的标准形式线性规划问题称为约束标准型线性规划问题。

1. 基本概念

(1)基本变量:每个约束条件中的系数为正且只出现在该约束条件中的变量。

(2)非基本变量:除基本变量外的变量全部为非基本变量。

(3)基本可行解:满足标准形式约束条件的可行解称为基本可行解。由此可知,如果令 $n-m$ 个非基本变量等于 0,那么根据约束条件求出 m 个基本变量的值,它们组成的一组可行解为一个基本可行解。

2. 线性规划基本定理

定理 1(最优解判别定理) 若目标函数中关于非基本变量的所有系数(以下称检验数)小于或等于 0,则当前基本可行解就是最优解。

定理 2(无穷多最优解判别定理) 若目标函数中关于非基本变量的所有检验数小于或等于 0,同时存在某个非基本变量的检验数等于 0,则线性规划问题有无穷多个最优解。

定理 3(无界解定理) 如果某个检验数 c_j 大于 0,而 x_j 对应的列向量中所有基本变量的系数 $a_{1j}, a_{2j}, \cdots, a_{mj}$ 都小于或等于 0,则该线性规划问题有无界解。

3. 约束标准型线性规划问题的单纯形算法

单纯形算法解约束标准型线性规划问题的步骤如下。

第一步,找出基本变量和非基本变量,将目标函数由非基本变量表示,建立初始单纯形表如表 7-1 所示。

视频讲解

表 7-1 初始单纯形表

		x_{m+1}	x_{m+2}		x_n
z	c_0	c_1	c_2	...	c_n
x_1	b_1	$a_{1(m+1)}$	$a_{1(m+2)}$	...	a_{1n}
x_2	b_2	$a_{2(m+1)}$	$a_{2(m+2)}$	...	a_{2n}
...	...	...	...	...	...
x_m	b_m	$a_{m(m+1)}$	$a_{m(m+2)}$	...	a_{mn}

第二步,判别、检查目标函数的所有系数,即检验数 $c_j(j=1,2,\cdots,n)$。

(1) 如果所有的 $c_j \leqslant 0$,就已获得最优解,算法结束。

(2) 若在检验数 c_j 中,有些为正数,但其中某一正的检验数所对应的列向量的各分量均小于或等于 0,则线性规划问题无界,算法结束。

(3) 若在检验数 c_j 中,有些为正数且它们所对应的列向量中有正的分量,则转第三步。

第三步,选入基变量。在所有 $c_j > 0$ 的检验数中选取值最大的一个,记为 c_e,其对应的非基本变量为 x_e,对应的列向量为 $[a_{1e}, a_{2e}, \cdots, a_{me}]^T$,称为入基列。

第四步,选离基变量。选取"常数列元素/入基列元素"正比值的最小者所对应的基本变量为离基变量,即 $\theta = \min\limits_{a_{ie} > 0}\left\{\dfrac{b_i}{a_{ie}}\right\} = \dfrac{b_k}{a_{ke}}$,选取基本变量 x_k 为离基变量。

第五步,换基变换(转轴变换)。在单纯形表上将入基变量和离基变量互换位置,并按照式(7-4)~式(7-10)进行各元素的变换后得到一张新的单纯形表。转第二步。

$$b'_i = b_i - \frac{a_{ie} \times b_k}{a_{ke}} \quad (i \neq k) \tag{7-4}$$

$$a'_{ij} = a_{ij} - \frac{a_{ie} \times a_{kj}}{a_{ke}} \quad (i \neq k, j \neq e) \tag{7-5}$$

$$c_i{}' = c_i - \frac{c_e \times a_{ki}}{a_{ke}} \quad (i \neq e) \tag{7-6}$$

$$a'_{ie} = -\frac{a_{ie}}{a_{ke}} \quad (i \neq k) \tag{7-7}$$

$$a'_{kj} = \frac{a_{kj}}{a_{ke}} \quad (j \neq e) \tag{7-8}$$

$$a'_{ke} = \frac{1}{a_{ke}} \tag{7-9}$$

$$c'_0 = c_0 + \frac{c_e \times b_k}{a_{ke}} \tag{7-10}$$

为了便于理解上述公式,现将单纯形表中的入基列和离基行画上线,如图 7-1 所示,上述公式用语言概括如下:

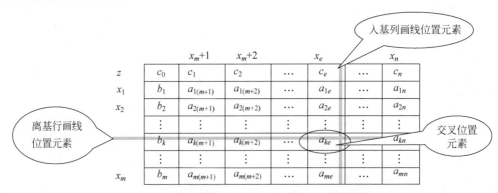

图 7-1 单纯形表的入基列和离基行元素示意

特殊位置：

式(7-7)描述为对应入基列位置元素＝－原入基列元素/交叉位置元素(不包括交叉位置)。

式(7-8)描述为对应离基行位置元素＝原离基行元素/交叉位置元素(不包括交叉位置)。

式(7-9)描述为交叉位置元素＝原交叉位置元素的倒数。

式(7-10)描述为目标函数的值＝原目标函数的值＋同行画线位置元素×同列画线位置元素/交叉位置的元素。

非特殊位置：

式(7-4)~式(7-6)可描述为其他位置的元素＝原对应位置的元素－同行画线位置元素×同列画线位置元素/交叉位置的元素

【例 7-2】

$$\min z = x_2 - 3x_3 + 2x_4$$

$$\text{s. t.} \begin{cases} x_1 + 3x_2 - x_3 + 2x_4 = 7 \\ -2x_2 + 4x_3 \leqslant 12 \\ -4x_2 + 3x_3 + 8x_4 \leqslant 10 \\ x_i \geqslant 0 \quad (i=1,2,3,4) \end{cases}$$

解：将线性规划问题转化为约束标准型如下：

令 $z' = -z$，则

$$\max z' = -x_2 + 3x_3 - 2x_4$$

$$\begin{cases} x_1 + 3x_2 - x_3 + 2x_4 = 7 \\ -2x_2 + 4x_3 + x_5 = 12 \\ -4x_2 + 3x_3 + 8x_4 + x_6 = 10 \\ x_i \geqslant 0 \quad (i=1,2,3,4,5,6) \end{cases}$$

由约束标准形式可知，x_1, x_5, x_6 是基本变量，x_2, x_3, x_4 是非基本变量，建立初始单纯形表如表 7-2 所示。由此可得，基本可行解为 $X^{(0)} = (7,0,0,0,12,10)$，$z' = 0$。

表 7-2 例 7-2 的初始单纯形表

	x_2	x_3	x_4	b
c	-1	3	-2	0
x_1	3	-1	2	7
x_5	-2	4	0	12
x_6	-4	3	8	10

由表 7-2 可知，x_3 为入基变量，x_5 为离基变量，根据迭代式(7-4)~式(7~10)得出如表 7-3 所示的单纯形表。由此可得，基本可行解为 $X^{(1)} = (10,0,3,0,0,1)$，$z' = 9$。

由表 7-3 可知，x_2 为入基变量，x_1 为离基变量，根据迭代式(7-4)~式(7~10)迭代得如表 7-4 所示的单纯形表。由此可得，基本可行解为 $X^{(2)} = (0,4,5,0,0,11)$，$z' = 11$。同时，由表 7-4 可知，所有检验数均小于或等于 0，故 $X^{(2)} = (0,4,5,0,0,11)$ 为该线性规划问题的唯一最优解，其最优值 $z = -11$。

表 7-3　例 7-2 的换基变换后的单纯形表(一)

	x_2	x_4	x_5	b
c	1/2	−2	−3/4	9
x_1	5/2	2	1/4	10
x_3	−1/2	0	1/4	3
x_6	−5/2	8	−3/4	1

表 7-4　例 7-2 的换基变换后的单纯形表(二)

	x_1	x_4	x_5	b
c	−1/5	−12/5	−4/5	11
x_2	2/5	4/5	1/10	4
x_3	1/5	2/5	3/10	5
x_6	1	10	−1/2	11

【例 7-3】

$$\max z = 2x_1 + 4x_2$$

$$\text{s. t.} \begin{cases} x_1 + 2x_2 & \leqslant 8 \\ x_1 & \leqslant 4 \\ x_2 & \leqslant 3 \\ x_1 \geqslant 0 \quad\quad x_2 \geqslant 0 \end{cases}$$

解：将一般线性规划问题标准化

$$\max z = 2x_1 + 4x_2$$

$$\begin{cases} x_1 + 2x_2 + x_3 & = 8 \\ x_1 & + x_4 & = 4 \\ x_2 + & x_5 & = 3 \\ x_i \geqslant 0 \quad i = 1,2,3,4,5 \end{cases}$$

根据线性规划的约束标准型,选 x_3,x_4,x_5 为基本变量,x_1,x_2 为非基本变量,建立初始单纯形表如表 7-5 所示。在表 7-5 中,令非基本变量等于 0,求出基本变量的值,可构造一个基本可行解(0,0,8,4,3)。然后选 x_2 为入基变量,x_5 为离基变量,进行换基变换得到如表 7-6 所示的单纯形表。在表 7-6 中,选取 x_1 为入基变量,x_3 为离基变量,进行换基变换得到如表 7-7 所示的单纯形表。

表 7-5　例 7-3 的初始单纯形表

	x_1	x_2	b
c	2	4	0
x_3	1	2	8
x_4	1	0	4
x_5	0	1	3

表 7-6　例 7-3 的换基变换后的单纯形表(一)

	x_1	x_5	b
c	2	−4	12
x_3	1	−2	2
x_4	1	0	4
x_2	0	1	3

表 7-7　例 7-3 的换基变换后的单纯形表(二)

	x_3	x_5	b
c	−2	0	16
x_1	1	−2	2
x_4	−1	2	2
x_2	0	1	3

在表 7-7 中，检验数均小于或等于 0，且有一个等于 0，故该线性规划问题有无穷多最优解。

【例 7-4】
$$\max z = x_1 + x_2$$

$$\text{s. t.} \begin{cases} x_1 - 2x_2 \leqslant 2 \\ -2x_1 + x_2 \leqslant 2 \\ -x_1 + x_2 \leqslant 1 \\ x_1 \geqslant 0 \qquad x_2 \geqslant 0 \end{cases}$$

解：将一般线性规划问题标准化

$$\max z = x_1 + x_2$$

$$\begin{cases} x_1 - 2x_2 + x_3 = 2 \\ -2x_1 + x_2 + x_4 = 2 \\ -x_1 + x_2 + x_5 = 4 \\ x_i \geqslant 0 \quad i = 1,2,3,4,5 \end{cases}$$

根据线性规划的约束标准型，选 x_3, x_4, x_5 为基本变量，x_1, x_2 为非基本变量，建立初始单纯形表如表 7-8 所示。在表 7-8 中，令非基本变量等于 0，求出基本变量的值，构造一个基本可行解 (0,0,2,2,4)。选 x_1 为入基变量，x_3 为离基变量，进行换基变换得到如表 7-9 所示的单纯形表。

<table>
<tr><td colspan="4">表 7-8 例 7-4 的初始单纯形表</td></tr>
<tr><th></th><th>x_1</th><th>x_2</th><th>b</th></tr>
<tr><td>c</td><td>1</td><td>1</td><td>0</td></tr>
<tr><td>x_3</td><td>1</td><td>-2</td><td>2</td></tr>
<tr><td>x_4</td><td>-2</td><td>1</td><td>2</td></tr>
<tr><td>x_5</td><td>-1</td><td>1</td><td>4</td></tr>
</table>

<table>
<tr><td colspan="4">表 7-9 例 7-4 的换基变换后的单纯形表</td></tr>
<tr><th></th><th>x_3</th><th>x_2</th><th>b</th></tr>
<tr><td>c</td><td>-1</td><td>3</td><td>2</td></tr>
<tr><td>x_1</td><td>1</td><td>-2</td><td>2</td></tr>
<tr><td>x_4</td><td>2</td><td>-5</td><td>6</td></tr>
<tr><td>x_5</td><td>1</td><td>-1</td><td>6</td></tr>
</table>

在表 7-9 中，检验数 $c_2 = 3 > 0$，对应的列向量基本变量的系数全部小于 0，故该线性规划问题无界。

4. 两阶段单纯形算法

一般线性规划问题转化为标准形式的线性规划问题后，每个约束条件中不一定都含有基本变量。在这种情况下，可在每个约束条件表达式的左端添加一个非负变量 $z_i (i = 1, 2, \cdots, m)$，将其转化为约束标准型的线性规划问题。添加的非负变量 z_i 称为人工变量。加上 z_i 后的约束标准型为

视频讲解

$$\max z = c_1 x_1 + c_2 x_2 + \cdots + c_n x_n = \sum_{i=1}^{n} c_i x_i$$

$$\begin{cases} z_1 + a_{11}x_1 + a_{12}x_2 + \cdots + a_{1n}x_n = b_1 \\ z_2 + a_{21}x_1 + a_{22}x_2 + \cdots + a_{2n}x_n = b_2 \\ \vdots \\ z_m + a_{m1}x_1 + a_{m2}x_2 + \cdots + a_{mn}x_n = b_m \\ x_j \geqslant 0 (j = 1,2,\cdots,n), z_i \geqslant 0 (i = 1,2,\cdots,m) \end{cases}$$

显然,要保证恒等变形,所有人工变量就必须等于 0;否则,人工变量添加前后的线性规划问题将不等价。为了解决这个问题,在求解时必须分以下两个阶段进行。

第一阶段:用辅助目标函数代替原来的目标函数。

辅助目标函数:$z' = -z_1 - z_2 - \cdots - z_m$。

约束标准型单纯形算法选择人工变量作为基本变量,其他变量作为非基本变量,构造初始单纯形表。然后,运行该算法,当所有人工变量均变成非基本变量时,辅助目标函数达到最大值,第一阶段算法结束;如果所有人工变量无法全部变成非基本变量,则原线性规划问题无解。

第二阶段:将第一阶段得到的最后一张单纯形表中的所有人工变量所在的列全部划掉,剩下的就只含有 x_i 的约束标准型线性规划问题,此时的目标函数由辅助目标函数改为原来的目标函数,用剩下的单纯性表作为第二阶段的初始单纯形表,再次运行约束标准型单纯形算法,即得线性规划问题的解。

【例 7-5】
$$\max z = -3x_1 + x_3$$
$$\text{s.t.} \begin{cases} x_1 + x_2 + x_3 \leqslant 4 \\ -2x_1 + x_2 - x_3 \geqslant 1 \\ 3x_2 + x_3 = 9 \\ x_1 \geqslant 0 \quad x_2 \geqslant 0 \quad x_3 \geqslant 0 \end{cases}$$

解:将该线性规划问题转化为标准型:
$$\max z = -3x_1 + x_3$$
$$\begin{cases} x_1 + x_2 + x_3 + x_4 = 4 \\ -2x_1 + x_2 - x_3 - x_5 = 1 \\ 3x_2 + x_3 = 9 \\ x_i \geqslant 0 \quad i = 1,2,3,4,5 \end{cases}$$

上述标准型不是约束标准形式,故用约束标准型单纯形算法求解时需加入人工变量,加入人工变量后该线性规划问题变为
$$\max z = -3x_1 + x_3$$
$$\begin{cases} x_1 + x_2 + x_3 + x_4 + z_1 = 4 \\ -2x_1 + x_2 - x_3 - x_5 + z_2 = 1 \\ 3x_2 + x_3 + z_3 = 9 \\ x_i \geqslant 0 \quad (i=1,2,3,4,5) \quad z_j \geqslant 0 \quad (j=1,2,3) \end{cases}$$

第一个阶段:目标函数为
$$\max z' = -z_1 - z_2 - z_3 = -x_1 + 5x_2 + x_3 + x_4 - x_5 - 14$$

选取 z_1, z_2, z_3 为基本变量,其他为非基本变量,建立初始单纯形表如表 7-10 所示。在表 7-10 中,选 x_2 为入基变量,z_2 为离基变量,进行换基变换得到如表 7-11 所示的单纯形表。

在表 7-11 中,选 x_1 为入基变量,z_3 为离基变量,进行换基变换得到如表 7-12 所示的单纯形表,在该表中选 x_4 为入基变量。此时,将人工变量 z_1 由基本变量变为非基本

变量对目标函数没有影响,故将其选为离基变量,进行换基变换得到如表 7-13 所示的单纯形表。

表 7-10 例 7-5 的初始单纯形表

	b	x_1	x_2	x_3	x_4	x_5
c	-14	-1	5	1	1	-1
z_1	4	1	1	1	1	0
z_2	1	-2	1	-1	0	-1
z_3	9	0	3	1	0	0

表 7-11 例 7-5 的换基变换后的单纯形表(一)

	b	x_1	z_2	x_3	x_4	x_5
c	-9	9	-5	6	1	4
z_1	3	3	-1	2	1	1
x_2	1	-2	1	-1	0	-1
z_3	6	6	-3	4	0	3

表 7-12 例 7-5 的换基变换后的单纯形表(二)

	b	z_3	z_2	x_3	x_4	x_5
c	0	$-3/2$	$-1/2$	0	1	$-1/2$
z_1	0	$-1/2$	$1/2$	0	1	$-1/2$
x_2	3	$1/3$	0	$1/3$	0	0
x_1	1	$1/6$	$-1/2$	$2/3$	0	$1/2$

表 7-13 例 7-5 的换基变换后的单纯形表(三)

	b	z_3	z_2	x_3	z_1	x_5
c	0	-1	-1	0	-1	0
x_4	0	$-1/2$	$1/2$	0	1	$-1/2$
x_2	3	$1/3$	0	$1/3$	0	0
x_1	1	$1/6$	$-1/2$	$2/3$	0	$1/2$

此时,辅助目标函数 z' 已经达到最大值 0,获得一个基本可行解 $(1,3,0,0,0,0,0,0)$,第一阶段算法结束。将表 7-13 中的 z_1,z_2,z_3 对应的 3 列划掉,同时将目标函数改为原来的目标函数: $\max z = -3x_1 + x_3 = -3 + 3x_3 + \dfrac{3}{2}x_5$(用非基本变量表示),单纯形表 13 转化为如表 7-14 所示的单纯形表。

第二阶段:由表 7-14 可得基本可行解为 $(1,3,0,0,0)$。然后开始迭代:选取 x_3 为入基变量, x_1 为离基变量,进行换基变换得到如表 7-15 所示的单纯形表。在表 7-15 中,由于所有检验数均小于 0,故算法结束,找到问题的最优解为 $(0,5/2,3/2,0,0)$,最优值为 $z = 3/2$。

表 7-14　例 7-5 的换基变换后的单纯形表(四)

	b	x_3	x_5
c	-3	3	$3/2$
x_4	0	0	$-1/2$
x_2	3	$1/3$	0
x_1	1	$2/3$	$1/2$

表 7-15　例 7-5 的换基变换后的单纯形表(五)

	b	x_1	x_5
c	$3/2$	$-9/2$	$-3/4$
x_4	0	0	$-1/2$
x_2	$5/2$	$-1/2$	$-1/4$
x_3	$3/2$	$3/2$	$3/4$

5. Python 实战

为了实现单纯形算法,用二维列表 kernel 存储单纯形表,FJL 存储非基本变量,JL 存储基本变量。用变量 m、n 分别表示非基本变量的个数和基本变量的个数。单纯形算法(dcxa)代码如下:

```python
import sys
def dcxa():
    global kernel,FJL,JL,m,n
    max1 = 0                                 # max1 用于存放最大的检验数
    max2 = 0                                 # max2 用于存放最大正检验数对应的基变量
                                             # 的最大系数
    e = -1                                   # 记录入基列
    k = -1                                   # 记录离基行
    min = sys.maxsize
    # 循环迭代,直到找到问题的解或无解为止
    while(True):
        max1 = 0
        max2 = 0
        min = sys.maxsize
        for i in range(1,m + 1):             # 在单纯形表中找最大的检验数
            if(max1 < kernel[0][i]):
                max1 = kernel[0][i]
                e = i
        if(max1 <= 0):                       # 最大检验数小于或等于 0,当前基本可行解是
                                             # 最优解,算法结束
            return
        for i in range(1,n + 1):             # 找入基列对应的基本变量系数中的最大值
            if(max2 < kernel[i][e]):
                max2 = kernel[i][e]
                temp = kernel[i][0]/kernel[i][e]
                if(temp < min):
                    min = temp
                    k = i
        if(max2 == 0):
            return "解无界"
        # (换基变换(转轴变换)
        FJL[e],JL[k] = JL[k],FJL[e]          # JL 存储基本变量,FJL 存储非基本变量
        for i in range(n + 1):               # 计算除入基列和出基行的所有位置的元素
            if(i!= k):
                for j in range(m + 1):
                    if(j!= e):
                        if(i == 0 and j == 0):
                            kernel[i][j] = kernel[i][j] + kernel[i][e] * kernel[k][j]/
kernel[k][e]
```

```
            else:
                kernel[i][j] = kernel[i][j] - kernel[i][e] * kernel[k][j]/
kernel[k][e]
        for i in range(n + 1):              #计算入基行的元素
            if(i!= k):
                kernel[i][e] = - kernel[i][e]/kernel[k][e]
        for i in range(m + 1):              #计算离基列的元素
            if(i!= e):
                kernel[k][i] = kernel[k][i]/kernel[k][e]
        kernel[k][e] = 1/kernel[k][e]       #计算交叉位置的元素
```

定义 Python 入口——main() 函数,在 main() 函数中,初始化单纯形表 kernel,基本变量 JL 和非基本变量 FJL,非基本变量的个数 m 和基本变量的个数 n。然后调用 dcxa() 函数,输出最终的单纯形表,构造该单纯形表对应的解。其代码如下:

```
if __name__ == "__main__":
    kernel = [[0, -1,3, -2],[7,3, -1,2],[12, -2,4,0],[10, -4,3,8]]
                                        # kernel 为单纯形表,第一列为常数列
    FJL = [0,2,3,4]
    JL = [0,1,5,6]
    m = 3                               #非基本变量的个数
    n = 3                               #基本变量的个数
    dcxa()
    x = []
    print("最终单纯形表为:")
    for i in range(n + 1):
        print(kernel[i])
#构造单纯形表对应的解
    for i in range(1,m + n + 1):
        if i in FJL:
            x.append(0)
        else:
            x.append(kernel[JL.index(i)][0])
    print('最优解 = ',x)
    print("最优值 = ",kernel[0][0])
```

输出结果为

最终单纯形表为:

$[11.0, -0.2, -0.8, -2.4]$

$[4.0, 0.4, 0.1, 0.8]$

$[5.0, 0.2, 0.3, 0.4]$

$[11.0, 1.0, -0.5, 10.0]$

最优解 $= [0, 4.0, 5.0, 0, 0, 11.0]$

最优值 $= 11.0$

7.2 最大网络流

在日常生活中有大量的网络,如电网、水管网、交通运输网、通信网和生产管理网等。近几十年在解决网络方面的有关问题时,网络流理论起了很大的作用。

先看一个实例。设有一个水管网络,该网络只有一个进水口和一个出水口,其他管道(边)和接口(节点)均密封。用每个管道的截面面积作为该管道的权数,它反映管道在单位时间内可能通过的最大量(也称为容量)。在该水管网络中注入稳定的水流,水由进水口注入,经过水管网络流向出水口,最后从出水口流出,这就形成一个实际的稳定流动,称为流。这种实际流动有如下性质:①方向性;②每个管道中单位时间内通过的流量不可能超过该管道的容量(权数)——容量约束;③每个内部节点处流入节点的流量与流出节点的流量应相等——平衡约束1;④流入进水口的流量应等于流出出水口的流量——平衡约束2,即为实际流动的流量。

如果进一步加大流量,由于受水管网络的限制,加到一定的流量后,再也加不进去了,这就是此水管网络能通过的最大流量。所谓的网络流正是从这些实际问题中提炼出来的。下面介绍网络与流的基本概念和术语。

7.2.1 基本概念

视频讲解

1. 网络

设有向带权图 $G=(V,E)$,$V=\{s,a,b,c,\cdots,t\}$。在图 G 中有两个特殊的节点 s 和 t,s 称为源(发)点,t 称为汇(收)点。图中各边的方向表示允许的流向,边上的权值表示该边能通过的最大可能流量 cap 且 cap$\geqslant 0$,称它为边的容量。通常把这样的有向带权图称为网络。

2. 网络可行流

在有向带权图 G 的边集 E 上定义一个非负函数 flow(x,y)($<x,y>\in E$),使其满足以下条件:

(1) flow$(x,y)=-$flow(y,x)。

(2) flow$(x,y)\leqslant$cap(x,y)。

(3) $\sum$ flow$(x,y)=0$,其中 $x\neq s$, t 且 $y\in V(x)$。

(4) flow$(s,y)\geqslant 0$,flow$(y',t)\geqslant 0$,其中 $y\in V(s)$,$y'\in V(t)$。

$V(x)$ 表示与 x 邻接的节点集合。称 flow$=\{$flow$(x,y)\}$ 为有向带权图 G 上的一个可行流。

条件(1)表示 x 到 y 的正流等于从 y 到 x 的负流;条件(2)表示每条边的实际流量不能超过该边的容量;条件(3)表示每个内部节点(既不是源点也不是汇点的节点)的流量之和必为零,即满足零守恒定律——流进内节点的流量之和等于流出该节点的流量之和;条件(4)表示源点只能流出,汇点只能流进,且源点流出的量等于汇点流进的量。

3. 最大流

最大流即网络 G 的一个可行流 flow,使其流量 f 达到最大,此时 flow 满足:
$0\leqslant$flow$(x,y)\leqslant$cap(x,y),其中$<x,y>\in E$;

$$\sum_{<x,y>\in E}\text{flow}(x,y)-\sum_{<y,x>\in E}\text{flow}(y,x)=\begin{cases} f & x=s \\ 0 & x\neq s,t \\ -f & x=t \end{cases}$$

4. 残余网络

对于给定的一个网络 G 及其上的一个可行流 flow，网络 G 关于可行流 flow 的残余网络 G^* 与 G 有如下对应关系：

（1）两者顶点集合完全相同。

（2）网络 G 中的每一条边对应于 G^* 中的一条边或两条边。

设 $<x,y>$ 是 G 的一条边。当 flow$(x,y)=0$ 时，对应 G^* 中同方向的一条边 $<x,y>$ 且该边的容量为 cap(x,y)；当 flow$(x,y)=$cap(x,y) 时，对应 G^* 中反方向的一条边 $<y,x>$ 且该边的容量为 cap(x,y)；当 $0<$flow$(x,y)<$cap(x,y) 时，对应 G^* 中的两条边，一条是同方向的边 $<x,y>$ 且该边的容量为 cap$(x,y)-$flow(x,y)，另一条是反方向的边 $<y,x>$ 且该边的容量为 flow(x,y)。

如图 7-2 所示的网络和其上可行流，它对应的残余网络如图 7-3 所示。

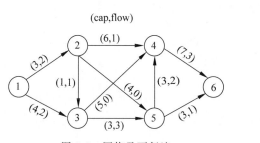
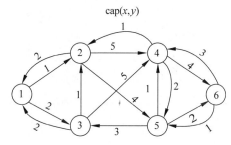

图 7-2　网络及可行流　　　　　　　图 7-3　残余网络

5. 增广路

设 P 是网络 G 中连接源点 s 和汇点 t 的一条路，定义该路的方向是从 s 到 t。将路 P 上的边分成两类：一类是边的方向与路的方向一致，称为向前边，其全体记为 P^+；另一类边的方向与路的方向相反，称为向后边，其全体记为 P^-。

设 flow 是一个可行流。P 是从 s 到 t 的一条路，若 P 满足下列条件：

（1）对 $\forall <x,y>\in P^+$，有 flow$(x,y)<$cap(x,y)，即所有向前边的流量没有达到饱和；

（2）对 $\forall <x,y>\in P^-$，有 flow$(x,y)>0$，即所有向后边的流量均大于 0。

则称 P 为关于可行流 flow 的一条可增广路。

如图 7-4 中粗线条所示的连接源点和汇点的路径 P，P 的方向从顶点 1 到顶点 6，其中，顶点 1 为源点，顶点 6 为汇点。组成路径的边 $<1,3>$、$<2,4>$、$<4,6>$ 为向前边，它们的流量均没有达到饱和；$<2,3>$ 为向后边，且流量大于 0。故 P 为关于当前可行流的一条可增广路。

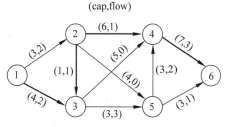

图 7-4　关于网络可行流的一条可增广路

7.2.2　增广路算法

定理 4（增广路定理）　设 flow 是网络 G 的一个可行流，如果不存在从源点 s 到汇点

t 关于 flow 的可增广路 P,则 flow 是 G 的一个最大流。

1. 增广路算法思想

增广路算法是由 Ford 和 Fulkerson 于 1957 年提出的。该算法寻求网络中最大流的基本思想是寻找可增广路,使网络的流量得到增加,直到最大为止。即首先给出一个初始可行流,这样的可行流是存在的,例如零流。如果存在关于它的可增广路,那么调整该路上每条弧上的流量,就可以得到新的可行流。对于新的可行流,如果仍存在可增广路,则用同样的方法使流的值增大。继续这个过程,直到网络中不存在关于新的可行流的可增广路为止。此时,网络中的可行流就是所求的最大流。

该算法分以下两个过程:

(1) 找可增广路。可采用标号法找可增广路。对网络中的每个节点 j,其标号包括两部分信息(pred(j),maxl(j))。其中,pred(j)表示节点 j 在可能的增广路中的前一个节点;maxl(j)表示沿该可能的增广路到节点 j 为止可以增加的最大流量。

具体步骤如下:

第一步,源点 s 的标号为(0,$+\infty$)。

第二步,从已标号而未检查的点 v 出发,对于边$<v,w>$,如果 flow(v,w)$<$cap(v, w),则 w 的标号为(w,maxl(w)),maxl(w)$=$min$\{$maxl(v),cap(v,w)$-$flow(v,w)$\}$;对于边$<w,v>$,flow(w,v)$>$0,则 w 的标号为($-v$,maxl(w)),maxl(w)$=$min$\{$maxl(v),flow(w,v)$\}$。

第三步,不断重复步骤 2,直到已经不存在已标号未检查的点或标到了汇点结束。如果不存在已标号未检查的点,就说明不存在关于当前可行流的可增广路,当前流就是最大流。如果标到了汇点,就找到了一条可增广路,需要沿着该可增广路进行增流,转过程(2)。

(2) 沿着可增广路进行增流。增流方法为:

先确定增流量 d,即 $d=$maxl(t),然后依据下面的公式进行增流。

$$\text{flow}(x,y) = \begin{cases} \text{flow}(x,y)+d & (x,y) \in P^+ \\ \text{flow}(x,y)-d & (x,y) \in P^- \\ \text{flow}(x,y) & (x,y) \notin P \end{cases}$$

增流以后的网络流依旧是可行流。

2. 算法设计

采用队列 LIST 来存放已标号未检查的节点。根据增广路算法的思想,算法设计如下:

第一步,初始化可行流 flow 为零流;对节点 t 标号,即令 maxl(t)$=$任意正值(如 5)。

第二步,若 maxl(t)$>$0,继续下一步;否则算法结束,此时已经得到最大流。

第三步,取消所有节点 $j \in V$ 的标号,令 maxl(j)$=$0,pred(j)$=$0;令 LIST$=\{s\}$,对节点 s 标号,令 maxl(s)$=\infty$。

第四步,如果 LIST$\neq \phi$ 且 maxl(t)$=$0,继续下一步;否则:

(1) 如果 t 已经有标号(即 maxl$(t)>0$),就找到了一条增广路,沿该增广路对流 flow 进行增流(增流的流量为 maxl(t),增广路可以根据 pred 回溯方便得到),转第二步。

(2) 如果 t 没有标号(即 LIST$=\phi$ 且 maxl$(t)=0$),那么转第二步。

第五步,从 LIST 中移走一个节点 i,寻找从节点 i 出发的所有可能的增广边。

(1) 对非饱和的向前边$<i,j>$,若节点 j 没有标号,则对 j 进行标号,即令 maxl(j) $=\min\{$maxl(i),cap$(i,j)-$flow$(i,j)\}$,pred$(j)=i$,并将 j 加入 LIST 中,转第四步。

(2) 对非零向后边$<j,i>$,若节点 j 没有标号,则对 j 进行标号,即令 maxl$(j)=$ $\min\{$maxl(i), flow$(i,j)\}$,pred$(j)=-i$,并将 j 加入 LIST 中,转第四步。

3. 增广路算法的构造实例

【例 7-6】 用增广路算法找出如图 7-5 所示的网络及可行流的最大流,其中,顶点 1 为源点,顶点 6 为汇点,边上的权为(cap,flow)。

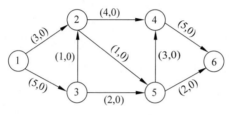

图 7-5 网络及可行流

解:标号法找增广路(按顶点序号由小到大的顺序选择已标号未检查的点)如图 7-6 所示(注:增广路在图中用黑粗线表示)。

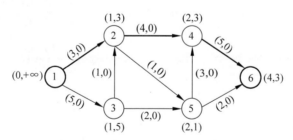

图 7-6 第一次找到的一条可增广路

沿着增广路增流,增加的流量 $d=3$。增流后得到的新的可行流如图 7-7 所示。

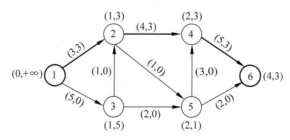

图 7-7 第一次增流后的可行流

根据增广路算法,取消所有顶点的标号,给它们重新标号,如图 7-8 所示。

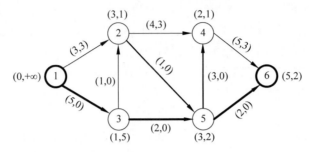

图 7-8　第二次找到的可增广路

沿着增广路增流,增加的流量 $d=2$。增流后的可行流如图 7-9 所示。

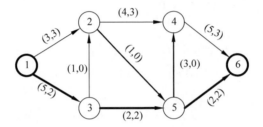

图 7-9　第二次增流后的可行流

根据增广路算法,取消所有顶点的标号,给它们重新标号,如图 7-10 所示。

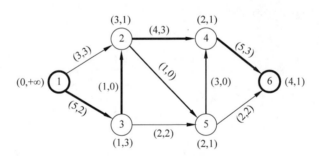

图 7-10　第三次找到的可增广路

沿着增广路增流,增加的流量 $d=1$,增流后的可行流如图 7-11 所示。

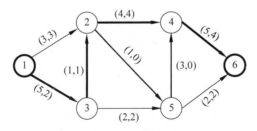

图 7-11　第三次增流后的可行流

重新开始标号,标号过程进行到 3 号顶点后无法继续进行,当前网络中已没有关于当前可行流的可增广路,该可行流已达到了最大流,如图 7-12 所示。

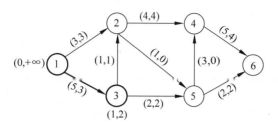

图 7-12　网络最大流

4. Python 实战

增广路算法首先在网络中找当前网络流的可增广路,然后沿着可增广路增流。定义 find_path() 函数,接收网络的源点 s 和汇点 t,采用标号法找可增广路。算法中,label 列表用于记录网络中各顶点的标号;flag 列表用于记录网络中的顶点是否已经标过号;队列 q 用于存放已标号未检查的点,每次从队列 q 中取出一个已经标号而未检查的点,对未标号的点进行标号,直到标号到汇点或 q 队列为空,算法结束。其代码如下:

```
#标号法找增广路
import queue
import sys
def find_path(s,t):                              #s 为源点,t 为汇点
    global cap,flow,n,label                      #cap:边容量,flow 边流量,n 网络中顶点个数
    label = [[] for i in range(n + 1)]           #网络中的顶点编号从 1 开始,用于记录每个顶
                                                 #点的标号
    label[s] = [0,sys.maxsize]                   #源点的标号,第一维:从哪来,第二维:来多少
    flag = [0 for i in range(n + 1)]             #标记顶点是否已经标号
    flag[s] = 1                                  #源点已经标号
    q = queue.Queue()                            #创建空队列
    q.put(s)                                     #将已标号的源点入队列 q
    while(not q.empty()):
        v = q.get()                              #从队列 q 中取出一个已标号的点
        for i in range(1,n + 1):
            #如果(v,i)有边、i 号点未标号且边流量小于边容量(弱流边)
            if cap[v][i] != sys.maxsize and (not flag[i]) and cap[v][i] > flow[v][i]:
                                                 #以 v 为弧尾的边,即出边
                label[i] = [v,min(label[v][1],cap[v][i] - flow[v][i])]   #为 i 点进行标号
                flag[i] = 1                      #标记 i 点已经标号
                if i == t:                       #如果标到了汇点,就退出,表明找到了可增
                                                 #广路
                    break
                else:                            #如果没有标到汇点,则将该点入队列 q
                    q.put(i)
            #如果(i,v)有边、i 号点未标号且边流量大于 0
            if cap[i][v] != sys.maxsize and (not flag[i]) and flow[i][v] > 0:
                                                 #以 v 为弧头的边,即入边
                label[i] = [ - v,min(label[v][1],flow[i][v])]   #为 i 点进行标号
```

```
                flag[i] = 1                    #标记 i 点已经标号
                if i == t:                     #如果标到了汇点,就退出,表明找到了可增
                                               #广路
                        break
                else:                          #如果没有标到汇点,就将该点入队列 q
                        q.put(i)
        if flag[t]:
            break
    return flag[t]
```

找到可增广路以后,定义 rease_flow()函数用于沿增广路增流。首先取汇点标号的 $maxl(t)$ 作为增量 d,沿可增广路进行增流。对向前边,流量加上增量 d,对向后边,边流量减去增量 d。

```
#并沿增广路增流
def rease_flow(s,t):
    i = t
    d = label[i][1]                    #获取增量 d
    while(i != s):                     #从汇点出发,根据前驱点,逆向找增广路,同
                                       #时增流
        if label[i][0] > 0:
            flow[label[i][0]][i] += d  #正向边
            i = label[i][0]            #回溯
        else:
            flow[i][-label[i][0]] -= d #反向边
            i = -label[i][0]           #回溯
```

定义 Python 入口——main()函数,在 main()函数中,初始化一个网络和网络中的 0 流,调用 find_path()函数从 0 流出发,找网络中的可增广路,如果汇点 t 的 flag[t]等于 1,就说明找到了可增广路,再调用 rease_flow()函数沿可增广路增流,重复找可增广路,直到汇点 t 的 flag[t]等于 0 为止。

```
if __name__ == "__main__":
    n = 6
    s = 1
    t = 6
    infinitely_great = sys.maxsize              #无穷大
    label = [[] for i in range(n + 1)]
                                #网络中的顶点编号从 1 开始,用于记录每个顶点的标号
    cap = [[infinitely_great, infinitely_great, infinitely_great, infinitely_great,
infinitely_great, infinitely_great, infinitely_great],
        [infinitely_great, infinitely_great, 3, 5, infinitely_great, infinitely_great,
infinitely_great],
        [infinitely_great, infinitely_great, infinitely_great, infinitely_great, 4, 1,
infinitely_great],
        [infinitely_great, infinitely_great, 1, infinitely_great, infinitely_great, 2,
infinitely_great],
        [infinitely_great, infinitely_great, infinitely_great, infinitely_great,
infinitely_great, infinitely_great, 5],
        [infinitely_great, infinitely_great, infinitely_great, infinitely_great, 3,
```

视频讲解

```
infinitely_great,2],
            [infinitely_great, infinitely_great, infinitely_great, infinitely_great,
infinitely_great,infinitely_great,infinitely_great]]
    flow = [[0 for j in range(n + 1)] for i in range(n + 1)]      #初始化 0 流
    flag_t_bool = find_path(s,t)
    while flag_t_bool:
        rease_flow(s,t)
        flag_t_bool = find_path(s,t)
    print("flow = ",flow)
```

7.2.3 最大网络流的变换与应用

上述涉及的网络流均为一个源点、一个汇点且所有节点均无约束条件,称这样的网络流为标准网络流。一般情况下遇到的并非全是标准网络流,如多个源点、多个汇点的情况或者节点容量有约束的情况等,此时可以将其变换为标准网络流来解决。下面讨论几种将非标准网络流变换为标准网络流来解决的问题。

1. 多源多汇的最大流问题

多源多汇的最大流问题可以转化为单源单汇的最大流问题。具体做法是:在原网络的基础上,增加一个虚源 s' 和一个虚汇 t'。从 s' 向原网络中的源点分别引一条有向边,每一条有向边的流量等于与其相连的源点(非虚源)的流出量,容量为无穷大;从原网络中的汇点分别向虚汇引一条有向边,每一条有向边的流量等于与其相连的汇点的流入量,容量为无穷大。这样,新网络的最大流就对应于原网络的最大流。

如图 7-13 所示的多源多汇网络,其中,顶点 1、7、8 为源点,顶点 6、9 为汇点。按照该转化方法,可将它转化为如图 7-14 所示的单源单汇网络,顶点 0 为虚源,顶点 10 为虚汇。

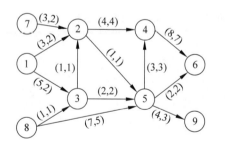

图 7-13 多源多汇网络

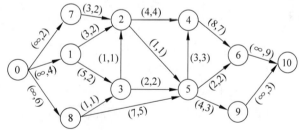

图 7-14 单源单汇网络

2. 网络的顶点容量约束

在有顶点容量约束的网络最大流问题中,除了需要满足边容量约束外,在网络的某些顶点处还要满足顶点容量约束,即流经该顶点的流量不能超过给定的约束值。这类问题很容易变换为标准最大流问题,具体方法为:只要将有顶点容量约束的顶点 x 用一条边<x,y>来替换,原来顶点 x 的入边仍为顶点 x 的入边,原来顶点 x 的出边改为顶点 y 的出边。连接顶点 x 和顶点 y 只有一条边<x,y>,其边容量为原顶点 x 的顶点容量。

显然,变换后网络的最大流就是原网络中满足顶点约束的最大流。如图 7-15 所示的网络中顶点 2 的约束值为 3。根据变换方法,将顶点 2 用一条边$<2,2'>$代替,原顶点 2 的入边$<1,2>$、$<3,2>$依旧入顶点 2,原顶点 2 的出边$<2,4>$、$<2,5>$改成顶点 $2'$的出边$<2',4>$、$<2',5>$,$cap(2,2')$等于 3。变换后如图 7-16 所示。

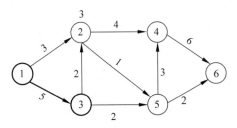

图 7-15　顶点容量约束的网络

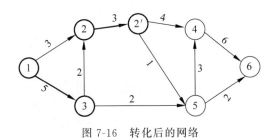

图 7-16　转化后的网络

3. 二分图的最大匹配问题

设 $G=(V,E)$是一个无向图。如果顶点集合 V 可分割为两个互不相交的子集 X 和 Y,并且图中每条边(v,w)所关联的两个顶点 v 和 w 分别属于这两个不同的顶点集,则称图 G 为一个二分图。

二分图匹配问题可描述如下:设 $G=(V,E)$是一个二分图。如果 $M\subseteq E$,且 M 中任意两条边都不与同一个顶点相关联,则称 M 是 G 的一个匹配。G 的边数最多的匹配称为 G 的最大匹配。

二分图的最大匹配问题就是在已知图 G 是一个二分图的前提下求 G 的最大匹配。

二分图的最大匹配问题可变换为标准最大网络流问题来解决,具体变换方法的步骤如下:

第一步,将图 G 的顶点集合 V 分成两个互不相交的顶点子集 X 和 Y。

第二步,构造与 G 相应的网络 N。

(1) 增加一个源点 s'和一个汇点 t';然后,从 s'向 X 中的每一个顶点都增加一条有向边,从 Y 中的每一个顶点都增加一条到 t'的有向边。

(2) 将原图 G 中的每一条边都改为相应的由 X 指向 Y 的有向边。

(3) 置所有边的容量为 1。

第三步,求网络 N 的最大流。在从 X 指向 Y 的边集中,流量为 1 的边对应于二分图中的匹配边。最大流值对应于二分图 G 的最大匹配边数。

4. 带下界约束的最大流

带下界约束的最大流问题是指对于给定网络中的边$<x,y>$,不仅仅有边流量的上界约束,即容量约束 $cap(x,y)$,还有边流量的下界约束 $caplow(x,y)$。在这种情况下,对可行流 flow 的容量约束相应地改变为 $caplow(x,y)\leqslant flow(x,y)\leqslant cap(x,y)$。

对于带下界约束的最大流问题通常可分两个阶段求解,第一阶段找满足约束条件的可行流;第二阶段将找到的可行流扩展成最大流。具体方法如下:

第一阶段:找满足约束条件的可行流问题。

该问题可变换成一个等价的循环可行流问题。其变换方法为在原网络中增加一条从汇点指向源点且容量充分大的边,这条边将从源点流到汇点的流量再送回到源点构成一个循环流。原网络有可行流当且仅当新网络有循环可行流。

设 flow 是新网络的一个循环可行流,则

(1) 对于 $\forall x \in V$,顶点 x 的流出量－顶点 x 的流入量＝0,即

$$\sum_{<x,y>\in E} \text{flow}(x,y) - \sum_{<y,x>\in E} \text{flow}(y,x) = 0 \tag{7-11}$$

(2) 对于 $\forall (x,y) \in E$,有

$$\text{caplow}(x,y) \leqslant \text{flow}(x,y) \leqslant \text{cap}(x,y) \tag{7-12}$$

将无源无汇的且有边容量下界约束的循环网络进一步变换为没有边容量下界约束的网络。变换方法为:对有边容量下界约束的边 $<x,y>\in E$,将其边上的流量 $\text{flow}'(x,y)$ 变换为 $\text{flow}(x,y) - \text{caplow}(x,y)$,将 $\text{flow}'(x,y) = \text{flow}(x,y) - \text{caplow}(x,y)$ 代入式(7-11)和式(7-12),得式(7-13)和式(7-14)。

(3) 对于 $\forall x \in V$,有

$$\sum_{<x,y>\in E} \text{flow}'(x,y) - \sum_{<y,x>\in E} \text{flow}'(y,x)$$

$$= \sum_{<x,y>\in E} \text{flow}(x,y) - \sum_{<x,y>\in E} \text{caplow}(x,y) -$$

$$\sum_{<y,x>\in E} \text{flow}(y,x) + \sum_{<y,x>\in E} \text{caplow}(y,x)$$

$$= \sum_{<y,x>\in E} \text{caplow}(y,x) - \sum_{<x,y>\in E} \text{caplow}(x,y) = \text{sd}(x) \tag{7-13}$$

(4) 对于 $\forall (x,y) \in E$,有

$$0 \leqslant \text{flow}'(x,y) \leqslant \text{cap}(x,y) - \text{caplow}(x,y) \tag{7-14}$$

显然,网络中所有节点的 $\text{sd}(x)$ 之和等于 0。因此,循环可行流的问题实质上是一般网络最大流问题。进一步变换方法为:对 $\forall <x,y>\in E$ 且边 $<x,y>$ 既有边容量上界约束,也有边容量下界约束,在循环网络中添加相应的源点 s 和汇点 t,添加两条有向边 $<x,t>$ 和 $<s,y>$,边上的容量均为 $\text{caplow}(x,y)$。可见,网络循环可行流问题实质上是一般网络的最大流问题。

【例 7-7】　求如图 7-17 所示的带边容量下界约束的网络可行流。

首先按照上述(1)～(4)的变换方法,变换后的网络如图 7-18 所示。

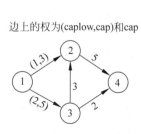

图 7-17　带下界约束的网络

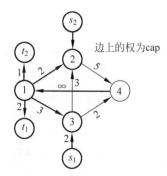

图 7-18　变换后的网络

然后找如图 7-18 所示网络的最大流。先将其转化为单源单汇的最大流问题,如图 7-19 所示。用增广路算法找到的最大流如图 7-20 所示。

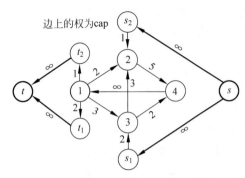

图 7-19　转化后的单源单汇网络

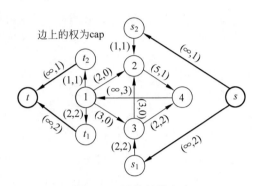

图 7-20　网络的最大流

将如图 7-20 所示的网络最大流变换为如图 7-21 所示的无边容量下界约束的循环流,所有的 $sd(x)$ 之和等于 0。进一步变换,将汇点到源点的边去掉,其他边分别加上自己边上的容量下界约束,如图 7-21 所示的循环流变换为图 7-17 所示的原网络中满足约束条件的可行流,如图 7-22 所示。

第二阶段:将找到的可行流采用增广路算法扩展为最大流。

从如图 7-22 所示的可行流出发,找到的最大流如图 7-23 所示。

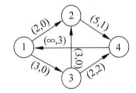

图 7-21　循环网络的可行流

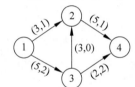

图 7-22　原网络中的可行流

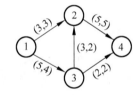

图 7-23　原网络中的最大流

视频讲解

7.3　最小费用最大流

7.3.1　基本概念

1. 流的费用

在实际应用中,与网络流有关的问题不仅涉及流量,而且还涉及费用。此时,对于网络的每一条边$<x,y>$,除了给定容量 $\mathrm{cap}(x,y)$ 之外,还定义了一个单位流量费用 $\mathrm{cost}(x,y)$。对于网络中一个给定的流 flow,其费用定义为 $\mathrm{cost}(\mathrm{flow}) = \sum_{<x,y>\in E} \mathrm{cost}(x,y) \times \mathrm{flow}(x,y)$。

2. 涉及流的费用的残余网络

在本书第 7.2.1 节所述的残余网络概念的基础上,对于 G 中的任一条边$<x,y>$:对应于 G^* 中的$<x,y>$,则设置 G^* 中$<x,y>$的单位流量费用为 $\mathrm{cost}(x,y)$;对应于 G^* 中的$<y,x>$,则设置 G^* 中$<y,x>$的单位流量费用为$-\mathrm{cost}(x,y)$。

如图 7-24 所示的网络、其上的可行流及费用,它的残余网络如图 7-25 所示。

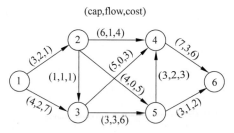

图 7-24　网络、其上的可行流及费用

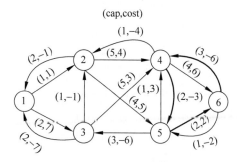

图 7-25　图 7-24 所示的残余网络

3. 最小费用最大流问题

对于一个给定的网络 G，求 G 的一个最大流 flow 使流的总费用 cost(flow) 最小。

4. 负费用圈

对于一个给定的网络 G、其上的可行流 flow 及流的费用，残余网络中的负费用圈是指所有边的单位流量费用之和为负的圈。如图 7-25 中所示的 4-5-6-4，所有边单位流量费用之和为 $-3+2+(-6)=-7$，故 4-5-6-4 为负费用圈。

7.3.2　消圈算法

定理 5（最小费用最大流问题的最优性定理）　网络 G 的最大流 flow 是 G 的一个最小费用最大流的充分必要条件是 flow 所对应的残余网络中没有负费用圈。

1. 消圈算法思想及算法步骤

消圈算法的思想：首先找网络的最大流，然后消除最大流相应的残余网络中所有的负费用圈。根据算法思想可知该算法找最小费用最大流包括三个过程：一是找给定网络的最大流，该过程已在本书第 7.2.2 节中详细讲述；二是在最大流对应的残余网络中找负费用圈；三是沿找到的负费用圈增流，其增量为组成负费用圈的所有边的最小容量。显然，算法核心是如何在残余网络中找负费用圈。

（1）在残余网络中找负费用圈。用数组 st[] 记录搜索到的最小费用路对应的弧，数组下标表示弧头，数组元素表示弧尾；数组 cost[][] 记录每条弧的费用；数组 cap[][] 记录每条弧的容量；数组 wt[] 记录最小费用路的单位费用之和；队列 Q 记录扩展生成的孩子节点；变量 N 记录从队列中取出非节点编号的次数；变量 m 用来衡量是否搜索完毕。

在该残余网络中找负费用圈的算法步骤设计如下（采用从残余网络的某个节点 s 出发，按照宽度优先搜索策略进行搜索）：

第一步，初始化数组 st 中的元素全为 0；数组 wt[s]=0，其他均为 ∞；队列 Q 为空；$N=0$。

第二步，节点 s 入队，令 $m=$ 顶点个数 +1，m 也入队。

第三步，检查队列是否为空，如果为空，那么残余网络中没有负费用圈，算法结束；如果不空，就转第四步。

第四步，取出队首元素 v。

第五步，如果 $v=m$，那么判断 N 是否大于 m？如果 N 大于 m，那么残余网络中没有负费用圈,算法结束;否则,N++,将 m 入队,转第四步;如果 $v \neq m$,转第六步。

第六步,残余网络中如果不存在以 v 为弧尾且未检查的弧,转第三步;否则,对其中一条以 v 为弧尾且未检查的弧,转第七步。

第七步,取出弧的弧头 w。

第八步,计算 $wt[v]+cost(v,w)$,记其值为 p。

第九步,如果 p 大于或等于 $wt[w]$,转第六步;否则,$wt[w]=p$,$st[w]=v$。

第十步,利用 st 找出包含节点 w 的负费用圈,如果找到,就返回 w,算法结束;反之,将 w 入队;转第六步。

(2) 沿负费用圈增流。在过程(1)的基础上,如果找到负费用圈,就沿负费用圈增流,设增量为 d。增流方法:沿负费用圈方向的边容量减去 d,如果边的容量等于 0,就取消该方向的边;逆负费用圈方向的边容量加上 d。

重复(1)(2),直到残余网络中没有负费用圈为止。

2. 消圈算法的构造实例

【例 7-8】 消圈算法在如图 7-25 所示的残余网络中的应用。假设出发节点为 1。

(1) 找负费用圈(约定数组下标从"1"开始)。

第一步,初始化。初始化数组 st 中的元素均为 0;$wt[1]=0$,其他均为 ∞;队列为空;$N=0$;$m=6+1=7$。

第二步,让节点 1 和 m 入队。

数组 st、wt 及队列 Q 的数据如图 7-26 所示。

图 7-26 数组 st、wt 及队列 Q 的数据(一)

第三步,取出队首元素 1。检查以 1 为弧尾的所有弧。

对于弧$<1,2>$,记 $w=2$。计算 $p=wt[1]+cost[1][2]=0+1=1$。由于 $p<wt[2]$,所以 $wt[2]=1$,$st[2]=1$;然后找以 2 为始点和终点的圈,结果未找到,将节点 2 入队。

对于弧$<1,3>$,记 $w=3$。计算 $p=wt[1]+cost[1][3]=0+7=7$。由于 $p<wt[3]$,所以 $wt[3]=7$,$st[3]=1$;然后找以 3 为始点和终点的圈,结果未找到,将节点 3 入队。

数组 st、wt 及队列 Q 的数据如图 7-27 所示。

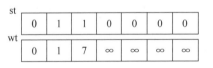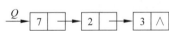

图 7-27 数组 st、wt 及队列 Q 的数据(二)

第四步,取出队首元素,即 $m=7$;N++;m 入队。

第五步,取队首元素 2。检查以 2 为弧尾的所有弧。

对于弧$<2,1>$,记 $w=1$。计算 $p=wt[2]+cost[2][1]=1+(-1)=0$。由于

$p=\mathrm{wt}[1]$，所以无须执行任何操作。

对于弧$<2,4>$，记$w=4$。计算$p=\mathrm{wt}[2]+\mathrm{cost}[2][4]=1+4=5$。由于$p<\mathrm{wt}[4]$，所以$\mathrm{wt}[4]=5,\mathrm{st}[4]=2$；然后找以4为始点和终点的圈，结果未找到，将节点4入队。

对于弧$<2,5>$，记$w=5$。计算$p=\mathrm{wt}[2]+\mathrm{cost}[2][5]=1+5=6$。由于$p<\mathrm{wt}[5]$，所以$\mathrm{wt}[5]=6,\mathrm{st}[5]=2$；然后找以5为始点和终点的圈，结果未找到，将节点5入队。

数组st、wt及队列Q的数据如图7-28所示。

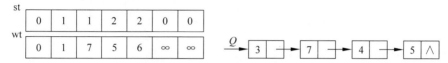

图7-28 数组st、wt及队列Q的数据（三）

第六步，取队首元素3。检查以3为弧尾的所有弧。

对于弧$<3,1>$，记$w=1$。计算$p=\mathrm{wt}[3]+\mathrm{cost}[3][1]=7+(-7)=0$。由于$p=\mathrm{wt}[1]$，所以无需执行任何操作。

对于弧$<3,2>$，记$w=2$。计算$p=\mathrm{wt}[3]+\mathrm{cost}[3][2]=7+(-1)=6$。由于$p>\mathrm{wt}[2]$，所以无需执行任何操作。

对于弧$<3,4>$，记$w=4$。计算$p=\mathrm{wt}[3]+\mathrm{cost}[3][4]=7+3=10$。由于$p>\mathrm{wt}[4]$，所以无需执行任何操作。

数组st、wt及队列Q的数据如图7-29所示。

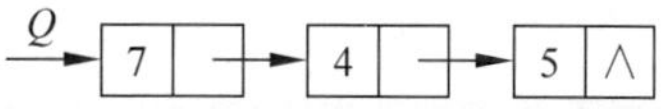

第七步，取出队首元素，即$m=7$；$N++$；m入队。

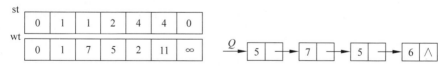

图7-29 数组st、wt及队列Q的数据（四）

第八步，取队首元素4。检查以4为弧尾的所有弧。

对于弧$<4,2>$，记$w=2$。计算$p=\mathrm{wt}[4]+\mathrm{cost}[4][2]=5+(-4)=1$。由于$p=\mathrm{wt}[2]$，所以无需执行任何操作。

对于弧$<4,5>$，记$w=5$。计算$p=\mathrm{wt}[4]+\mathrm{cost}[4][5]=5+(-3)=2$。由于$p<\mathrm{wt}[5]$，所以$\mathrm{wt}[5]=2,\mathrm{st}[5]=4$；然后找以5为始点和终点的圈，结果未找到，将节点5入队。

对于弧$<4,6>$，记$w=6$。计算$p=\mathrm{wt}[4]+\mathrm{cost}[4][6]=5+6=11$。由于$p<\mathrm{wt}[6]$，所以$\mathrm{wt}[6]=11,\mathrm{st}[6]=4$；然后找以6为始点和终点的圈，结果未找到，将节点6入队。

数组st、wt及队列Q的数据如图7-30所示。

图7-30 数组st、wt及队列Q的数据（五）

第九步，取队首元素5。检查以5为弧尾的所有弧。

对于弧$<5,3>$，记$w=3$。计算$p=\mathrm{wt}[5]+\mathrm{cost}[5][3]=2+(-6)=-4$。由于$p<\mathrm{wt}[3]$，所以$\mathrm{wt}[3]=-4,\mathrm{st}[3]=5$；然后找以3为始点和终点的圈，结果未找到，将节点3入队。

对于弧$<5,4>$，记$w=4$。计算$p=\mathrm{wt}[5]+\mathrm{cost}[5][4]=2+3=5$。由于$p=\mathrm{wt}[4]$，

所以无需执行任何操作。

对于弧<5,6>,记 $w=6$。计算 $p=\mathrm{wt}[5]+\mathrm{cost}[5][6]=2+2=4$。由于 $p<\mathrm{wt}[6]$,所以 $\mathrm{wt}[6]=4$,$\mathrm{st}[6]=5$;然后找以 6 为始点和终点的圈,结果未找到,将节点 6 入队。

数组 st、wt 及队列 Q 的数据如图 7-31 所示。

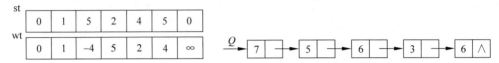

图 7-31　数组 st、wt 及队列 Q 的数据(六)

第十步,取出队首元素,即 $m=7$;$N++$;m 入队。

第十一步,取队首元素 5。检查以 5 为弧尾的所有弧。

与第九步类似,三条边均无须执行任何操作。

数组 st、wt 及队列 Q 的数据如图 7-32 所示。

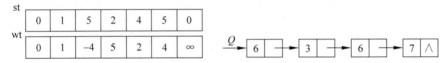

图 7-32　数组 st、wt 及队列 Q 的数据(七)

第十二步,取队首元素 6。检查以 6 为弧尾的所有弧。

对于弧<6,4>,记 $w=4$。计算 $p=\mathrm{wt}[6]+\mathrm{cost}[6][4]=4+(-6)=-2$。由于 $p<\mathrm{wt}[4]$,所以 $\mathrm{wt}[4]=-2$,$\mathrm{st}[4]=6$;然后找以 4 为始点和终点的圈,由于 $\mathrm{st}[4]=6$,$\mathrm{st}[6]=5$、$\mathrm{st}[5]=4$,即 $\mathrm{st}[5]=w$,此时找到负费用圈 $4\to5\to6\to4$。

数组 st、wt 及队列 Q 的数据如图 7-33 所示。

图 7-33　数组 st、wt 及队列 Q 的数据(八)

(2) 沿负费用圈增流。

第十三步,取增量 $d=2$,图 7-25 所示的残余网络变成如图 7-34 所示的残余网络。

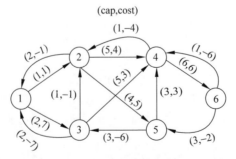

图 7-34　增流后的残余网络(一)

第十四步,重复找负费用圈,找到的负费用圈为 1→2→5→3→1。沿该负费用圈增流,$d=1$,增流后的残余网络如图 7-35 所示。

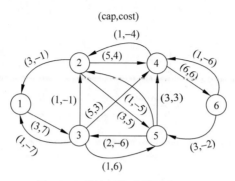

图 7-35 增流后的残余网络(二)

第十五步,重复找负费用圈,找到的负费用圈为 3→2→5→3,沿负费用圈增流,取 $d=1$,增流后的残余网络如图 7-36 所示。

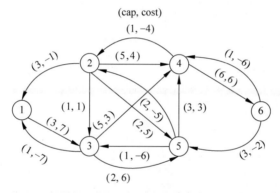

图 7-36 增流后的残余网络(三)

第十六步,重复找负费用圈,找到负费用圈 3→4→2→5→3,沿负费用圈增流,取 $d=1$。增流后的残余网络如图 7-37 所示。

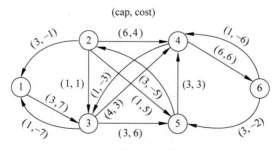

图 7-37 增流后的残余网络(四)

第十七步,重复找负费用圈,没有找到,算法结束。找到的最小费用最大流如图 7-38 所示。

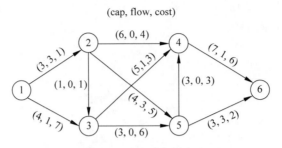

图 7-38 最小费用最大流

3. Python 实战

在增广路算法找到的网络最大流的基础上,根据最小费用最大流定理,用消圈算法找当前最大流对应的残余网络中是否存在负费用圈,如果存在,就沿着负费用圈增流;否则,当前最大流即为最小费用最大流。其代码如下:

```python
#最小费用最大流
import sys
import queue
def findcyc(s):                                  #找负费用圈
    global cap, wt, st, cost, n, N
    st = [0 for i in range(n + 2)]
    wt = [sys.maxsize for i in range(n + 2)]
    wt[s] = 0
    N = 0
    Q = queue.Queue()
    m = n + 1
    Q.put(s)
    Q.put(m)
    result = 0
    while(not Q.empty() and N <= m):
        v = Q.get()
        if(v == m):
            N += 1
            Q.put(m)
        else:
            for w in range(1, n + 1):
                if(cap[v][w] > 0 and v != w):
                    p = wt[v] + cost[v][w]
                    if(p < wt[w]):
                        wt[w] = p
                        st[w] = v
                        temp_w = w
                        while st[temp_w] != w and st[temp_w] != 0:
                            temp_w = st[temp_w]
                        if st[temp_w] == w:
                            result = w        #找到负费用圈,退出 for 循环
                            break
                        else:
                            Q.put(w)
            if result != 0:                      #找到负费用圈,退出 while 循环
```

```
                        break
            return result

    def Augment(w):                          # 沿负费用圈增流
        global cap, st, flow
        d = sys.maxsize
        temp_w = w
        v = st[temp_w]
        while (True):
            if d > cap[v][temp_w]:
                d = cap[v][temp_w]
            temp_w = v
            v = st[temp_w]
            if temp_w == w:
                break
        while(True):
            flow[v][temp_w] += d
            flow[temp_w][v] -= d
            cap[v][temp_w] -= d
            cap[temp_w][v] += d
            temp_w = v
            v = st[temp_w]
            if (temp_w == w):
                break
    if __name__ == "__main__":
        n = 6                                 # 网络中顶点个数
        s = 1                                 # 源点
        st = [0 for i in range(n + 2)]        # 前驱数组
        wt = [sys.maxsize for i in range(n + 2)]  # 最小费用数组
        wt[s] = 0
        N = 0
    # 费用数组
    cost = [[0,0,0,0,0,0,0],[0,0,1,7,0,0,0],[0,-1,0,1,4,5,0],[0,-7,-1,0,3,6,0],[0,0,
    -4,-3,0,-3,6],[0,0,-5,-6,3,0,2],[0,0,0,0,-6,-2,0]]
    # 容量数组
        cap = [[0,0,0,0,0,0,0],[0,0,1,2,0,0,0],[0,2,0,0,5,4,0],[0,2,1,0,5,0,0],[0,0,1,0,
    0,2,4],[0,0,0,3,1,0,2],[0,0,0,0,3,1,0]]
    # 流量数组
        flow = [[0,0,0,0,0,0,0],[0,0,2,2,0,0,0],[0,-2,0,1,1,0,0],[0,-2,-1,0,0,3,0],
    [0,0,-1,0,0,-2,3],[0,0,0,-3,2,0,1],[0,0,0,0,-3,-1,0]]

        w = findcyc(1)
        while (w > 0):                        # 找到负费用圈
            Augment(w)                        # 在残余网络中，沿负费用圈增流
            w = findcyc(1)                     # 在残余网络中继续找负费用圈
        print("最小费用最大流为:", flow)
```

7.3.3　最小费用最大流的变换与应用

　　最小费用最大流的变换与应用与最大网络流的变换与应用类似,只是增加了费用信息。这里通过实例简单介绍一下。

1. 带下界约束的最小费用最大流问题

该问题与带下界约束的最大流问题类似,带下界约束的最小费用流问题也分为两个阶段求解:第一阶段先找满足约束条件的可行流;第二阶段将找到的可行流扩展为最小费用最大流。

2. 最小权二分匹配问题

给定一个带权二分图 $G=(V,E)$,找出 G 的一个最小权二分匹配。设 G 的二分顶点集为 X 和 Y。构造与 G 相应的网络 G' 如下:

增设源点 s 和汇点 t,源点 s 到 X 中每个顶点均有一条有向边,每条边的容量为 1,费用为 0。Y 中每个顶点到汇点 t 均有一条有向边,每条边的容量为 1,费用为 0,G 中每条边相应于 G' 中一条由 X 到 Y 的有向边,该边的容量为 1,费用为该边在 G 中的权。

显然,G' 的最小费用最大流相应于 G 的一个最小权二分匹配。

第 **8** 章

随机化算法

前面各章讨论的算法每一计算步骤都是确定的,而本章讨论的随机化算法允许算法在执行过程中随机地选择下一个计算步骤,这种算法的新颖之处是把随机性注入到算法之中,该策略使算法的设计与分析更加灵活,其解决问题的能力也大为改观。

8.1 概述

视频讲解

随机化算法与现实生活息息相关,例如,人们经常会通过掷骰子来看结果,投硬币来决定行动,这就牵涉一个问题:随机。

随机化算法看上去是凭着运气做事。其实,这种算法是有一定的理论作基础的,且很少单独使用,大多是与其他算法(如贪心法、查找算法等)配合起来运用,求解效果往往出人意料。

8.1.1 随机化算法的类型及特点

随机化算法的一个基本特征是:对所求解问题的同一实例用同一随机化算法求解两次可能得到完全不同的效果,这两次求解问题所需的时间甚至所得到的结果可能会有相当大的差别。一般情况下,可将随机化算法大致分为如下 4 类。

1. 数值随机化算法

这类算法常用于数值问题的求解,所得到的解往往都是近似解,而且近似解的精度随计算时间的增加而不断提高。

使用该算法的理由:在许多情况下,待求解的问题在原理上可能不存在精确解,或者说精确解存在但无法在可行时间内求得,因此用数值随机化算法可得到相当满意的解。

2. 蒙特卡罗算法

蒙特卡罗算法是计算数学中的一种计算方法,它的基本特点是以概率与统计学中的理论和方法为基础,以是否适合于在计算机上使用为重要标志。蒙特卡罗是摩纳哥的一个著名城市,以赌博闻名于世。为了表明该算法的上述基本特点,蒙特卡罗算法象征性地借用这一城市的名称来命名。蒙特卡罗算法作为一种可行的计算方法,首先是由Ulam(乌拉姆)和Von Neumann(冯·诺依曼)在20世纪40年代提出并加以运用,目的是为了解决研制核武器中的计算问题。

该算法用于求问题的准确解。对于许多问题来说,近似解毫无意义。例如,一个判定问题其解为"是"或"否",二者必居其一,不存在任何近似解答。

蒙特卡罗算法的特点:它能求得问题的一个解,但这个解未必是正确的。求得正确解的概率依赖于算法执行时所用的时间,所用的时间越多得到正确解的概率就越高。一般情况下,蒙特卡罗算法不能有效地确定求得的解是否正确。

3. 拉斯维加斯算法

该算法绝不返回错误的解,也就是说,使用拉斯维加斯算法不会得到不正确的解,一旦找到一个解,那么这个解肯定是正确的。但是有时候拉斯维加斯算法可能找不到解。

与蒙特卡罗算法类似,拉斯维加斯算法得到正确解的概率随着算法执行时间的增加而提高。对于所求解问题的任一实例,只要用同一拉斯维加斯算法对该实例反复求解足够多的次数,可使求解失效的概率任意小。

4. 舍伍德算法

当一个确定性算法在最坏情况下的计算时间复杂性与其在平均情况下的计算复杂性有较大差异时,可在这个确定性算法中引入随机性来降低最坏情况出现的概率,进而消除或减少问题好坏实例之间的这种差异,这样的随机化算法称为舍伍德算法。因此,舍伍德算法不会改变对应确定性算法的求解结果,每次运行都能够得到问题的解,并且所得到的解是正确的。舍伍德算法的精髓不是为了避免算法最坏情况的发生,而是降低最坏情况发生的概率。故而,舍伍德算法不改变原有算法的平均性能,只是设法保证以更高概率获得算法的平均计算性能。

8.1.2 随机数发生器

随机数在随机化算法的设计中扮演着十分重要的角色。因为在随机化算法中要随时接收一个随机数,以便在算法的运行过程中按照这个随机数进行所需要的随机选择。产生随机数的方法有很多,这些方法称为随机数发生器。

真正的随机数是使用物理现象产生的:比如掷钱币、骰子、转轮、使用电子元件的噪声、核裂变等。这样的随机数发生器叫作物理性随机数发生器。它们的缺点是技术要求比较高。

在现实计算机上无法产生真正的随机数,因此在随机化算法中使用的随机数都是在一定程度上随机,通常称这些随机数为伪随机数。这些数"似乎"是随机的数,实际上是通过一个固定的、可以重复的计算方法产生的,产生这些数的发生器叫作伪随机数发生器。在真正关键性的应用中,比如在密码学中,一般要求使用真正的随机数。

目前,在计算机上产生随机数还是一个难题,因为在原理上,这个问题只能近似解决。通常,计算机中产生伪随机数的方法是线性同余法,产生的随机数序列为a_0,

$a_1, \cdots, a_n$ 满足：

$$\begin{cases} a_0 = d \\ a_n = (ba_{n-1} + c) \bmod m \quad n = 1, 2 \cdots \end{cases}$$

其中，d 为种子；b 为系数，满足 $b \geqslant 0$；c 为增量，满足 $c \geqslant 0$；m 为模数，满足 $m > 0$。b、c 和 m 越大且 b 与 m 互质可使随机函数的随机性能变得更好。当 b、c 和 m 的值确定后，给定一个随机种子，由上式产生的随机数序列也就确定了。换句话说，如果随机种子相同，同一个随机数发生器将会产生相同的随机数序列，印证了在随机化算法中生成的随机数是伪随机数的说法。

为了在设计随机化算法时便于产生所需的随机数，采用 Python 中的类实现产生伪随机数的算法。编码实现如下：

```
#产生伪随机数
import time
class RandomNumber:
    m = 65536
    b = 1194211693
    c = 12345
    __d = 0                               #d为当前种子
    def __init__(self,s = 0):             #缺省值0表示由系统自动产生种子
        if(s == 0):
            self.d = time.time()
        else:
            self.d = s
    def random(self,n = 10):              #产生0:n-1之间的随机整数
        self.d = int(self.b * self.d + self.c)  #线性同余法计算新的种子
        return (self.d >> 16) % n
    def fRandom(self):                    #产生[0,1)之间的随机实数
        return self.random(self.m)/self.m
```

函数 random(n) 在每次计算时，用线性同余式计算出新的种子 d，用它作为产生下一个随机数的种子。这里的同余运算是由系统自动进行的，因为对于无符号整数的运算，当结果超过 unsigned long 类型的最大值时，系统会自动进行同余求模运算。新的 32 位的 d 是一个随机数，它的高 16 位的随机性比较好，取高 16 位并映射到 $0 \sim (n-1)$ 范围内，就产生了一个需要的随机数。通常 random(n) 产生的随机序列是均匀的。

8.2　数值随机化算法

8.2.1　计算π的值

1. 问题分析

将 n 个点随机投向一个正方形，设落入此正方形内切圆（半径为 r）中的点的数目为 k，如图 8-1(a) 所示。

假设所投入的点落入正方形的任一点的概率相等，则所投入的点落入圆内的概率为 $\dfrac{\pi r^2}{4r^2} = \dfrac{\pi}{4}$。当 $n \rightarrow$

视频讲解

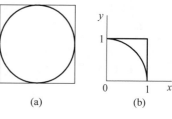

图 8-1　随机投点实验估算 π 值示意

∞ 时，$\dfrac{k}{n}\rightarrow\dfrac{\pi}{4}$，从而 $\pi\approx\dfrac{4k}{n}$。简单起见，在具体实现时只以第一象限为样本且 r 取值为 1，建立直角坐标系，如图 8-1(b)所示。

2. 算法设计

由此，设计出使用随机投点法计算 π 值的数值随机化算法如下：

```
def Darts(n):
    k = 0                           #记录落入 1/4 圆内的点数
    for i in range(n):
        x = random.random()         #产生一个[0,1)之间的实数,赋给 x
        y = random.random()         #产生一个[0,1)之间的实数,赋给 y
        if x ** 2 + y ** 2 <= 1:
            k += 1
    return 4 * k/n
```

3. Python 实战

首先引入需要类包 random。其代码如下：

```
import random
```

定义 darts()函数模拟随机投点实验，估算 π 的值。其代码如下：

```
def darts(n):
    k = 0                           #记录落入 1/4 圆内的点数
    for i in range(n):
        x = random.random()         #产生一个[0,1)之间的实数,赋给 x
        y = random.random()         #产生一个[0,1)之间的实数,赋给 y
        if x ** 2 + y ** 2 <= 1:
            k += 1
    return 4 * k/n
```

定义 Python 入口——main()函数，调用 darts()函数，估算 π 的值并将结果输出。其代码如下：

```
if __name__ == "__main__":
    pi = darts(10000)
    print("pi = " + str(pi))
```

输入结果为

pi=3.148

8.2.2 计算定积分

1. 问题分析

设 $f(x)$ 是 $[0,1]$ 上的连续函数且 $0\leqslant f(x)\leqslant 1$，需要计算积分值 $I=\displaystyle\int_{0}^{1}f(x)\mathrm{d}x$。积分 I 等于图 8-2 中的阴影区域 G 的面积。

可采用随机投点法来计算定积分。在如图 8-2 所示的正方形内均匀地做投点实验，则随机点落在 G 内的概率 p 为

$$p = \int_0^1 \int_0^{f(x)} \mathrm{d}y\,\mathrm{d}x = \int_0^1 f(x)\,\mathrm{d}x = I$$

假设向单位正方形内随机投入 n 个点，如果有 m 个点落入 G 内，那么 I 近似等于随机点落入 G 内的概率，即 $I \approx m/n$。显然，I 的值随 n 的增加而逐渐趋于精确。

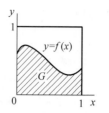

图 8-2　随机投点实验估算 I 值示意

2. 算法设计

由此，可设计出计算积分 I 的数值随机化算法。其代码如下：

```
def definite_integral(n):
    k = 0                          # 记录落入阴影区域内的点数
    for i in range(n):
        x = random.random()        # 产生一个[0,1)之间的实数,赋给 x
        y = random.random()        # 产生一个[0,1)之间的实数,赋给 y
        if y < f(x):
            k += 1
    return k/n
```

3. Python 实战

首先引入需要类包 random、math。其代码如下：

```
import random
import math
```

定义 $f(x)$ 函数为 $f(x) = |\sin(x)|$。其代码如下：

```
def f(x):
    return abs(math.sin(x))
```

定义 definite_integral() 函数模拟随机投点实验，并计算定积分 $\int_0^1 f(x)$。其代码如下：

```
def definite_integral(n):
    k = 0                          # 记录落入阴影区域内的点数
    for i in range(n):
        x = random.random()        # 产生一个[0,1)之间的实数,赋给 x
        y = random.random()        # 产生一个[0,1)之间的实数,赋给 y
        if y < f(x):
            k += 1
    return k/n
```

定义 Python 入口——main() 函数，在 main() 函数中，调用 definite_integral() 函数，

估算定积分 $\int_{0}^{1} f(x)$ 的值并将结果输出到显示器上。其代码如下：

```
if __name__ == "__main__":
    s = definite_integral(10000)
    print("定积分 = " + str(s))
```

输出结果为

定积分=0.464

视频讲解

8.3　蒙特卡罗算法

蒙特卡罗算法的基本思想：设 p 是一个实数，且 $0.5<p<1$。若蒙特卡罗算法对于问题的任一实例得到正确解的概率不小于 p，则称该算法是 p 正确的；对于同一实例，蒙特卡罗算法不会给出两个不同的正确解，就称该算法是一致的；而对于一个一致的 p 正确的蒙特卡罗算法，要想提高获得正确解的概率，只需执行该算法若干次，从中选择出现频率最高的解即可。

在一般情况下，如果设蒙特卡罗算法是一致的 p 正确的。那么至少调用多少次蒙特卡罗算法，可以使得蒙特卡罗算法得到正确解的概率不低于 $1-\varepsilon(0<\varepsilon\leqslant 1-p)$？

假设至少调用 x 次，则 $p+(1-p)p+(1-p)^2 p+\cdots+(1-p)^{x-1}p\geqslant 1-\varepsilon$，即 $1-(1-p)^x\geqslant 1-\varepsilon$，因为 $0<1-p<\dfrac{1}{2}$，所以 $x\geqslant\log_{1-p}\varepsilon$，故 $x=\left\lceil\dfrac{\log_2\varepsilon}{\log_2(1-p)}\right\rceil$。由此可见，无论 ε 的取值多么小，都可以通过多次调用的方法使得蒙特卡罗算法的优势增强，最终得到一个具有可接受错误概率的算法。

8.3.1　主元素问题

1. 问题分析

设 $T[1{:}n]$ 是一个含有 n 个元素的数组。当 $|\{i\mid T[i]=x\}|>n/2$ 时，称元素 x 是数组 T 的主元素。例如，$T=[1,1,1,2,5,5,1,1,1,1]$，T 中有 10 个元素，其中元素 1 出现了 7 次，超过了总元素个数的一半，所以元素 1 是 T 的主元素。再如 $T=[1,1,2,2,5,5,1,2,2,1]$，元素 1 出现 4 次，元素 2 出现 4 次，元素 5 出现 2 次，元素 1、2、5 出现的次数都不超过总元素个数的一半，所以 T 中不存在主元素。

由此可知，T 中要么有主元素，且只有一个元素为主元素，要么没有主元素。主元素问题为要求确定给定的 T 中是否有主元素。

2. 算法设计

对于给定的含有 n 个元素的数组 T，设计确定数组 T 中是否存在主元素的蒙特卡罗算法如下：

```
def majority(T):                          # 判定主元素的蒙特卡罗算法
    global p
    n = len(T)
```

```
        i = random.randint(0,n-1)              #产生 1~n 之间的随机下标
        x = T[i]                               #随机选择元素
        k = 0
        for j in range(n):
            if T[j] == x:
                k += 1
        p = k/n
        return p > 0.5                          #当 p>0.5 时,T 含有主元素
```

由主元素的定义可知,如果 T 中含有主元素,那么上述蒙特卡罗算法返回 True 的概率大于 1/2;如果 T 中不含有主元素,那么肯定返回 False。

在实际使用过程中,蒙特卡罗算法得到的解的可信度至少为 50%,这是无法让人接受的。为此,可通过重复调用该算法的方法来提高算法的可信度,使其错误概率降低到可接受的范围内。

对于任意给定的 $\varepsilon>0$,重复调用蒙特卡罗算法 $\left\lceil \dfrac{\log\varepsilon}{\log(1-p)} \right\rceil$ 次,可使得算法的可信度大于 $1-\varepsilon$,即错误概率小于 ε。算法如下:

```
def majorityMC(T,threshold):
    #重复次调用算法 majority
    result1 = majority(T)
    if result1:
        return True
    else:
        k = int(math.ceil(math.log2(threshold)/math.log2(1-p)))
        for i in range(1,k):
            if (majority(T)):
                return True
        return False
```

显然,算法 majorityMC 所需的计算时间是 $O\left(n\left\lceil \dfrac{\log\varepsilon}{\log(1-p)} \right\rceil\right)$。特别地,令 $p=1/2$,则计算时间为 $O(n\log(1/\varepsilon))$。

3. Python 实战

首先引入需要类包 random、math。其代码如下:

```
import random
import math
```

定义 majority()函数,用于判定 T 中是否有主元素。若有主元素,则返回 True;否则,返回 False。其代码如下:

```
def majority(T):                              #判定主元素的蒙特卡罗算法
    global p
    n = len(T)
    i = random.randint(0,n-1)                 #产生 1~n 之间的随机下标
    x = T[i]                                   #随机选择元素
```

```
k = 0
for j in range(n):
    if T[j] == x:
        k += 1
p = k/n
return p > 0.5                              ♯当 p>0.5 时,T 含有主元素
```

定义 majorityMC()函数,用于执行若干次,使得主元素问题的蒙特卡罗算法得到正确解的概率不小于 $1-\varepsilon$。majorityMC()函数中,首先调用一次 majority()函数,如果有主元素,就直接返回 True;否则,最多循环执行 k 次,提高蒙特卡罗算法得到正确解的概率,使之不小于 $1-\varepsilon$。其代码如下:

```
def majorityMC(T,threshold):
    ♯重复次调用算法 majority
    result1 = majority(T)
    if result1:
        return True
    else:
        k = int(math.ceil(math.log2(threshold)/math.log2(1 - p)))
        for i in range(1,k):
            if (majority(T)):
                return True
    return False
```

定义 Python 入口——main()函数,在 main()函数中,给出两个实例,分别调用 majorityMC()函数,得到结果,该结果的可信度不低于 $1-\varepsilon$。最后将算法结果打印输出到显示器上。其代码如下:

```
if __name__ == "__main__":
    T = [1,5,5,6,3,2,5,5,5,6,2,5,5,5,5,5,5,5,5]
    T1 = [1,5,6,6,3,2,5,6,5,6,2,6,5,5,6,5,6,5,6]
    p = 0
    resultT = majorityMC(T,0.01)
    resultT1 = majorityMC(T1,0.01)
    print("T 中是否有主元素?,结果为:",resultT)
    print("T1 中是否有主元素?,结果为:",resultT1)
```

输出结果为(不同次的执行,结果可能不同)
T 中是否有主元素?,结果为: True
T1 中是否有主元素?,结果为: False

8.3.2　素数测试

1. 试除法

素数的研究和密码学有很大的关系,而素数测试又是素数研究中的一个重要课题。解决素数测试问题的简便方法是试除法,即用 $2,3,\cdots,\sqrt{n}$ 去除 n,判断是否能被整除,如果能,则为合数;否则为素数。算法描述如下:

```
def Prime(n):
    m = math.floor(math.sqrt(n))
    for i in range(2,m + 1):
        if n % i == 0:
            return False
    return True
```

容易看出,如果 n 是素数,那么当且仅当没有一个试除数能被 n 整除。

该算法的优点是它不仅能确定 n 是素数还是合数,当 n 是合数时,它实际上确定出了 n 的素数因子分解。该算法的缺点是时效取决于 n,当 n 很大且没有较小的因子时,算法的效率很低。在密码学中用到的素数通常都很大,例如在 RSA 中一般需要有近百位长的素数,要迅速找到如此巨大的素数,采用试除法效率显然太低。本节将介绍能够较快地判断一个自然数 n 是否为素数的概率算法。

2. Wilson 定理

Wilson 定理有很高的理论价值,其定义为对于给定的正整数 n,判定 n 是素数的充要条件是 $(n-1)! \equiv -1(\bmod n)$。

例如,$n=5,6,7$:

$(5-1)!=24,24 \bmod 5=-1(\bmod 5)$。故 5 是素数。

$(6-1)!=120,120 \bmod 6=0(\bmod 6)$。故 6 不是素数。

$(7-1)!=720,720 \bmod 7=-1(\bmod 7)$。故 7 是素数。

根据 Wilson 定理设计的素数测试确定性算法描述如下:

```
def WilsonP(n):
    fac_mod = 1
    for i in range(2,n):
        fac_mod = (fac_mod * i) % n
    if fac_mod == n - 1:
        return True
    else:
        return False
```

实际上,Wilson 定理用于素数测试所需要的计算量太大,故无法实现对较大素数的测试。到目前为止,尚未找到素数测试的有效确定性算法。容易想到的素数测试随机化算法描述如下:

```
def Prime1(n):
    m = math.floor(math.sqrt(n))
    i = random.randint(2,m - 1)
    if n % i == 0:
        return False
    else:
        return True
```

Prime1 算法返回 False 时,n 不是素数的结论肯定正确,当返回 True 时,n 是素数的结论就不可信。糟糕的是该算法得到的解为正确解的概率很低。如当 $n=2653=43×61$

时,算法在 2~51 范围内随机选择一个整数 i,仅当选择到 $i=43$ 时,算法返回 False。其余情况均返回 True。在 2~51 范围内选到 $a=43$ 的概率约为 2%,因此算法以 98% 的概率返回错误的结论 True。

3. 费尔马小定理(Fermat 定理)

费尔马小定理:如果 p 是一个素数且 a 是整数,则 $a^p \equiv a \pmod{p}$。特别地,若 a 不能被 p 整除,则 $a^{p-1} \equiv 1 \pmod{p}$。

例如 $p=5$,对任意的 $0<a<p$(保证 a 不能被 p 整除)有:$1^4 \bmod 5=1$,$2^4 \bmod 5=1$,$3^4 \bmod 5=1$,$4^4 \bmod 5=1$。利用费尔马小定理的逆否定理,对于任意的整数 a,若 a 不能被 p 整除且不满足 $a^{p-1} \equiv 1 \pmod{p}$,则 p 不是一个素数。由此可知,不满足 $a^{p-1} \equiv 1 \pmod{p}$ 的 p 一定不是素数,而满足此式的 p 不一定是素数。有人做过实验:在 1~1000 中的数,计算 $2^{p-1} \bmod p$,发现满足 $2^{p-1} \equiv 1 \pmod{p}$ 但 p 是合数的数仅有 22 个。故对于给定的整数 p,可以设计一个素数判定算法。通过计算 $d=a^{p-1} \bmod p$ 来判定整数 p 的素数性。当 $d \neq 1$ 时,p 肯定不是素数;当 $d=1$ 时,n 很可能是素数,但也存在是合数的可能性。为了提高测试的准确性,可以随机地选取整数 a 且 $1<a<p$,然后用条件 $a^{p-1} \equiv 1 \pmod{p}$ 来判定整数 p 的素数性。例如对于 $p=341$,取 $a=3$ 时,由于 $3^{340} \bmod 341 \neq 1$,故可判定 n 不是素数。

根据费尔马小定理设计的素数测试算法如下:

```python
def fermat_prime(n):
    power = n - 1
    d = 1
    a = random.randint(2,n)
    while(power > 1):
        if(power % 2 == 1):
            d = d * a % n
        power = power//2        #整除
        a = a * a % n
    if(a * d % n == 1):
        return True
    else:
        return False
```

函数 fermat_prime(n) 采用了反复平方法求 $a^{n-1} \bmod n$ 的值。反复平方法就是求 a^n 时,如果 n 是偶数,那么 $a^n=(a^{n/2})^2$;如果 n 是奇数,那么 $a^n=a(a^{(n-1)/2})^2$。另外,$a^n \% m=((((a\%m)a)\%m)a\cdots)\%m$。

费尔马小定理毕竟只是素数判定的一个必要条件。满足费尔马小定理条件的整数 n 未必全是素数,有些合数也满足费尔马小定理的条件,这些合数被称作 Carmichael 数。Carmichael 数非常少,在 1~100 000 000 范围内的整数中,只有 255 个 Carmichael 数,前 3 个是 561、1105、1729。故利用下面的二次探测定理可以对上面的素数判定算法作进一步的改进,以避免将 Carmichael 数当作素数。

4. 二次探测定理

二次探测定理:如果 p 是一个素数,x 是整数且 $0<x<p$,则方程 $x^2 \equiv 1 \pmod{p}$ 的

解为 $x=1,p-1$。

事实上，$x^2 \equiv 1(\bmod\ p)$ 等价于 $x^2-1 \equiv 0(\bmod\ p)$。由此可知，$(x-1)(x+1) \equiv 0(\bmod\ p)$，故 p 必须整除 $x-1$ 或 $x+1$。由 p 是素数且 $0<x<p$，得出 $x=1$ 或 $x=p-1$。

根据二次探测定理，素数测试算法描述如下：

```python
def Secondary_detection(n):
    result = True
    for x in range(2,n-1):
        if(x ** 2 % n == 1):
            result = False
            break
    return result
```

可以在利用费尔马小定理计算 $a^{p-1}\bmod p$ 的过程中增加对整数 p 的二次探测。一旦发现违背二次探测定理，即可得出 p 不是素数的结论。

算法 power 用于计算 $a^p \bmod n$，并在计算过程中实施对 n 的二次探测。其算法描述如下：

```python
def power(n):
    global a
    power = n - 1
    d = 1
    while(power > 1):
        if(power % 2 == 1):
            d = d * a % n
        power = power//2
        result = a * a % n
        if result == 1 and a != 1 and a != n-1:
            return False
        a = result
    if(a * d % n == 1):
        return True
    else:
        return False
```

在算法 power 的基础上，设计的 Miller_Rabin 素数测试算法描述如下：

```python
def Miller_Rabin(n):
    global a
    a = random.randint(2,n-1)
    result = power(n)
    return result
```

当 Miller_Rabin 算法返回 False 时，整数 n 一定是合数；当返回 True 时，整数 n 在高概率意义下是一个素数，但仍然存在是合数的可能。可通过多次重复调用 Miller_Rabin 算法使得错误概率迅速降低，重复调用 k 次的 Miller_Rabin 算法描述如下：

```
def Miller_Rabin1(n,k):
    global a
    for i in range(k):
        a = random.randint(2,n-1)
        result = power(n)
        if not result:
            return False
    return True
```

5. Python 实战

素数的判定方法有很多种,前面已经讲解了试除法、Wilson 定理、费尔马小定理、二次探测定理、费尔马小定理+二次探测定理,下面用 Python 实现这 5 种算法,代码如下:

```
# 采用 5 种方法进行素数测试
# 试除法
import math
import random
def Prime(n):
    m = math.floor(math.sqrt(n))
    for i in range(2,m+1):
        if n % i == 0:
            return False
    return True
# wilson 定理
def WilsonP(n):
    fac_mod = 1
    for i in range(2,n):
        fac_mod = (fac_mod * i) % n
    if fac_mod == n-1:
        return True
    else:
        return False
# 费尔马小定理
def fermat_prime(n):
    power = n - 1
    d = 1
    a = random.randint(2,n)
    while(power > 1):
        if(power % 2 == 1):
            d = d * a % n
        power = power//2                    # 整除
        a = a * a % n
    if(a * d % n == 1):
        return True
    else:
        return False
# 二次探测定理
def Secondary_detection(n):
    result = True
    for x in range(2,n-1):
        if(x ** 2 % n == 1):
```

```
            result = False
            break
    return result
#二次探测定理 + 费尔马小定理
def Miller_Rabin1(n,k):
    global a
    for i in range(k):
        a = random.randint(2,n - 1)
        result = power(n)
        if not result:
            return False
    return True
if __name__ == "__main__":
    n = 12346
    print("试除法测试结果为:",Prime(n))
    print("Wilson 定理测试结果为:",WilsonP(n))
    print("费尔马小定理测试结果为:",fermat_prime(n))
    print("二次探测定理测试结果为:",Secondary_detection(n))
print("二次探测定理 + 费尔马小定理测试结果为:",Miller_Rabin1(n,10))
```

输出结果为(不同次的执行,算法输出的结果可能不一样)

试除法测试结果为：False

Wilson 定理测试结果为：False

费尔马小定理测试结果为：False

二次探测定理测试结果为：True

二次探测定理＋费尔马小定理测试结果为：False

8.4　拉斯维加斯算法

视频讲解

　　拉斯维加斯算法的一个显著特征是它所做的随机性决策有可能导致算法找不到所需的解。因此通常用一个 bool 型函数来表示拉斯维加斯型算法,当算法找到一个解时返回 True,否则返回 False。拉斯维加斯算法的典型调用形式为 success＝LV(x,y);其中 LV 表示算法名称,x 是输入参数;当 success 的值为 True 时,y 返回问题的解;当 success 为 False 时,算法未能找到问题的一个解,此时可对同一实例再次独立地调用相同的算法。

　　设 $p(x)$ 是对输入 x 调用拉斯维加斯算法获得问题的一个解的概率。一个正确的拉斯维加斯算法应该对所有输入 x 均有 $p(x)>0$。在更强意义下,要求存在一个常数 $\delta>0$,使得对问题的每一个实例 x 均有 $p(x)\geqslant\delta$。

　　设 $s(x)$ 和 $e(x)$ 分别是算法对于具体实例 x 求解成功或失败所需的平均时间,考虑下面的算法:

```
def RLV(x,y):
    success = False
    while(not success):
        success = RLV(x,y)
```

由于 $p(x)>0$,故只要有足够的时间,对任何实例 x,算法 RLV 总能找到问题的一个解。设 $t(x)$ 是算法 RLV 找到具体实例 x 的一个解所需的平均时间,做 n 次实验,成功的次数为 $np(x)$,不成功的次数为 $n(1-p(x))$,实验所耗用的总时间为 $np(x)s(x)+n(1-p)e(x)$,则 $t(x)=\dfrac{np(x)s(x)+n(1-p(x))e(x)}{np(x)}=s(x)+\dfrac{1-p(x)}{p(x)}e(x)$。

8.4.1 整数因子分解

1. 问题分析

所谓整数因子分解是指将大于 1 的整数 n 分解为如下形式:$n=p_1^{m_1}p_2^{m_2}\cdot\cdots\cdot p_k^{m_k}$。其中,$p_1,p_2,\cdots,p_k$ 是 k 个素数且 $p_1<p_2<\cdots<p_k$,$m_1,m_2,\cdots,m_k$ 是 k 个正整数。

如果 n 是一个合数,则 n 必有一个非平凡因子 x,$1<x<n$,使得 x 可以整除 n。

给定一个合数 n,求 n 的一个非平凡因子的问题称为整数 n 的因子分割问题。

根据上节讨论的素数测试问题,整数因子分解问题实质上可以转化为整数的因子分割问题,即分解出所给整数的一个因子,然后判断该因子的素数性,如果是素数,就输出;反之,递归求合数的因子分解即可。

2. 算法设计

下面的算法可实现对整数 n 的因子分割:

```
def split(n):
    k = math.floor(math.sqrt(n))
    for i in range(2,k + 1):
        if (n % i = = 0):
            return i
    return 1
```

在最坏情况下,算法 split(n)的时间复杂性为 $O(\sqrt{n})$。

进一步分析可以发现,split(n)是通过对 $1\sim x$ 之间的数进行试除而得到 $1\sim x^2$ 之间任一整数的因子分割。根据这一特点,下面讨论由 Pollard 提出的用于实现因子分割的拉斯维加斯算法。

pollard(n)算法步骤:

(1) 产生 $0\sim n-1$ 范围内的一个随机数 x,令 $y=x$。

(2) 按照 $x_i=(x_{i-1}^2-1)\bmod n$,$i=2,3,4,\cdots$产生一系列的 x_i。

(3) 对于 $k=2^j(j=0,1,2,\cdots)$,以及 $2^j<i\leqslant 2^{j+1}$,计算 x_i-x_k 与 n 的最大公因子 $d=\gcd(x_i-x_k,n)$,如果 $1<d<n$,就实现对 n 的一次分割,输出 d。

求整数 n 的因子分割的拉斯维加斯算法描述如下:

```
def pollard(n):
    x = random.randint(0,n - 1)          # 随机整数
    y = x
    k = 2
    i = 0
    while (i < = 64):                     # 64 为最大迭代次数
```

```
        i += 1
        x = (x * x - 1) % n
        d = gcd(y - x,n)                  #求 n 的非平凡因子 xk-x
        if d > 1 and d < n:
            return d
        if y == x:                        #特殊勤快处理
            return n
        if (i == k):
            y = x
            k *= 2
```

3. Python 实战

整数的因子分解问题可以转化为整数的因子分割问题求解,整数的因子分割问题的求解可以通过设计确定性算法或设计随机化算法来实现。下面用 Python 实现整数的因子分割的确定性算法和随机化算法,代码如下:

```
#整数因子分割——拉斯维加斯算法
import random
import math
#因子分割的确定性算法
def split(n):
    k = math.floor(math.sqrt(n))
    for i in range(2,k + 1):
        if (n % i == 0):
            return i
    return 1
#求 a,b 的最大公约数
def gcd(a,b):
    if b == 0:
        return a
    else:
        return gcd(b,a % b)
#因子分割的 Pollard 算法
def pollard(n):
    x = random.randint(0,n - 1)           #随机整数
    y = x
    k = 2
    i = 0
    while (i <= 64):                      #64 为最大迭代次数
        i += 1
        x = (x * x - 1) % n
        d = gcd(y - x,n)                  #求 n 的非平凡因子 xk-x
        if d > 1 and d < n:
            return d
        if y == x:                        #特殊勤快处理
            return n
        if (i == k):
            y = x
            k *= 2
if __name__ == "__main__":
    n = 1000
    a1 = split(n)
```

```
    a = pollard(n)
    print("确定性算法分割的 n 的一个因子为:",a1)
    print("pollard 算法分割的 n 的一个因子为:",a)
```

输出结果为(确定性算法的输出不变,pollard 算法每次执行的结果在变化)

确定性算法分割的 n 的一个因子为：2

pollard 算法分割的 n 的一个因子为：5

8.4.2　n 皇后问题

1. 问题分析

n 皇后问题要求将 n 个皇后放在 $n \times n$ 棋盘的不同行、不同列、不同斜线的位置,找出相应的放置方案。这个问题仅仅要求任意两个皇后的位置之间满足上述要求即可,并没有放置规律可循。因此,可以随机选取棋盘上的一个位置,只要和其他皇后的位置不冲突就行了。用 n 维向量 $X = (x_1, x_2, \cdots, x_n)$ 表示 n 个皇后在棋盘中的位置,x_i 表示第 i 个皇后在 i 行 x_i 列。i、j 两皇后不在同一斜线可表示为 $|i-j| \neq |x_i - x_j|$,不在同一列可表示为 $x_i \neq x_j$。

2. 算法设计

首先定义一个 place() 函数,用于判断是否能放置当前皇后,如果能,就返回 True;反之,就返回 False。place() 函数的实现如下:

```
def place(k):                    #判断能否在第 k 行放置第 k 个皇后(皇后从 0 开始编号)
    global x
    for j in range(k):           #当前皇后和前面已经放置好的皇后是否同一斜线、是否同一列
        if((abs(k - j) == abs(x[j] - x[k])) or (x[j] == x[k])):
            return False
    return True
```

再定义一个 queensLV() 函数用于实现在棋盘上随机放置 n 个皇后的拉斯维加斯算法,该函数首先找出当前皇后能放置的位置,并将其存在数组 y 中,然后在这些位置中随机选择一个放置皇后。

```
def queensLV(n):
    global x
    k = 0
    count = 1                            #记录当前要放置的第 k 个皇后在第 k 行的有效位置
    while((k < n) and (count > 0)):
        count = 0
        y = []
        for i in range(n):
            x[k] = i
            if(place(k,x)):
                y.append(i)              #第 k 个皇后在第 k 行的有效位置存于 y 数组
                count += 1
        #从有效位置中随机选取一个位置放置第 k 个皇后
        if(count > 0):
            x[k] = y[random.randint(0,count - 1)]
```

```
            k += 1
    return (count > 0)                      # count > 0 表示放置成功
```

　　最后定义一个 nQueen() 函数,用于实现求解 n 皇后问题的拉斯维加斯算法。该函数首先进行初始化,然后反复调用 queensLV() 函数,直到找到 n 个皇后的放置方案。其代码如下:

```
def nQueen(n):
    success = queensLV(n)
    while(not success):
        success = queensLV(n)
    return success
```

3. Python 实战

　　根据上面分析,求解 n 皇后问题的随机化算法实现如下:

```
import random
def place(k):                       # 判断能否在第 k 行放置第 k 个皇后(皇后从 0 开始编号)
    global x
    for j in range(k):              # 当前皇后和前面已经放置好的皇后是否同一斜线、是否同一列
        if((abs(k - j) == abs(x[j] - x[k])) or (x[j] == x[k])):
            return False
    return True
def queensLV(n):
    global x
    k = 0
    count = 1                       # 记录当前要放置的第 k 个皇后在第 k 行的有效位置
    while((k < n) and (count > 0)):
        count = 0
        y = []
        for i in range(n):
            x[k] = i
            if(place(k)):
                y.append(i)         # 第 k 个皇后在第 k 行的有效位置存于 y 数组
                count += 1
        # 从有效位置中随机选取一个位置放置第 k 个皇后
        if(count > 0):
            x[k] = y[random.randint(0, count - 1)]
            k += 1
    return (count > 0)              # count > 0 表示放置成功
def nQueen(n):
    success = queensLV(n)
    while(not success):
        success = queensLV(n)
    return success
if __name__ == "__main__":
    n = 8
    x = [-1 for i in range(n)]
    success = nQueen(n)
    if success:
        print("n 皇后问题的一种放置方案为:", x)
```

输出结果为

n 皇后问题的一种放置方案为:$[6,0,2,7,5,3,1,4]$

视频讲解

8.5　舍伍德算法

分析算法在平均情况下计算复杂性时,通常假定算法的输入数据服从某一特定的概率分布。例如,如果输入数据是均匀分布,快速排序算法所需的平均时间是 $O(n\log n)$。而当其输入已"几乎"排好序的序列时,这个时间界就不再成立。此时,可以采用舍伍德算法消除或削弱算法所需计算时间与输入实例间的这种差异。

8.5.1　随机快速排序

1. 问题分析

在本书第 3 章的第 3.6 节描述的快速排序算法在最坏情况下的时间复杂性之所以与平均情况差别较大,主要是因为该算法始终选择待排序序列的第一个元素作为基准元素进行划分。要想消除这种差异,必须在基准元素的选择上做文章。因此,对选择基准元素的操作引入了随机性,即随机性选择基准元素。引入随机性后的快速排序算法便是舍伍德算法,它可以以高概率获得平均计算性能。

2. 算法设计

随机选取基准元素进行划分的算法如下:

```
算法:RandPartition(R,left,right)
输入:R:待排序元素 left:起始索引 right:结束索引
输出:基准元素划分的结果
    i ←left
    j ←right
    randi ←随机选取一个位置
    R[left]↔R[randi]                    //将随机选择的位置和第一个位置元素互换
    pivot←R[left]                       //用序列的第一个元素作为基准元素
    while(i < j) do                      //从序列的两端交替向中间扫描,直至i=j为止
        while(i < j and R[j]> = pivot) do //pivot 相当于在位置 i 上
            j ←j - 1                     //从右向左扫描,查找第一个小于 pivot 的元素
        if(i < j) then                   //表示找到了小于基准元素的元素
            R[i]↔R[j]                   //交换 R[i]和 R[j],交换后 i 执行加 1 操作
            i ←i + 1
        while(i < j and R[i]< = pivot) do //从左向右扫描,查找第一个大于 pivot 的元素
            i ←i + 1
        if(i < j) then                   //表示找到了大于基准元素的元素
            R[i]↔R[j]                   //交换 R[i]和 R[j],交换后 j 执行减 1 操作
            j ←j - 1
    return j
```

随机快速排序算法伪码如下:

```
算法:quickSort(R,left,right)
输入:R:待排序元素,left:起始索引,right:结束索引
```

输出:排好序的 R
```
    if left < right then                    //递归的边界条件
        j ← RandPartition(R,left,right)     //随机划分
        quickSort(R, left, j-1)             //递归
        quickSort(R, j+1, right)            //递归
```

3. Python 实战

根据算法设计,随机快速排序的舍伍德算法实现如下:

```python
#随机快速排序
import random
#随机选取基准元素进行划分
def RandPartition(R,left,right):          #R:待排序元素 left:起始索引 right:结束索引
    i = left
    j = right
    randi = random.randint(left,right)    #随机选取一个位置
    R[left],R[randi] = R[randi],R[left]   #将随机选择的位置和第一个位置元素互换
    pivot = R[left]                       #用序列的第一个元素作为基准元素
    while(i < j):                         #从序列的两端交替向中间扫描,直至 i=j 为止
        while(i < j and R[j] >= pivot):   #pivot 相当于在位置 i 上
            j -= 1                        #从右向左扫描,查找第一个小于 pivot 的元素
        if(i < j):                        #表示找到了小于基准元素的元素
            R[i],R[j] = R[j],R[i]         #交换 R[i]和 R[j],交换后 i 执行加 1 操作
            i += 1
        while(i < j and R[i] <= pivot):   #从左向右扫描,查找第一个大于 pivot 的元素
            i += 1
        if(i < j):                        #表示找到了大于基准元素的元素
            R[i],R[j] = R[j],R[i]         #交换 R[i]和 R[j],交换后 j 执行减 1 操作
            j -= 1
    return j

#快速排序函数
def quickSort(R,left,right):
    if left < right:
        j = RandPartition(R,left,right)
        quickSort(R, left, j-1)
        quickSort(R, j+1, right)

if __name__ == "__main__":
    arr = [54, 26, 93, 17, 77, 88,5, 44, 55, 20,3]
    n = len(arr)
    quickSort(arr,0,n-1)
    print ("排序后的数组:",arr)
```

输出结果为
排序后的数组:$[3,5,17,20,26,44,54,55,77,88,93]$

8.5.2 线性时间选择

1. 问题分析

线性时间选择的分治算法对基准元素的选择比较复杂:首先是分组,然后取每一组的中位数,再取每组中位数的中位数,最后以该中位数为基准元素对 n 个元素进行划分。

根据舍伍德算法的思想,可以在基准元素的选择上引入随机性,将线性时间选择算法改造成舍伍德算法。

2. 算法设计

采用 8.5.1 节随机划分的方法将给定元素划分为两部分,计算包括基准元素在内的较小部分元素个数 count,如果 count$<k$,则在较大部分的元素中递归找第 k-count 小;如果 count$>k$,则在较小部分元素个数中递归找第 k 小。算法设计如下:

```
算法:select(R,left,right,k)
输入:待查找元素序列 R,起始索引 left,结束索引 right,k
输出:第 k 小元素
    if left >= right then
        return R[left]
    j ← partition1(R,left,right)
    count ← j - left + 1
    if count == k then
        return R[j]
    else if count < k then
        return select(R,j + 1, right, k - count)
    else
        return select(R,left, j, k)
```

---

3. Python 实战

根据算法设计,线性时间选择问题的舍伍德算法实现如下:

```
# 随机选择第 k 小元素
import random
def RandPartition(R,left,right):            # R:待查找元素序列 left:起始索引 right :结束索引
    i = left
    j = right
    randi = random.randint(left,right)
    R[left],R[randi] = R[randi],R[left]
    pivot = R[left]                         # 用序列的第一个元素作为基准元素
    while(i < j):                           # 从序列的两端交替向中间扫描,直至 i=j 为止
        while(i < j and R[j]>= pivot):      # pivot 相当于在位置 i 上
            j -= 1                          # 从右向左扫描,查找第一个小于 pivot 的元素
        if(i < j):                          # 表示找到了小于基准元素的元素
            R[i],R[j] = R[j],R[i]           # 交换 R[i]和 R[j],交换后 i 执行加 1 操作
            i += 1
        while(i < j and R[i]<= pivot):      # 从左向右扫描,查找第一个大于 pivot 的元素
            i += 1
        if(i < j):                          # 表示找到了大于基准元素的元素
            R[i],R[j] = R[j],R[i]           # 交换 R[i]和 R[j],交换后 j 执行减 1 操作
            j -= 1
    return j
# 随机选择第 k 小元素
def select(R,left,right,k):
    if left >= right:
        return R[left]
    j = RandPartition(R,left,right)
    count = j - left + 1
```

```
        if count == k:
            return R[j]
        elif count < k:
            return select(R, j + 1, right, k - count)
        else:
            return select(R, left, j, k)
if __name__ == "__main__":
    arr = [54, 26, 93, 17, 77, 5, 44, 55, 20]
    n = len(arr)
    k = int(input("请输入正确的k"))
    while( k < 0 or k > n):
        print("Error")
        k = int(input("请输入正确的k"))
    min_k = select(arr, 0, n - 1, k)
    print ("R中第", k, "小为:", min_k)
```

输出结果为(当 $k=-1$ 时,报错,当输入合法的 $k=7$ 时,找到第 7 小元素为 55)

请输入正确的 k -1

Error

请输入正确的 k 7

R 中第 7 小为：55

当所给的确定性算法无法直接改造成舍伍德算法时,可以借助随机预处理技术(不改变原有的确定性算法,仅对其输入进行随机洗牌),同样可以得到舍伍德算法的效果。随机预处理算法描述如下:

```
import random
def Shuffle(a):
    n = len(a)
    for i in range(1, n):
        j = random.randint(i, n - 1)
        a[i], a[j] = a[j], a[i]
    return a
```

第 9 章

NP完全理论

NP-complete(NP-完全)一词是 20 世纪 70 年代初才开始出现的一个新术语。在短短的几十年间,它在数学、计算机科学和运筹学等领域广为流传,其蔓延之势至今有增无减。今天,NP-complete 一词已经成为算法设计者在求解规模大而又复杂困难的问题时所面临的某种难以逾越的深渊的象征。这是一个耗费了很多时间和精力也没有解决的终极问题,好比物理学中的大统一和数学中的歌德巴赫猜想等。

2000 年初,美国克雷数学研究所的科学顾问委员会选定了 7 个"千年大奖问题",该研究所的董事会决定建立 700 万美元的大奖基金,每个"千年大奖问题"的解决都可获得百万美元的奖励。克雷数学研究所"千年大奖问题"的选定,其目的不是为了形成新世纪数学发展的新方向,而是集中在数学家们梦寐以求而期待解决的重大难题上。NP 完全问题排在百万美元大奖的首位,足见它的显赫地位和无穷魅力。

现在,人们已经认识到,在科学和很多工程技术领域里,常常遇到的许多有重要意义而又没有得到很好解决的难题是 NP 完全问题。另外,由于人们的新发现,这类问题的数目不断增加。

因此,熟悉和了解 NP 完全问题的概念以及相关理论,对于所有关心上述各个领域中可计算性方面的人们和算法设计者来讲,是一件具有重要意义的事情。

9.1 易解问题和难解问题

视频讲解

无论是计算机专业人士还是计算机科学家,在研究问题的计算复杂性时,他们首先考虑的都是一个给定的问题是不是能够用某些算法在多项式时间内求解,即算法的时间复杂性是不是 $O(n^k)$。其中,n 是问题规模;k 是一个非负整数。Ednonds 于 1965 年指出只有多项式时间算法才称得上是"好"算法,他还认为有的问题可能不存在求解它们的这种"好"算法。

其实,多项式时间复杂性并不一定就意味着较低的时间要求,例如:$10^{99}n^8$ 和 n^{100} 都是多项式函数,但它们的值却大得惊人。既然如此,为什么科学家还要用它作为标准去定义问题呢? 原因可能有以下几条:

(1) 这样做可以为有过多时间要求的那类问题提供一个很好的标准。

(2) 多项式函数在加、乘运算下是自封闭的,并且在那些可以作为有用的分析算法复杂性的函数类中,多项式函数是具有这种性质的最小函数类。

(3) 多项式时间复杂性的分析结果,对于常用的各种计算机形式模型,具有不变性。

应该说明,对于能找到多项式时间算法的实际问题,它们的多项式时间复杂性函数,一般都不含有特大系数或较高幂指数的项。

通常,人们将存在多项式时间算法的问题称为易解问题,将需要在指数时间内解决的问题称为难解问题。

目前,已经得到证明的难解问题只有两类:不可判定问题和非决定的难处理问题。

1. 不可判定问题

该类问题是不能解问题。它们太难了,以致根本就不存在能求解它们的任何算法。著名的图灵机停机问题:给定一个计算机程序和一个特定的输入,判定该程序是进入死循环,还是可以停机。图灵于1936年证明了该问题是一个不可判定问题。以后,人们又相继证明了其他一些问题,如希尔伯特第十问题,即整数多项式方程的可解性问题也是不可判定问题。

2. 非决定的难处理问题

这类问题是可判定的(即可解的)。但是,即使使用非决定的计算机也不能在多项式时间内求解它们。所谓的非决定的计算机,是指人们在研究可计算性理论时引入的一种假想计算机。这种计算机具有能同时处理无数个并行的、相互独立的计算序列的能力。而现实世界中的计算机都是决定的计算机,它们不可能有如此强大的功能,在某一时刻它们只能处理一个计算序列。

20世纪60年代初和70年代初,Hartimanis 和 Meyer 等人分别证明了某些"人造的"问题和"天然的"问题属于非决定的难处理问题。

值得注意的是,通常人们在实际中遇到的那些难解的且有重要实用意义的许多问题都是可判定的(即可求解),且都能用非决定的计算机在多项式时间内求解。不过,人们还不知道,是否能用决定的计算机在多项式时间内求解这些问题,这类问题正是NP完全性理论要研究的主要对象。

9.2 P类和NP类问题

在讨论NP完全问题时,经常考虑的是仅仅要求回答"是"或"否"的判定问题,因为判定问题可以容易地表达为语言的识别问题,从而方便在图灵机上求解。需要注意的是,许多重要问题以它们最自然的形式出现时并不是判定问题,但可以化简为一系列更容易研究的判定问题。例如,图的 m 可着色优化问题是这样表述的:在对图的顶点着色时,最少需要几种颜色才能使任意有边相连的两个顶点不同色。若换一种问法,就可以将其转换为判定问题：是否可以用不超过 m 种颜色对图的顶点着色,使任意有边相连的两个顶点不同色,$m=1,2,\cdots$。

严格意义上,P 类问题和 NP 类问题的定义是针对语言识别问题(该问题是一种特殊的判断问题)基于图灵机(Turing Machine)计算模型给出的。本节从算法的角度给出这两类问题的一种非形式化的简单解释。

9.2.1　P 类问题

定义 1　设 A 是问题 $\varPi$ 的一个算法。如果在处理问题 $\varPi$ 的实例时,在算法的执行过程中,每一步只有一个确定的选择,就称算法 A 是确定性算法。因此,确定性算法对于同样的输入实例一遍又一遍地执行,其输出从不改变。通常在写程序时,用到的都是一些确定性算法,比如说排序算法和查找算法等。

定义 2　如果对于某个判定问题 $\varPi'$,存在一个非负整数 k,对于输入规模为 n 的实例,能够以 $O(n^k)$ 的时间运行一个确定性算法,得到是或否的答案,那么该判定问题 $\varPi'$ 是一个 P(Polynomial)类问题。

从定义 2 可以看出,P 类问题是一类能够用确定性算法在多项式时间内求解的判断问题。事实上,所有易解问题都属于 P 类问题。例如,最短路径判定问题(Shortest Path)就属于 P 类问题。该问题的描述为给定有向带权图 $G=(V,E)$,正整数 k 及两个顶点 $s,t \in V$,是否存在一条由 s 到 t,长度至多为 k 的路径。

9.2.2　NP 类问题

其实,绝大多数判定问题都存在一个公共特性:对于某问题,很难找到其多项式时间的算法(或许根本不存在),但是如果给了该问题的一个答案,就可以在多项式时间内判断或验证这个答案是否正确。比如哈密尔顿回路问题,很难找到其多项式时间的算法,但如果给出一个任意的回路,很容易判断它是否是哈密尔顿回路(只要看是不是所有的顶点都在回路中就可以了)。这种可以在多项式时间内验证一个解是否正确的问题称为NP 问题。

简言之,虽然对问题的求解是困难的,但要验证一个待定解是否解决了该问题却是简单的,且这种验证可以在多项式时间内完成。为此,计算机科学家们给出了以下概念。

定义 3　设 A 是求解问题 $\varPi$ 的一个算法,如果该算法以如下两阶段的方式工作,就称算法 A 是不确定算法。

猜测(非确定)阶段:对规模为 n 的输入实例 L,生成一个输出结果 S,把它作为给定实例 L 的一个候选解,该解可能是相应输入实例 L 的解,也可能不是,甚至完全不着边际。但是,它能够以多项式时间 $O(n^i)$ 来输出这个结果。其中,i 是一个非负整数。在很多问题中,这一阶段可在线性时间完成。

验证(确定)阶段:在该阶段,需要采用一个确定性算法,把 L 和 S 都作为该算法的输入,如果 S 的确是 L 的一个解,算法停止且输出"是";否则,算法输出"否"或继续执行。

例如,考虑旅行商 TSP 的判断问题:给定 n 个城市、正常数 k 及城市之间的费用矩阵 C,判定是否存在一条经过所有城市一次且仅一次,最后返回住地城市且费用小于常数

k 的回路。假设 A 是求解 TSP 问题的算法。首先，A 用非确定的算法猜测存在这样一条回路是 TSP 问题的解。然后，用确定性算法验证这个回路是否正好经过每个城市一次，并返回住地城市。如果答案是"是"，就继续验证这个回路的费用是否小于或等于 k；如果答案仍为"是"，那么算法 A 输出"是"；否则，算法输出"否"。因此，A 是求解 TSP 问题的不确定算法。显然，算法 A 输出"否"，并不意味着不存在一条所要求的回路，因为算法的猜测可能是不正确的。另外，对所有的实例 L，算法 A 输出"是"，当且仅当在实例 L 中，至少存在一条满足要求的回路。

通常，如果一个不确定算法能够以多项式时间 $O(n^j)$ 来完成验证阶段，就说它是不确定多项式类型的。其中，j 是某个非负整数。

由于非确定算法的运行时间是猜测阶段和验证阶段的运行时间之和，所以如果存在一个确定性算法能够以多项式时间来验证在猜测阶段所产生的答案，那么非确定算法的运行时间为 $O(n^i) + O(n^j) = O(n^k)$，$k = \max\{i, j\}$。这样，可以对 NP 类问题定义如下：

定义 4　如果对于某个判定问题 Π，存在一个非负整数 k，对于输入规模为 n 的实例，能够以 $O(n^k)$ 的时间运行一个不确定算法，得到是或否的答案，那么该判定问题 Π 是一个 NP(Nondeterministic Polynomial)类问题。

从定义 4 可以看出，NP 类问题是一类能够用不确定算法在多项式时间内求解的判定问题。对于 NP 类判定问题，重要的是它必须存在一个确定算法，能够以多项式时间来验证在猜测阶段所产生的答案。

如求解旅行商 TSP 判断问题的算法 A，显然，A 可在猜测阶段用多项式时间猜测出一条回路，并假定它是问题的解；验证阶段在多项式时间内可对猜测阶段所做出的猜测进行验证。因此，旅行商 TSP 判定问题是 NP 类问题。

NP 类问题是难解问题的一个子类，并不是任何一个在决定计算机上需要指数时间的问题都是 NP 类问题。例如，汉诺塔问题就不是 NP 类问题，因为它对于 n 层汉诺塔需要 $O(2^n)$ 步打印出正确的移动集合，一个非确定算法不能在多项式时间猜测并验证一个答案。

由此可见，NP 类问题很有趣，它并不要求给出一个算法来求解问题本身，而只是要求给出一个确定性算法在多项式时间内验证它的解。

9.2.3　P 类问题和 NP 类问题的关系

如上所述，P 类问题和 NP 类问题的主要差别在于：

(1) P 类问题可以用多项式时间的确定性算法来进行判定或求解。

(2) NP 类问题可以用多项式时间的不确定性算法来进行判定或求解，关键是存在一个确定算法，能够以多项式的时间来验证在猜测阶段所产生的答案。

直观上看，P 类问题是在确定性计算模型下的易解问题，而 NP 类问题是非确定性计算模型下的易验证问题。因为确定性算法只是不确定算法的一种特例，显然有 P$\subseteq$NP。再者，通常认为，问题求解难于问题验证，故大多数研究者相信，NP 类是比 P 类要大得多的集合，即 NP$\not\subset$P，故 P$\neq$NP。可是，时至今日，还没有任何人能证明：在 NP 类中有哪个问题不属于 P 类。更有意思的是，目前也没有任何人能为 NP 类中的众多难题里面的哪怕是一个难题,找到一个多项式时间算法。P＝NP? 这至今仍然是一个悬而未决的问题,百万元美金这个大奖还没有人拿到。

但是后来人们发现还有一系列的特殊 NP 类问题,这类问题的特殊性质使得大多数计算机科学家相信:P≠NP,只不过现在还无法证明。这类特殊的 NP 类问题就是 NP 完全问题。

视频讲解

9.3 NP 完全问题

NP 完全问题是 NP 类问题的一个子类,是更为复杂的问题。该类问题有一种奇特的性质:如果一个 NP 完全问题能在多项式时间内得到解决,那么 NP 类中的每个问题都可以在多项式时间内得到解决,即 P＝NP 成立。这是因为,任何一个 NP 类问题均可以在多项式时间内变换成 NP 完全问题。

尽管已进行了多年的研究,但目前还没有求出一个 NP 完全问题有多项式时间算法。这些问题也许存在多项式时间算法,因为计算机科学是相对新生的科学,肯定还会有新的算法设计技术有待发现;这些问题也许不存在多项式时间算法,但目前缺乏足够的技术来证明这一点。

9.3.1 多项式变换技术

从 20 世纪 60 年代起,人们陆续实现了一些问题之间的相互转化实例。例如,1960 年,Dantzig 把一些组合优化问题转化为一般的 0-1 整数线性规划问题。1966 年,Dantzig 与 Blattner、Bao 等人一起实现了将旅行商 TSP 问题转化为允许带负边长的"最短路径"问题。

这种问题之间相互变换的技术是十分有用的,因为它提供了一种重要的手段,使有可能利用求解某个问题的算法去求解另外一个问题。

如果问题 Q_1 的任何一个实例,都能在多项式时间内转化成问题 Q_2 的相应实例,从而使问题 Q_1 的解可以在多项式时间内利用问题 Q_2 相应实例的解求出,那么称问题 Q_1 是可多项式变换为问题 Q_2 的,记为 $Q_1 \propto_p Q_2$,其中 p 表示在多项式时间内完成输入和输出的转换。

多项式变换关系是可传递的,如果 $Q_1 \propto_p Q_2$ 并且 $Q_2 \propto_p Q_3$,那么有 $Q_1 \propto_p Q_3$。而如果 $Q_1 \propto_p Q_2$ 并且 $Q_2 \in P$,则 $Q_1 \in P$(相应地,若 $Q_1 \notin P$,则 $Q_2 \notin P$)。

定义 5   令 Π 是一个判定问题,如果

(1) $\Pi \in NP$,即问题 Π 属于 NP 类问题;

(2) 对 NP 中的所有问题 Π',都有 $\Pi' \propto_p \Pi$。

那么称判定问题 Π 是一个 NP 完全问题(NP Complete Problem),简记为 NPC。

9.3.2 典型的 NP 完全问题

NP 完全问题的定义要求 NP 中的所有问题,无论是已知的还是未知的,都能够多项式地变换为 NP 完全问题。由于判定问题的类型多得令人不知所措,所以如果说有人已经找到了 NP 完全的一个特定例子,大家一定感到吃惊。然而,这个数学上的壮举已经由

美国的 Stephen Cook 和苏联的 Leonid LeCin 分别独立完成了。Cook 在他 1971 年的论文中指出：所谓的合取范式可满足性问题就是 NP 完全问题。合取范式可满足性问题和布尔表达式有关，每一个布尔表达式都能表示成合取范式的形式，如：

$$(x_1 \vee \overline{x_2} \vee \overline{x_3}) \& (\overline{x_1} \vee x_2) \& (\overline{x_1} \vee \overline{x_2} \vee \overline{x_3})$$

该表达式中包含了三个布尔变量 x_1, x_2, x_3 以及它们的非，分别标记为 $\overline{x_1}, \overline{x_2}, \overline{x_3}$。

合取范式可满足性问题是：是否可以把真或者假赋给一个给定的合取范式类型的布尔表达式中的变量，使得整个表达式的值为真（容易看出，对于上面的式子，如果 x_1=真，x_2=真，x_3=假，那么整个表达式为真）。

由于 Cook 和 LeCin 发现了第一个 NP 完全问题——合取范式可满足性问题，基于该问题，逐渐地生成一棵以它为树根的 NP 完全问题树，其中每个节点代表一个 NP 完全问题，该问题可在多项式时间内变换为其任意子节点表示的问题。目前，这棵树已有几千个节点，且在继续生长。

下面介绍这棵 NP 完全树中的几个典型的 NP 完全问题。

（1）图着色问题 COLORING

给定无向连通图 $G=(V,E)$ 和一个正整数 m，是否可以用 m 种颜色对 G 中的顶点着色，使得任意有边相连的两个顶点的着色不同。

（2）路径问题 LONG-PATH

给定一个带权图 $G=(V,E)$ 和正整数 k，对于图 G 中的任意两个顶点 u 和 v，是否存在从顶点 u 到顶点 v 的长度大于 k 的简单路径。

（3）顶点覆盖问题 VERTEX-COVER

给定一个无向图 $G=(V,E)$ 和一个正整数 k，判定是否存在 $V'\subseteq V$，$|V'|=k$，使得对于任意 $(u,v)\in E$ 有 $u\in V'$ 或 $v\in V'$。如果存在这样的 V'，那么称 V' 为图 G 的一个大小为 k 的顶点覆盖。

（4）子集和问题 SUBSET-SUM

给定整数集合 S 和一个整数 t，判定是否存在 S 的一个子集 $S'\subseteq S$，使得 S' 中整数的和为 t。

（5）哈密尔顿回路问题 HAM-CYCLE。

给定一个无向图 $G=(V,E)$，判断其是否含有一条哈密尔顿回路。

（6）旅行商问题 TSP。

给定一个无向完全图 $G=(V,E)$ 以及定义在 $V\times V$ 上的费用函数 c 和一个整数 k，判定图 G 是否存在经过 V 中所有顶点恰好一次的回路，使得该回路的费用不超过 k。

（7）装箱问题 BIN-PACKING。

给定大小为 $w_1, w_2, \cdots, w_n$ 的物体，箱子的容量为 C，以及一个正整数 k，是否能够用 k 个箱子来装这 n 个物体。

最近几年来，证实为 NP 完全的问题愈来愈多，在 1979 年还只证明了三百多个，但目前已超过一千了。这些问题互相为多项式归约，即只要有一个问题求得多项式算法，这数以千计的问题就全部有多项式算法。但是计算机科学家不能老是盯着这些问题的多项式算法，因为也许有朝一日证实它们不可能有多项式时间算法，那岂不是白费精力。同时，很多问题具有实际意义，需要找出时间较快而又较好的解法。那么，究竟采取什么样的算法来求解 NP 完全问题呢?

9.4 NP 完全问题的近似算法

视频讲解

对于 NP 完全问题,可采取的解题策略有:只对问题的特殊实例求解、用动态规划法或分支限界法求解、用概率算法求解、只求近似解、用启发式法求解等。本节主要讨论解决 NP 完全问题的近似算法。

一般来说,近似算法所适应的问题是最优化问题,即要求在满足约束条件的前提下,使某个目标函数值达到最大或者最小。对于一个规模为 n 的问题,近似算法应该满足下面两个基本的要求:

(1) 算法的时间复杂性:要求算法能在 n 的多项式时间内完成。

(2) 解的近似程度:算法的近似解应满足一定的精度。通常,用来衡量精度的标准有近似比和相对误差。

① 近似比。假设一个最优化问题的最优值为 C,求解该问题的一个近似算法求得的近似值为 c。通常情况下,近似比是问题输入规模 n 的一个函数 $\rho(n)$。

如果最优化问题是最大化问题,则近似比 $\rho(n)$ 为

$$\rho(n) = C/c$$

如果最优化问题是最小化问题,则近似比 $\rho(n)$ 为

$$\rho(n) = c/C$$

通常情况下将该近似比记为

$$\max\{C/c, c/C\} \leqslant \rho(n)$$

对于最大化问题,有 $c \leqslant C$,此时近似算法的近似比表示最优值 C 比近似值 c 大多少倍;而对于一个最小化问题,有 $C \leqslant c$,此时近似算法的近似比表示近似值 c 比最优值 C 大多少倍。所以,近似算法的近似比 $\rho(n)$ 不会小于 1,该近似比越大,它求出的近似解就越差。显然,近似算法的近似比越小,则算法的性能越好。如果一个近似算法能求得问题的最优解,其近似比为 1。

② 相对误差。有时候用相对误差表示一个近似算法的精度会更方便些。若一个最优化问题的最优值为 C,求解该问题的一个近似算法求得的近似值为 c,则该近似算法的相对误差 λ 定义为

$$\lambda = \left| \frac{c - C}{C} \right|$$

近似算法的相对误差总是非负的,它表示一个近似解与最优解相差的程度。若问题的输入规模为 n,则存在一个函数 $\varepsilon(n)$,使得

$$\left| \frac{c - C}{C} \right| \leqslant \varepsilon(n)$$

称 $\varepsilon(n)$ 为该近似算法的相对误差界。近似算法的近似比 $\rho(n)$ 与相对误差界 $\varepsilon(n)$ 之间显然有如下关系:

$$\varepsilon(n) \geqslant \rho(n) - 1$$

许多问题的近似算法具有固定的近似比或相对误差界,即其近似比 $\rho(n)$ 或相对误差

界 $\varepsilon(n)$ 不随 n 的变化而变化。此时用 ρ 和 ε 来记近似比和相对误差界,表示它们不依赖于 n。当然,还有许多问题其近似比和相对误差界会随着输入规模 n 的增长而增大。

对于某些 NP 完全问题,可以找到这样的近似算法,其近似比可以通过增加计算量来改进。也就是说,在计算量和解的精确度之间取得一个折中:较少的计算量得到较粗糙的近似解,而较多的计算量可以获得较精确的近似解。

9.4.1 顶点覆盖问题

该问题已被证明是一个 NP 完全问题,因此,没有一个确定性的多项式时间算法来解它。所以要找到图 $G=(V,E)$ 的一个最小顶点覆盖是很困难的,但要找到一个近似最优的顶点覆盖却不太困难。

算法的设计思想:以无向图 G 为输入,计算出 G 的近似最优顶点覆盖。用集合 Cset 来存储顶点覆盖中的各顶点。初始时 Cset 为空,边集 $E_1 = E$,然后不断从边集 E_1 中选取一条边 (u,v),将边的端点 u 和 v 加入 Cset 中,并将 E_1 中与顶点 u 和 v 相邻接的所有边删去,直至 Cset 已覆盖 E_1 中所有边,即 E_1 为空时算法停止。显然,最后得到的顶点集 Cset 是无向图 G 的一个顶点覆盖,由于每次把尽量多的相邻边从边集 E_1 中删除,可以期望 Cset 中的顶点数尽量少,但不能保证 Cset 中的顶点数最少。

下面的近似算法以无向图 G 为输入,并计算出图 G 的近似最优顶点覆盖,可以保证计算出的近似最优顶点覆盖的大小不会超过最小顶点覆盖大小的 2 倍。算法描述如下:

```python
def vertex_cover(E):
    Cset = set()
    E1 = E
    while(len(E1)!= 0):
        e = E1.pop()
        Cset.add(e[0])
        Cset.add(e[1])
        tempE = {i for i in E1 if i[0] == e[0] or i[0] == e[1] or i[1] == e[0] or i[1] == e[1]}
        E1 = E1 - tempE
    return Cset
```

考查一下该近似算法的性能。若用 A 来记录算法循环中选取的边的集合,则 A 中任何两条边没有公共端点。因为算法选择了一条边,并在将其端顶点加入顶点覆盖集 Cset 后,就将 E_1 中与该边关联的所有边从 E_1 中删去。因此,下一次再选出的边就与该边没有公共顶点。由数学归纳法易知,A 中各边均没有公共端点。算法终止时有 $|Cset| = 2|A|$。另外,图 G 的任一顶点覆盖,一定包含 A 中各边的至少一个端顶点,G 的最小顶点覆盖也不例外。因此,若最小顶点覆盖为 $Cset'$,则 $|Cset'| \geqslant |A|$。由此可得 $|Cset| \leqslant |Cset'|$。也就是说,顶点覆盖问题的近似算法的性能比为 2。

9.4.2 装箱问题

1. 问题的描述

设有 n 个物品 $w_1, w_2, \cdots, w_n$ 和若干个体积均为 C 的箱子 $b_1, b_2, \cdots, b_k, \cdots$。$n$ 个物品的体积分别为 $s_1, s_2, \cdots, s_n$ 且有 $s_i \leqslant C (1 \leqslant i \leqslant n)$。要求把所有物品分别装入箱子

且物品不能分割,使占用箱子数最少的装箱方案。

2. 算法设计方案

最优装箱方案可以通过把 n 个物品划分为若干子集,每个子集的体积和小于或等于 C,然后取子集个数最少的划分方案。但是,这种划分可能的方案数有 $(n/2)^{n/2}$ 种,在多项式时间内不能保证找到最优装箱方案。

这个问题可以用下面 4 种方法来解决,它们都是基于探索式的。

(1) 首次适宜法。该方法把箱子按下标 $1,2,\cdots,k,\cdots$ 标记,所有的箱子初始化为空;将物品按 $w_1,w_2,\cdots,w_n$ 的顺序装入箱子。装入过程:首先把第一个物品 w_1 装入第一个箱子 b_1,如果 b_1 还能容纳第二个物品,就继续把第二个物品 w_2 装入 b_1;否则,把物品 w_2 装入 b_2。一般地,为了装入物品 w_i,先找出能容 w_i 的下标最小的箱子 b_k,再把物品 w_i 装入箱子 b_k,重复这些步骤,直到把所有物品都装入箱子为止。

首次适宜法求解装箱问题的算法如下:

```
def first_fit(n,C):
    global b,w
    k = 0
    for i in range(n):
        b[i] = 0                        #箱子初始化为
    for i in range(n):                  #物品按顺序装入箱子
        j = 1
        while(C - b[j]< w[i]):          #查找能容纳物品 i 的下标最小的箱子 j
            j += 1
        b[j] = b[j] + w[i];
        k = max(j,k)                    #已装入物品的箱子的最大下标
    return k
```

显然,该算法的基本语句是查找第一个能容纳物品 i 的箱子,其时间复杂性为 $O(n^2)$。算法的近似比估计如下:

假设 C 为一个单位的体积,即 $C=1$;显然 $s_i \leqslant 1$。令首次适宜法得到的近似解为 k,即使用的箱子数;m 为最优装入时所使用的箱子数。那么,在这个算法中,至多有一个非空的箱子所装的物品体积小于 $1/2$;否则,如果有两个以上的箱子所装的物品体积小于 $1/2$,假设这两个箱子是 b_i 和 b_j,且 $i<j$,那么装入 b_i 和 b_j 中物品的体积均小于 $1/2$。按照这个算法的思想,必须把 b_j 中的物品继续装入 b_i,而不会装入另外的箱子。

此时,令 C_i 为第 i 个箱子中装入的物品体积,X_i 为第 i 个箱子的空余体积。则:

$$\sum_{i=1}^{k} C_i = \sum_{i=1}^{n} s_i$$

并且有:$X_i < C_i, i=1,2,\cdots,k-1$。对第 k 个箱子,要么是 $X_k < C_k$,要么是 $X_k > C_k$。对后一种情况,有:$X_{k-1} < C_k, X_k < C_{k-1}$,所以 $X_{k-1}+X_k < C_{k-1}+C_k$。因此,对于这两种情况都有:

$$\sum_{i=1}^{k} X_i < \sum_{i=1}^{k} C_i = \sum_{i=1}^{n} s_i$$

所以,

$$k = \sum_{i=1}^{k} C_i + \sum_{i=1}^{k} X_i < 2\sum_{i=1}^{n} s_i$$

在最优装入时，m 个箱子恰好装入全部物品，即

$$m = \sum_{i=1}^{m} C_i = \sum_{i=1}^{n} s_i$$

从而有：$k < 2m$。

得出首次适宜法的近似比为 $\dfrac{k}{m} < 2$。

（2）最适宜法。该方法的物品装入过程与首次适宜法类似，不同的是，为了装入物品 w_i，首先检索能容纳 s_i，并且装入物品 w_i 后使得剩余容量最小的箱子 b_k，再把物品装入该箱子。重复这些步骤，直到把所有物品都装入箱子为止。

最适宜法求解装箱问题的算法如下：

```
def best_fit(n,C):
    global b,w
    k = 0
    for i in range(n):
        b[i] = 0                          # 箱子初始化为
    for i in range(n):                    # 物品按顺序装入箱子
        min_c = C
        m = k + 1
        for j in range(n):
            temp = C - b[j] - w[i]        # 查找能容纳物品 i 且剩余容量最小的箱子 j
            if(temp > 0 and temp < min_c):
                min_c = temp
                m = j
        b[m] = b[m] + w[i]
        k = max(k,m)                      # 已装入物品的箱子的最大下标
    return k
```

显然，最适宜法的时间复杂度也是 $O(n^2)$。其近似比与首次适宜法的近似比相同。

（3）首次适宜降序法和最适应降序法。

首次适宜降序法的思想是：首先将物品按体积大小递减的顺序排序，然后用首次适宜法装入物品。

最适应降序法的思想是：首先将物品按体积大小递减的顺序排序，然后用最适宜法装入物品。

这两个算法均需要对物品按其体积大小的递减顺序排序，需要 $O(n\log n)$ 时间，而又需要分别调用首次适宜法和最适宜法把物品装入箱子，需 $O(n^2)$ 时间，因此，这两个算法的时间复杂性也是 $O(n^2)$。此外，这两个算法的近似比也相同，均优于首次适宜法和最适宜法。请读者参照首次适宜法自行分析。

9.4.3 旅行商问题 TSP

1. 问题描述

旅行商问题的描述为给定一个无向带权图 $G = (V, E)$，对每一个边 $(u, v) \in E$，都有

一个非负的常数费用 $c(u,v)>0$，求 G 中费用最小的哈密尔顿回路。可以把旅行商问题分为两种类型：如果图 G 中的顶点在一个平面上，任意两个顶点之间的距离为欧几里得距离，那么，对于图中的任意三个顶点 u、v、$w \in V$，其费用函数具有三角不等式性质：$c(u,v) \leqslant c(u,w)+c(w,v)$。通常把具有这种性质的旅行商问题称为欧几里得旅行商问题；反之，把不具有这种性质的旅行商问题称为一般的旅行商问题。

可以证明，即使费用函数具有三角不等式性质，旅行商问题仍为 NP 完全问题。因此不太可能找到解此问题的多项式时间算法，但可以设计一个近似算法，其近似比为 2。而对于一般的旅行商问题，则不可能设计出具有常数近似比的近似算法，除非 P＝NP。简单起见，本书只讨论欧几里得旅行商问题。

2. 欧几里得旅行商问题的近似算法设计

对于给定的无向图 G，可以利用找图 G 的最小生成树的算法，设计一个找近似最优的旅行商问题回路的算法。当费用函数满足三角不等式时，该算法找出的费用不会超过最优费用的 2 倍。

算法的设计思想：在图中任选一个顶点 u，用 Prim 算法构造图 G 的以 u 为根的最小生成树 T，然后用深度优先搜索算法遍历最小生成树 T，取得按前序遍历顺序存放的顶点序列 L，则 L 中顺序存放的顶点号即为欧几里得旅行商问题的解。

下面考查算法的近似比，设 H^* 是满足三角不等式的无向图 G 的最小费用哈密尔顿回路，则 $c(H^*)$ 是 H^* 的费用；T 是由 Prim 算法求得的最小生成树，$c(T)$ 是 T 的费用；H 是由算法得到的近似解，也是图 G 的一个哈密尔顿回路，则 $c(H)$ 是 H 的费用。

因为从 H^* 中任意删去一条边，可得到图 G 的一个生成树，由于 T 是最小生成树，故有 $c(T) \leqslant c(H^*)$。设算法深度优先前序遍历树 T 得到的路径为 R，由于对 T 所做的完全遍历经过 T 的每条边恰好两次，所以有 $c(R)=2c(T)$。然而 R 还不是一个旅行商问题的回路，它访问了图 G 中某些顶点多次。由费用函数三角不等式可知，可以在 R 的基础上，从中删去已访问过的顶点，而不会增加总费用。所以有：$c(H) \leqslant c(R)$；从而得出：$c(H) \leqslant 2c(H^*)$。也就是说，算法的近似比为 2。

9.4.4　集合覆盖问题

集合覆盖问题是一个最优化问题，也是一个 NP 完全问题，其原型是多资源选择问题。集合覆盖问题可以看作图的顶点覆盖问题的推广。

1. 问题描述

集合覆盖问题的一个实例 (X,F) 由一个有限集 X 及 X 的一个子集簇 F 组成。子集簇 F 覆盖了有限集 X。也就是说，X 中每一元素至少属于 F 中的一个子集，即 $X = \bigcup_{S \in F} S$。对于 F 的一个子集 $C \subseteq F$，若 C 中的 X 的子集覆盖了 X，即 $X = \bigcup_{S \in C} S$，则称 C 覆盖了 X。集合覆盖问题就是要找出 F 中覆盖 X 的最小子集，使得 $|C'| = \min\{|C| \mid C \subseteq F$ 且 C 覆盖 $X\}$。

集合覆盖问题是对许多常见的组合问题的抽象。例如，假设 X 表示解决某一问题所需的各种技巧的集合，且给定一个可用来解决该问题的人的集合，其中每个人掌握若干种技巧。希望从这些人的集合中选出尽可能少的人组成一个委员会,使得 X 中的每一种技巧,都可以在委员会中找到掌握该技巧的人。这个问题的实质就是一个集合覆盖问题。

2. 算法设计

对于集合覆盖问题,可以设计出一个简单的贪心算法,求出该问题的一个近似最优解。这个近似算法具有对数近似比。

令集合 U 存放每一阶段中尚未被覆盖的 X 中元素,集合 C 包含了当前已构造的覆盖。

算法的求解步骤如下:

第一步,初始化,令 $U=X$,C 为空集。

第二步,首先选择子集簇 F 中覆盖了尽可能多的未被覆盖元素的子集 S。

第三步,将 U 中被 S 覆盖的元素删去,并将 S 加入 C。

第四步,如果集合 U 不为空,重复步骤(2)和(3)。否则,算法结束,此时 C 中包含了覆盖 X 的 F 的一个子集簇。

容易证明,该算法的近似比为 $\ln|X|+1$。感兴趣的读者可自行分析。

参 考 文 献

[1] 王晓东. 计算机算法设计与分析[M]. 4版. 北京：电子工业出版社，2012.

[2] 萨特吉·萨尼. 数据结构、算法与应用：C++语言描述[M]. 北京：机械工业出版社，2015.

[3] 王晓东. 数据结构与算法设计[M]. 北京：机械工业出版社，2012.

[4] 陈业纲. 计算机算法基础[M]. 成都：西南交通大学出版社，2015.

[5] 张小莉，王苗，罗文. 数据结构与算法[M]. 北京：机械工业出版社，2014.

[6] 李文书. 数据结构与算法应用实践教程[M]. 北京：北京大学出版社，2012.

[7] 郑宇军，石海鹤，陈胜勇. 算法设计[M]. 北京：人民邮电出版社，2012.

[8] 陈慧南. 算法设计与分析[M]. 2版. 北京：电子工业出版社，2012.

[9] 寇伟，申国霞，王文霞. 计算机算法设计与分析[M]. 北京：中国水利水电出版社，2015.

[10] 周培德. 计算几何：算法设计、分析及应用[M]. 北京：清华大学出版社，2016.

[11] 王娜. 背包问题的研究与算法设计[M]. 昆明：昆明理工大学，2012.

[12] 屈婉玲. 算法设计与分析[专著][M]. 北京：清华大学出版社，2016.

[13] 赵端阳，刘福庆，石洗凡. 算法设计与分析：以 ACM 大学程序设计竞赛在线题库为例[M]. 北京：清华大学出版社，2015.

[14] 麻新旗，王春红. 计算思维与算法设计[M]. 北京：人民邮电出版社，2015.

[15] 李文书，何利力. 算法设计、分析与应用教程[M]. 北京：北京大学出版社，2014.

[16] 陈慧南. 算法设计与分析：C++语言描述[M]. 2版. 北京：电子工业出版社，2012.

[17] 吴永辉，王建德. 算法设计编程实验：大学程序设计课程与竞赛训练教材[M]. 北京：机械工业出版社，2013.

[18] 王红梅，胡明. 算法设计与分析[M]. 2版. 北京：清华大学出版社，2013.

[19] 徐义春，万书振，解德祥. 算法设计与分析[M]. 北京：清华大学出版社，2016.

[20] 张威，葛琳琳，王军. 算法设计与分析[M]. 北京：中国石化出版社，2015.

[21] 吕国英. 算法设计与分析[M]. 3版. 北京：清华大学出版社，2015.

[22] 王秋芬，刘平，杜鹃. 算法设计艺术[M]. 北京：清华大学出版社，2014.

[23] 骆吉洲. 算法设计与分析[M]. 北京：机械工业出版社，2014.

[24] 陈宇，吴昊. 算法设计与实现[M]. 哈尔滨：哈尔滨工业大学出版社，2014.

[25] 李清勇. 算法设计与问题求解：编程实践[M]. 北京：电子工业出版社，2013.

[26] 吴萍，刁庆霖，裘奋华. 算法与程序设计基础：Python 版[M]. 北京：清华大学出版社，2015.

[27] 裘宗燕. 数据结构与算法——Python 语言描述[M]. 北京：机械工业出版社，2016.

[28] 坎贝尔，唐学韬. Python 编程实践[M]. 北京：机械工业出版社，2012.

[29] 董付国. Python 程序设计[M]. 2版. 北京：清华大学出版社，2016.

[30] 吴萍. 算法与程序设计基础[M]. 北京：清华大学出版社，2015.

图书资源支持

感谢您一直以来对清华版图书的支持和爱护。为了配合本书的使用，本书提供配套的资源，有需求的读者请扫描下方的"书圈"微信公众号二维码，在图书专区下载，也可以拨打电话或发送电子邮件咨询。

如果您在使用本书的过程中遇到了什么问题，或者有相关图书出版计划，也请您发邮件告诉我们，以便我们更好地为您服务。

我们的联系方式：

地　　址：北京市海淀区双清路学研大厦 A 座 714

邮　　编：100084

电　　话：010-83470236　010-83470237

客服邮箱：2301891038@qq.com

QQ：2301891038（请写明您的单位和姓名）

资源下载： 关注公众号"书圈"下载配套资源。

资源下载、样书申请

书 圈

获取最新书目

观看课程直播